U0872605

高等职业教育园林园艺类专业系列教材

庭院景观与绿化施工

主　编　张金炜　王国维
副主编　牟少华　李耀健　吴立威　何礼华
参　编　潘　良　曾　科　宋　薇　崔广元
黄　艾　张立均　陈淑君　易　军　项　缨
主　审　祝志勇

机械工业出版社

本书结合多年校企合作的经验，将理论和实践有机结合，突出庭院景观营造中的施工技术。本书选择典型案例作为主线，贯穿庭院景观施工的整个流程，系统介绍了庭院土方工程施工、庭院水电安装施工、庭院硬质铺地施工、庭院假山施工、庭院水景工程施工、园林建筑及小品施工、庭院绿化施工、工程竣工验收与成品保护等方面内容。全书涵盖了所涉项目的施工技能要求、工作流程、操作步骤、工程案例及工程质量标准，各项工作流程清晰，重点突出，可作为当前高职高专城市园林、园林工程技术、园林技术及相关专业学习用书，也可作为园林施工行业从业人员执业资格考试及相关岗位培训的参考用书。

图书在版编目（CIP）数据

庭院景观与绿化施工/张金炜，王国维主编．—北京：机械工业出版社，2015.3（2024.9重印）
高等职业教育园林园艺类专业系列教材
ISBN 978-7-111-49345-7

Ⅰ.①庭… Ⅱ.①张…②王… Ⅲ.①庭院—景观设计—高等职业教育—教材②庭院绿化—工程施工—高等职业教育—教材 Ⅳ.①TU986.4 ②TU985.12

中国版本图书馆CIP数据核字（2015）第028822号

机械工业出版社（北京市百万庄大街22号 邮政编码100037）
策划编辑：王靖辉 覃密道 责任编辑：王靖辉 李 莉 于伟蓉
版式设计：霍永明 责任校对：薛 娜
责任印制：单爱军
北京虎彩文化传播有限公司印刷
2024年9月第1版第5次印刷
184mm×260mm · 12.5印张 · 304千字
标准书号：ISBN 978-7-111-49345-7
定价：38.00元

电话服务
客服电话：010-88361066
010-88379833
010-68326294

网络服务
机 工 官 网：www.cmpbook.com
机 工 官 博：weibo.com/cmp1952
金 书 网：www.golden-book.com
机工教育服务网：www.cmpedu.com

前　言

在教育部文件（教高［2006］16号）《关于全面提高高等职业教育教学质量的若干意见》的指导下，宁波城市职业技术学院和杭州真知景观技术培训公司在教学与实践领域开展了校企合作。为更深层次地贯彻分层分类人才培养，经过多年的探索和实践，在全国率先提出了园林类专业设置——庭院模块方向，并提出了编写庭院景观与绿化设计、庭院景观与绿化施工和庭院景观绿化养护的配套教材。庭院景观与绿化施工作为其中之一的核心课程，不仅需要适应当前职业技术教育的特点，更要结合生产实际，以培养高素质、复合型的高级专业技术人才。本书编写人员收集了大量实际工作中经常用到的资料，结合自身实践经历，对该书的课程标准进行了认真细致的研究和讨论，经过有关行业专家、技术能手和专业教师的多次论证酌定，形成了初稿。在编写过程中，力求突出工作中的具体项目和任务，突出庭院景观与绿化施工的特色，做到概念简要、图表实用，并收集了大量新的施工工艺技术。

庭院景观与绿化施工课程的内容主要包括庭院土方工程施工、庭院水电安装施工、庭院硬质铺地施工、庭院假山施工、庭院水景工程施工、园林建筑及小品施工、庭院绿化施工、工程竣工验收与成品保护等方面内容。在完成本课程的工作任务中，注意贯穿培养学生诚信、刻苦、善于沟通和合作的品质，树立全面协作和团结意识，为发展职业能力奠定良好的基础。本书的特色在于根据庭院施工流程，以典型案例为载体，系统分析了庭院施工的步骤和技术要点，并提出了相关基础知识和拓展知识，严格按照国家及行业规范进行考核，具有重要的实用价值。

本书由宁波城市职业技术学院张金炜和杭州天香园林公司王国维任主编；内蒙古扎兰屯林业学校牟少华、宁波城市职业技术学院李耀健和吴立威、杭州真知景观技术培训公司何礼华任副主编；参加编写的人员有金陵科技学院潘良，丽水职业技术学院曾科，内蒙古扎兰屯林业学校宋薇，宁波城市职业技术学院崔广元、黄艾、张立均、陈淑君、易军，台州科技职业学院项缨。全书由张金炜统稿，宁波城市职业技术学院祝志勇教授主审。本书的编写得到了浙江省教育厅、浙江省高等职业教育农林牧渔类专业教学指导委员会、宁波城市职业技术学院各级领导的大力支持，在此表示衷心的感谢。

本书配有电子课件，凡使用本书作为教材的教师可登录机械工业出版社教材服务网 www.cmpedu.com 下载。咨询邮箱：cmpgaozhi@sina.com。咨询电话：010-88379375。

由于编者水平有限，加之编写时间仓促，书中疏漏和不妥之处在所难免，恳请专家、同仁及各位读者批评指正。

编　者

目　　录

项目导入

知识要求：

1. 掌握庭院施工前对工程招标公告或业主要求的分析方法。
2. 掌握庭院施工前对施工图的分析方法。
3. 掌握庭院工程建设施工组织管理的主要内容。
4. 掌握庭院施工前准备工作的特点和要求。

技能要求：

1. 能对招标公告或业主要求提出技术问题。
2. 能根据施工条件对庭院施工图提出技术问题。
3. 能根据施工管理要点合理分析如何组织施工。
4. 能根据庭院特点合理做好人、材、机准备工作。

素质要求：

1. 养成仔细阅读工程招标公告或业主要求的工作态度。
2. 养成阅读图纸的习惯。
3. 养成具有一定逻辑思维管理的习惯。
4. 具备协调施工前各项工作的能力。

项目学习引言

庭院景观与绿化施工是高等职业院校城市园林专业的岗位模块核心能力课程之一，也是园林行业施工员岗位培训课程。其主要任务是：使学生具备城市园林专业施工员所必需的庭院景观与绿化工程施工的基本知识和基本技能，为学生学习其他专业必修课以及为园林工程施工、园林工程设计、园林工程监理、园林工程管理等职业岗位（群）提供专业知识和技术支撑。

根据具体专业课程目标和工作任务要求，本课程以庭院景观与绿化施工技术中常见的模块为内容，将庭院景观施工流程分为不同项目形式，科学设计学习项目，使学生学完课程内容后能够熟悉园林庭院景观施工操作技术和要点。

本项目重点介绍了庭院施工的概况，以杭州天香会所庭院工程施工为典型案例，针对招标要求或业主公告、施工图纸、施工现场进行分析，从而为施工做好各方面的准备工作。

庭院是指前后建筑与两边廊庑或墙围成的一块空间，这里的建筑为实主阳，庭院为虚主阴，这一虚一实组合成“前庭”和“后院”。庭院景观与绿化的营造是在庭院的前提下，运用工程技术手段和造园手法，通过地形的营造、布置园林建筑及小品和种植花木，构建满足主人审美要求的游憩场地。庭院景观与绿化的营造离不开设计、施工和养护，如果说庭院景观与绿化设计是美好家园的蓝图，那么庭院景观与绿化施工是实现这一蓝图的手段，因此施工质量的好坏直接决定了项目整体质量的优劣，其核心问题就是如何最大限度地在实现园林景观功能的前提下协调好各种园林要素之间的关系。因此从某种角度说，庭院景观与绿化施工不是单一的施工技术，而是各项工程在庭院中的综合展现。

【工作流程】

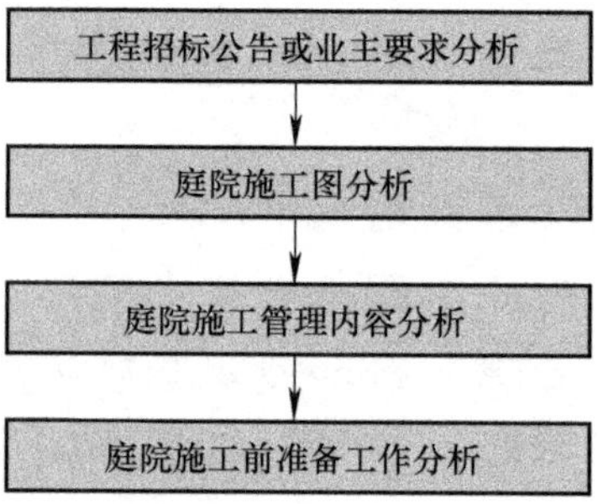

【操作步骤】

步骤一：业主要求分析

杭州天香会所庭院施工主要以业主委托设计单位提供的施工图为准，邀请施工单位施工并按照国家相关规范验收。庭院景观与绿化工程有区别于一般园林工程的招投标，私人庭院主要采用的是邀请招标的方式或者业主直接委托施工单位进行施工，附属单位庭院采用国有资金投资的一般采用公开招标的方式。

杭州天香会所庭院业主要求

工程地址：浙江省杭州市萧山区所前镇杭州生态园内

资金来源：自筹

质量要求：一次性验收合格

工期要求：×××日历天

项目安全资质等级要求：合格

图纸会审时间：××××年××月××日-××××年××月××日

施工范围：图纸内涉及的景观绿化工程（图 0-1）

工程造价：×××××××元

图 0-1　天香会所景观效果鸟瞰全景图

1. 业主对企业项目经理的要求

项目经理一般由取得国家注册的建造师或者园林工程师担任。本项目根据业主的要求派遣园林工程师作为项目经理，负责工程承包合同专用条款中指定的施工管理、合同履行工作，并作为本合同的代表，对发包工程的工期、进度、质量、安全、环境、成本和文明施工进行管理、考核验收。

2. 业主对工期的要求

施工单位应根据工期的要求合理地制定出施工计划，并对施工实际进度有所预见。由于庭院工程的施工特点，尤其是业主要求施工质量高，影响进度因素较多。编制计划和执行控制施工进度计划时只有充分认识和估计这些因素，才能克服其影响，使施工进度尽可能按计划进行。当出现偏差时，施工管理者应按预定的工程进度计划定期检查实施进度情况，考虑有关影响因素，分析产生的原因。

3. 图纸会审的时间

图纸会审的时间是根据业主要求提出并安排的，施工单位应自觉遵守时间。图纸会审需要做好记录。通过图纸会审可以使施工单位熟悉设计图纸、领会设计意图、掌握工程特点及难点，找出需要解决的技术难题并拟定解决方案，从而将因设计缺陷而存在的问题消灭在施工之前。

4. 验收要求及工程造价

业主对验收的要求是一次性验收合格，假如不合格的话业主有权在合同制定时提出对第一次验收不合格的工程进行补修或返工处理，然后组织相关单位或个人进行第二次验收。工程造价涉及园林工程预决算方面内容，需要施工单位组织相关人员核实。

步骤二：庭院施工图分析

在收到设计院施工图设计文件后，施工单位应对图纸进行全面细致地审读，审查出施工图中存在的问题及不合理情况并提交给设计院处理。

1. 施工平面图分析

施工平面图包括了施工平面总图（图0-2）、索引平面图、竖向设计图、方格网定位图、尺寸标注平面图、材料标注平面图、植物配置图等。通过施工平面总图和施工设计说明部分，初步了解图纸的构成，明确园林各个要素的特征和相互之间的构成关系；通过索引平面图了解图纸中各部分的特征，通过查找索引的相关图纸资料，检查资料是否全面；通过现场勘查了解施工图纸中的竖向设计是否合理，是否符合场地要求；通过尺寸标注平面图的标注，核实尺寸是否准确；审查材料标注平面图中是否有缺项，如有应在图纸会审中提出；通过植物配置图检查苗木规格是否正确，苗木数量图例和图纸中表示的是否一致。

杭州天香会所施工图纸包含了庭院地形图、硬质铺地工程施工图、水景工程施工图、园林建筑小品工程施工图及庭院绿化工程施工图。审查出的问题应进行汇总，如索引平面图的木平台及园路做法图号与具体详图不对应，在表0-1中将其列出。

2. 施工详图分析

施工平面总图是景观的平面布置，根据每个部分的索引标号，找到相应的施工详图查看结构大样，包括局部平面图、剖面图、断面图、立面图等。其中通过局部平面图主要了解平面尺寸、材料与平面关系；通过立面图主要了解厚度或高度、材料之间的关系；通过剖面图、断面图主要明确结构的尺寸和材料、基础的类型。

施工单位通过天香会所图纸详图了解具体的木平台及园路做法、卵石池做法、假山石尺寸、异形装饰墙做法、亭及廊架做法等，并核查材料规格尺寸是否正确，为进一步施工做好准备。天香会所庭院施工图纸问题汇总到表0-1。

表0-1 天香会所庭院施工图纸问题汇总表

序　号	图　号	疑　问	备　注
1	×××	索引图的木平台及园路做法图号与具体详图不对应	
2	×××	苗木规格表中的红枫数量与植物配置图数量不一致	
3	×××	亭1—1剖面图中柱子面层材料标注与立面图不一致	
……	……	……	

步骤三：庭院施工管理内容分析

根据对杭州天香会所庭院工程业主要求和施工图纸的分析，为了取得各阶段目标和最终目标的实现，在进行各项活动时必须加强管理工作。主要管理内容包括：

1. 施工进度管理

为能按拟定的日期如期开工，从本工程开工前就必须做好充分的施工准备工作。在开工后狠抓每个施工环节，在确保质量、文明及安全施工的前提下，加大施工力量投入，在组织落实及设备配备等方面全力以赴。

1）进度计划严格按施工阶段节点控制，分土方工程、水电工程、硬质铺地工程、假山工程、园林小品建筑工程、种植工程等。

2）各分部工程按专业组织人员，进行合理工序穿插与平行流水施工。各施工班组充分地实行平面流水施工作业和部分立体交叉施工作业，提高施工效率。

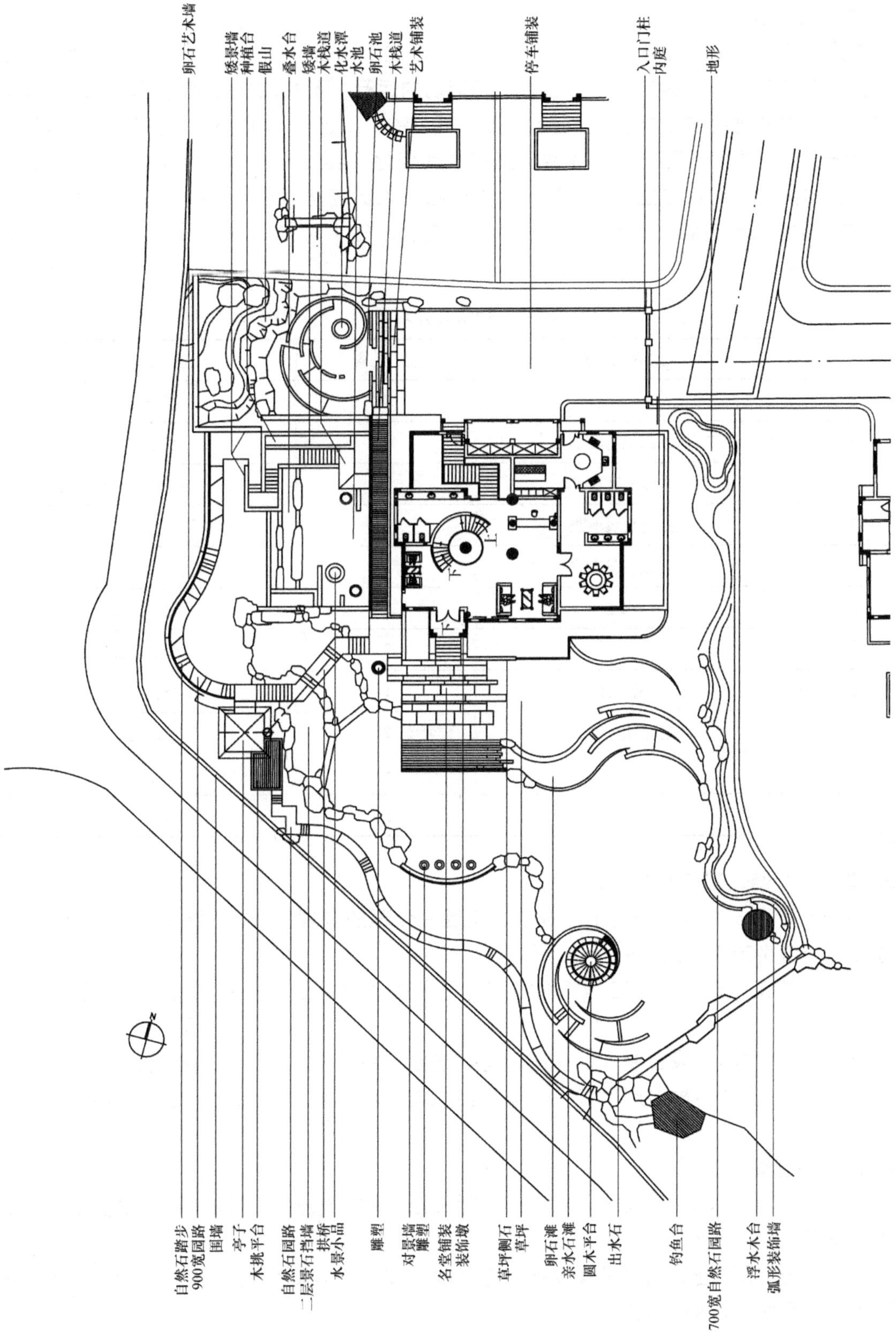

图0-2　天香会所施工平面总图

2. 劳动力管理

施工劳动组织管理的任务是根据科学分工协作的原则，正确配备劳动力，确立合理的组织机构，使人尽其才、物尽其用，并通过现场劳动的运行，不断改进和完善劳动组织，使劳动者与劳动组织的物质技术条件之间的关系协调一致，促进园林工程施工劳动生产率的提高。庭院施工时需根据工程施工进展情况和需求的变化，随时进行人员结构、数量的调整，不断达到新的优化。当园林施工工地需要人员时相关人员应立即进场，当出现过多人员时多余人员应向其他工地转移，即使每个岗位负荷饱满，每个工人有事可做。劳动力计划详见表0-2。

表0-2　劳动力计划表　　　　　　　　　　　　　　　　　　（单位：人）

序　号	工种名称	数　量	使用阶段
1	普通工	10	整个工程
2	自卸机驾驶员	4	场地整理
3	挖掘机驾驶员	2	地下、给排水、土方挖掘
4	推土机驾驶员	1	地下、道路、给排水
5	装载机驾驶员	1	土方挖掘
6	水工	2	整个工程
7	电工	2	整个工程
8	机修工	1	整个施工过程
9	起重机驾驶员	2	绿化
10	种植工	5	绿化栽植
11	修剪工	5	绿化修剪

3. 安全、文明、环保施工管理措施

（1）安全管理　在本工程施工过程中，应运用合理的管理手段和模式，以安全为中心，制定以保证安全生产为目的的安全生产体系。

（2）文明施工管理　应对工程文明施工进行严格管理，加强组织领导，具体管理措施如下：

1）施工过程中的垃圾由专人定期进行清扫整理，并把垃圾运至场外指定位置。

2）施工材料及周转材料严格按平面图分类堆放，堆放整齐，堆放不超标，堆料场不作他用。

（3）环保管理

1）土方运输时，车辆不超载，运出前进行拍土，对车轮进行冲洗，防止运输途中土石等洒落在马路上。

2）施工中采用先进的施工机具设备，并采取有效措施控制现场的各种灰尘、废气、噪声、振动等对环境的污染和危害。

3）合理安排施工时间，尽量减少夜间施工。如确需在晚上施工，应事先到环保局办好相关手续，积极与环保部门配合，认真做好有关环保工作。

4. 质量管理

（1）必须按图施工　因为经过会审的图样是施工的依据，从理论上讲，满足了图样的要求，也就满足了用户的要求，达到了用户的质量标准。

（2）严格遵守园林工程施工工艺规程，确保工序质量　在技术交底的基础上，要求作业人员严格执行施工规范和操作规程，对每道工序按照规范化、标准化进行严格控制。在保证工序质量的基础上，实现对分项工程质量控制、分部工程质量控制、单位工程质量控制，进而实现对整个建设项目的质量控制。

（3）设置工序质量控制点　控制点是指为了保证工程质量而需要进行控制的重要工序。因为在施工过程中，每道工序对工程质量的影响程度是不同的，施工条件、内容、质量标准等也是不同的，所以，设置质量控制点可在一定时期内、一定条件下实行质量控制的强化管理，使工序质量处于良好的状态，从而使工程施工质量控制得到了保证。

（4）及时进行质量检查　施工过程中，应及时地对每道工序进行质量检查，及时掌握质量动态，一旦发现质量问题，随即研究处理，使每道工序质量满足规范和标准的要求。

步骤四：庭院施工前准备工作分析

1. 技术准备

业主根据施工进度在施工前召开图纸会审会议。施工单位要根据业主要求，领略设计师设计意图，认真审核图纸并将汇总问题在图纸会审中提出，以达到设计构想的实现。图纸会审记录详见表 0-3。

表 0-3　图纸会审记录　　编号：

<table>
<tr><td colspan="2">工 程 名 称</td><td colspan="2"></td><td colspan="2">日　　期</td><td colspan="2"></td></tr>
<tr><td colspan="2">地　　点</td><td colspan="2"></td><td colspan="2">专业名称</td><td colspan="2"></td></tr>
<tr><td>序号</td><td>图号</td><td colspan="3">图纸问题</td><td colspan="3">会审意见</td></tr>
<tr><td></td><td></td><td colspan="3"></td><td colspan="3"></td></tr>
<tr><td rowspan="2">签字栏</td><td colspan="2">建设单位</td><td colspan="2">监理单位</td><td colspan="2">设计单位</td><td>施工单位</td></tr>
<tr><td colspan="2"></td><td colspan="2"></td><td colspan="2"></td><td></td></tr>
</table>

注：1. 图纸会审记录由施工单位整理、汇总，建设单位、监理单位、施工单位各保存一份。
2. 图纸会审记录应根据专业（园林建筑、绿化种植、园林给排水、园林用电等）整理。
3. 设计单位应由专业设计负责人签字，其他相关单位应由项目技术负责人或相关专业负责人签字。

2. 施工条件准备

（1）劳动组织准备　任命有实际工作经验的专业人员为项目管理人员，配备有丰富园林绿化施工经验的专业技术人员，合理选择施工方式避免窝工。

（2）材料准备　施工中需要的各种材料、构配件、施工机具等根据计划准备，做好验收和出入库记录；做好苗木供应计划；选定山石材料等。

（3）机械准备　组织施工机械进场、安装调试。正确选择和合理使用机械设备，搞好机械设备的保养修理，提高机械的完好率、利用率和使用效率，从而加快施工进度，降低机械使用费。

3. 施工现场准备

先勘察地形，了解施工现场大体情况。天香会所景观改造前由于已建景观基本没有利用价值，因此需要将原有地形地貌推倒后重建。施工场地内的地面地下或水下发现有管线通过或井盖时，应事先和有关部门协同查清，未查清前，不可动工，以免发生危险或造成其他损失。由于现场在已有的水系基础进行改建，因此需要利用水泵将水抽干。场地积水不仅不便于施工，而且也影响工程质量，在施工之前，应该设法将施工场地范围内的积水或过高的地下水排走。安排工人及相关机械进场，对施工场地进行初步的清理工作，做好其他施工准备工作。天香会所改造施工前的状况图如图 0-3 所示。

图 0-3　天香会所改造施工前的状况图

【知识链接】

一、招标方式

1. 公开招标

公开招标又称为无限竞争性招标，是指招标人以招标公告的方式邀请不特定的法人或者其他组织招标。即招标人按照法定程序，在国内外公开出版的报刊或者广播、电视、网络等公共媒体上发布招标广告，凡有兴趣并符合广告要求的承包商，不受地域、行业和数量的限制均可以申请投标，经过资格审查合格后，按规定时间参加投标竞争。

这种招标方式的优点是：业主可以在较广的范围内选择承包单位，投标竞争激烈，择优率更高，有利于业主将工程项目的建设交予可靠的承包商实施，并获得有竞争性的商业报价，同时也可以在较大程度上避免招标活动中的贿标行为。其缺点是：准备招标、对投标申请单位进行资格预审和评标的工作量大，招标时间长、费用高；同时，参加竞争投标者越多，每个参加者中标的机会越小，风险越大，损失的费用越多，而这种费用的损失必然反映在标价上，最终会由招标人承担。

2. 邀请招标

邀请招标也称为有限竞争性招标，是指招标人以投标邀请书的形式邀请特定的法人或者其他的组织投标。招标人向预先确定的若干家承包单位发出投标邀请函，就招标工程的内容、工作范围、实施条件等作出简要的说明，请他们来参加投标竞争。被邀请单位同意参加投标后，从招标人处获取招标文件，并在规定时间内投标报价。

邀请招标的邀请对象数量以5~10家为宜，但不应少于3家，否则就失去了竞争意义。与公开招标相比，其优点是不发招标广告，不进行资格预审，简化了投标程序，因此节约了招标费用，缩短了招标时间；其缺点是投标竞争的激烈程度较差，有可能提高中标的合同价，也有可能排除某些在技术上或报价上有竞争力的承包商参与投标。

二、园林工程施工管理的主要内容

1. 建立施工项目管理组织

1）由企业采用适当的方式选聘称职的施工项目经理。

2）根据施工组织原则组建施工项目管理机构，明确责任、权限和义务。

2. 制定施工管理计划

针对施工项目管理目标、组织、内容、方法、步骤、重点进行预测和决策，做出具体安排的纲领性文件。施工管理计划的内容主要有：

1）进行工程项目分解，形成施工对象分解体系，以便确定阶段控制目标，从局部到整体地进行施工活动和进行施工项目管理。

2）建立施工项目管理工作体系，绘制施工项目管理工作体系图和施工项目管理工作信息流程图。

3）编制施工管理计划，确定管理点，形成文件，以利执行。现阶段这个文件便是施工组织设计。

3. 进行园林施工管理的目标控制

园林工程施工管理的目标分为阶段性目标和最终目标。实现各项目标是施工管理的目的所在。因此应当以控制论原理为指导，进行全过程的科学控制。园林工程施工管理的控制目标分为：1）进度控制目标、2）质量控制目标、3）成本控制目标、4）安全管理目标、5）施工现场管理目标。

由于在园林工程施工管理目标的控制过程中，会不断受到各种客观因素的干扰，各种风险因素有随时发生的可能性，故应通过组织协调和风险管理，对施工管理目标进行动态控制。

4. 对园林工程的生产要素进行优化配置和动态管理

园林工程的生产要素是园林施工管理目标得以实现的保证，主要包括：劳动力、材料、设备、资金和技术。生产要素管理的三项内容包括：

1）分析各项生产要素的特点。

2）按照一定原则、方法对施工项目生产要素进行优化配置，并对配置状况进行评价。

3）对施工项目的各项生产要素进行动态管理。

5. 园林工程施工的合同管理

由于园林工程管理是在市场条件下进行的特殊交易活动的管理，这种交易活动从投标开始，持续于工程管理的全过程，因此必须依法签订合同，进行履约经营。合同管理的好坏直接涉及工程管理及工程施工的技术经济效果和目标实现。因此要从招投标开始，加强工程承包合同的签订、履行管理。合同管理是一项执法、守法活动，市场有国内市场和国际市场，因此合同管理势必涉及国内和国际上有关法规和合同文本、合同条件，这些在合同管理中应予高度重视。为了取得经济效益，还必须注意在处理索赔事宜中，要讲究方法和技巧，提供充分的证据。

6. 园林工程施工的信息管理

现代化管理要依靠信息。庭院施工管理是一项复杂的现代化管理活动，因此更要依靠大量信息及对大量信息的管理，而信息管理又要依靠计算机进行辅助。所以，进行园林工程施工管理和园林工程施工管理目标控制、动态管理，必须依靠信息管理，并应用计算机进行辅助。在管理工作中需要特别注意信息的收集与储存，使本项目的经验和教训得到记录和保留，为以后的工程管理服务，因此须认真记录总结，建立档案及保管制度。

三、横道图编制

横道图以横向线条结合时间坐标表示各项工作施工的起始点和先后顺序。在图中，整个计划是由一系列的横道组成的。横道图是一种最直观的工期计划表示方法，它在国外又称为甘特（Gatt）图，在工程中广泛应用，并受到普遍的欢迎。

横道图的基本形式是以横坐标作时间轴表示时间，工程活动在图的左侧纵向排列，以活动所对应的横道位置表示活动的起始时间，横道的长短表示持续时间的长短。常见的横道图有作业顺序表和详细进度表两种。编制横道图进度计划要确定工程量、施工顺序、最佳工期以及工序或工作的天数、衔接关系等。

详细进度计划的编制方法如下：

1）确定工序（或工程项目、工种）。一般要按施工顺序、作业衔接客观次序排列，可组织平行作业，但最好不安排交叉作业，项目不得疏漏也不得重复。

2）对工程量和相关定额及必需的劳动力加以综合分析，制定各工序（或工种、项目）的工期。确定工期时可视实际情况增加机动时间，但要满足工程总工期要求。

3）用线框在相应栏目内按时间起止期限绘成图表，需要清晰准确。

4）清绘完毕后，要认真检查，看是否满足总工期需要，具体见表0-4。

表 0-4　×××庭院景观工程施工进度计划横道图

序号	施工天数 项目名称	5	10	15	20	25	30	35
1	施工准备							
2	土方工程							
3	水电安装							
4	硬质景观							
5	植物种植							
6	施工放样							
7	收尾工程							

【拓展训练】

1. 以下是×××招标公告中关于技术标的主要内容，试分析投标时重点注意的问题。

招标公告

根据本公司建设工程的需要，现就×××庭院景观绿化工程进行邀请招标。具体招标内容如下：

一、招标范围：×××庭院景观绿化工程，具体以×××设计工程有限公司出具的景观绿化工程施工图为准。

二、招标方式：邀请招标（至少三家以上）

三、招标文件及图纸发放时间：××××年××月××日上午。

四、领取招标文件及图纸时必须提供营业执照副本复印件（加盖公章），并交纳投标保证金贰万元整。×××银行×××分行××××××××××××××××。

五、领取招标文件地点：×××市×××路×××大厦。

六、投标截止时间：××××年××月××日 9：00。

七、工期：60 天

八、投标人注意事项

（1）投标人应充分了解本工程施工图纸、施工范围及工程量清单等全部情况，并在招标答疑时提出存在的问题。

（2）投标人必须承诺施工期间做好与其他室外管线施工单位的交叉配合工作，确保整个工程一次性验收合格。

九、技术标要求

（1）技术标封面。

（2）施工组织设计或施工方案（包括工程进度、质量、安全及文明施工等方面的控制措施，方案要求简明扼要）。

（3）辅助资料表：

1）项目经理简历表（须附资格、职称证书复印件）。

2）项目技术负责人简历表（须附职称证书复印件）。

3）主要施工管理人员表。

4）计划开、竣工日期和施工进度表。

（4）投标人营业执照、资质证书等复印件。

（5）投标人已完工程业绩。

（6）投标人认为有必要的其他内容。

2. 根据图 0-4 分析出施工的主要内容并进行项目归类，然后选择其中的一个项目分析施工前应做好哪些准备工作。

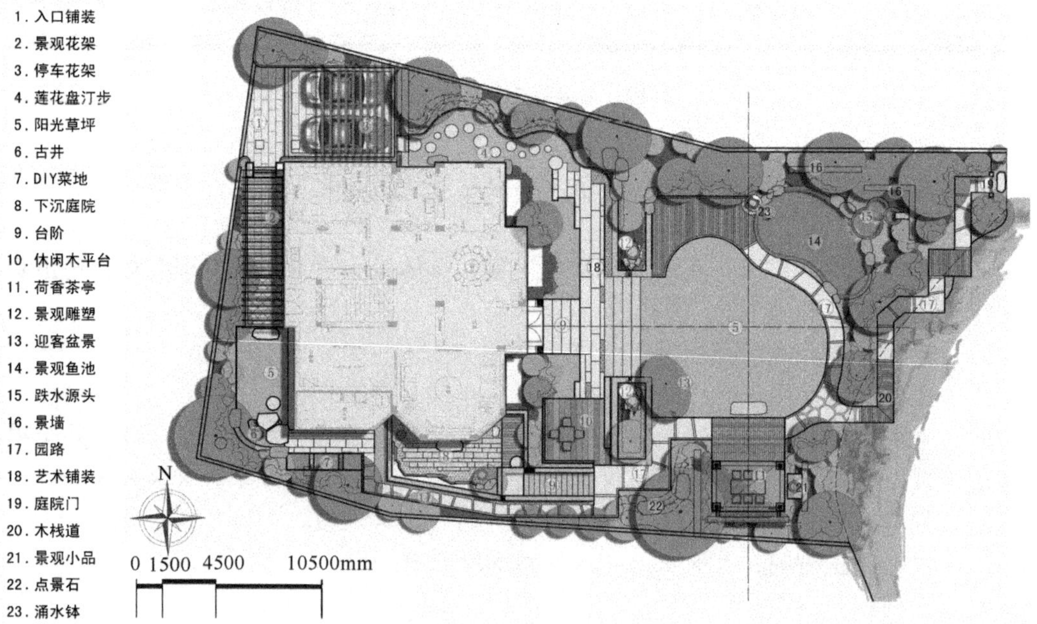

图 0-4 ×××庭院平面图

3. 图 0-5 所示的庭院施工工期要求为 40 天，试用横道图表达施工进度计划。

1. 入口铺装
2. 大门门柱
3. 停车花架
4. 明堂铺装
5. 景墙
6. 园路
7. 涌金水钵
8. 踏步石
9. 汀步
10. 休闲铺装
11 景观花钵杜
12. 阳光草坪
13. 木铺装
14. 采光井
15. 台阶
16. 亲水木平台
17. 休闲茶亭
18. 景观鱼池
19. 假山跌水景观
20. 木栈桥
21. 跌水雕塑
22. 原有水系
23. 景观花钵

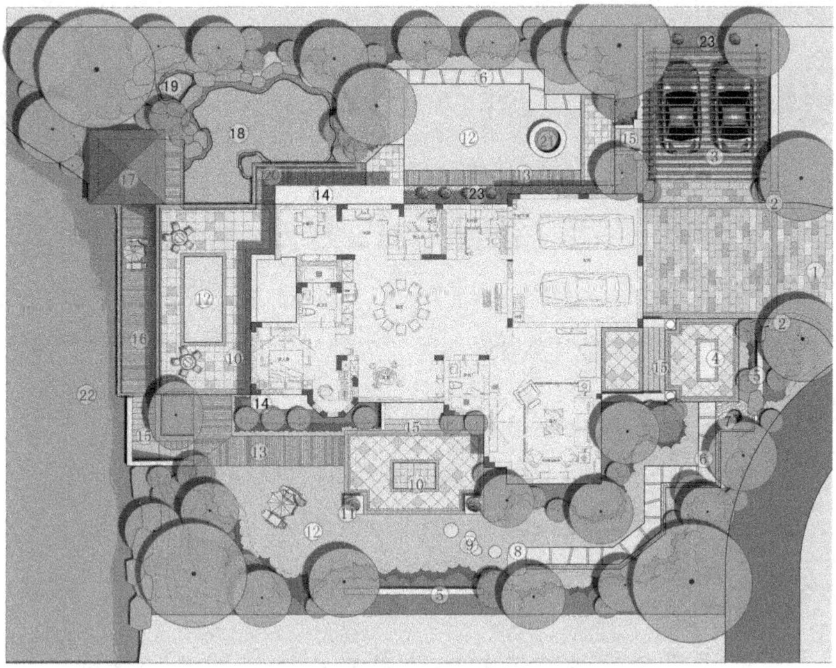

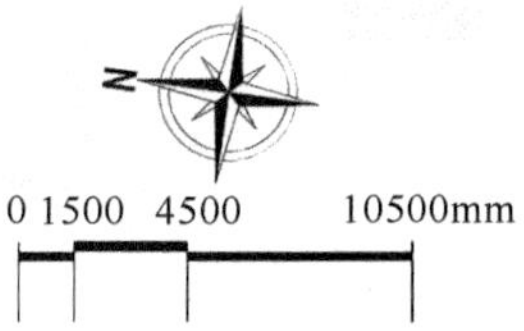

图 0-5 ×××庭院平面图

项目一

庭院土方工程施工

知识要求：

1. 掌握施工放样常见的方法。
2. 掌握土方平衡与调配的方法。
3. 熟悉土方工程施工的流程和技术。
4. 了解土方施工中的常见机具。

技能要求：

1. 能运用合理的施工放样技术初步放样出地形轮廓。
2. 会土方调配的方法。
3. 能通过地形营造技术对场地进行改造和施工。
4. 能现场指挥技术工人用机具进行土方填挖。

素质要求：

1. 具备土方计算过程中认真、仔细、负责、耐心的素质。
2. 具备对不同土方调配的计算公式灵活选择的思维素质。
3. 服从项目经理指挥，具备现场优化土方调配方案的团队协调能力。
4. 具备现场调整施工方案的协调能力。

项目学习引言

俗话说“三分设计，七分施工”，可见施工的重要性。在施工中应遵循“先整体再局部，先控制后单项”的原则。在庭院景观与绿化工程施工中，整体中涉及的一项工程就是土方工程。它在原有地形的基础上，综合园林的实用和景观功能，对庭院中地形、建筑、绿地、道路、广场、管线等进行统筹安排。在施工中，地形的营造形成了整体格局的骨架，因此，在庭院土方施工中，要根据地形合理放样。通过利用和改造，处理好自然地形和园林中各个单项工程的关系，充分体现出总体规划的意图。

本项目通过杭州天香会所庭院工程案例重点介绍庭院施工中土方工程。土方工程分为土方放样和土方施工两方面。其中，土方放样是将图纸上的整体轮廓在实地中实现；土方施工是综合考虑地形中的各个实体和水电等市政工程，为实现设计图纸中的地貌而进行的施工技术。因此，土方工程的好坏直接决定了施工质量的好坏，并影响到景观质量和以后的日常维护。应充分了解设计师意图和现场条件，制定出合理的施工方案，并在施工中不断通过现场调整以营造出最佳的景观效果。

任务一　土方放样

土方放样主要是按照图纸的标注内容，在现场通过分析高低点、高差值、坡度等确定土坡的坡形、位置等，以利于进一步施工。土方放样包括平整场地的放线和自然地形的放线。平整场地的放线是施工范围的确定。自然地形的放线是庭院室外环境中一个重要的因素，是整个景观环境的骨架，它直接影响着外部空间的美学特征、空间感、视野、小气候等，是其他要素的基底和依托。在园林中，常常通过地形的变化起伏来突出植物景观的变化。

【工作流程】

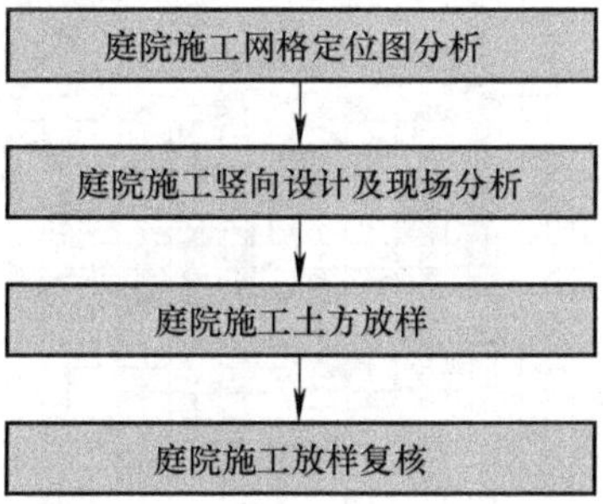

【操作步骤】

步骤一：庭院施工网格定位图分析

网格定位图是施工图的重要组成部分。它主要是通过垂直线和平行线组成的十字网格来确定平面图形的方位，尤其适用于景观中的曲线等不规则部分。方格网的大小主要根据地形的复杂程度和施工方法而定，地形起伏较大时宜用小方格，较大场地机械施工时可以用大些的方格。

杭州天香庭院由于面积较小，所以方格网以1m×1m大小为宜，以便放样精确，如图1-1所示。根据网格定位图场地中建筑物墙体东南角交叉点的作为定位基准点，基准点为（0，0），向左是－1m，向右是＋1m，每条网格线之间的间距为固定的值，以此作为现场施工放线的依据。

步骤二：庭院施工竖向设计及现场分析

通过天香会所施工竖向设计图（图1-2）可了解到：园路和园林小品的标高主要通过竖向标高标明；地形设计标高一般用等高线表示，各等高线高差应相同，庭院中相对高差不

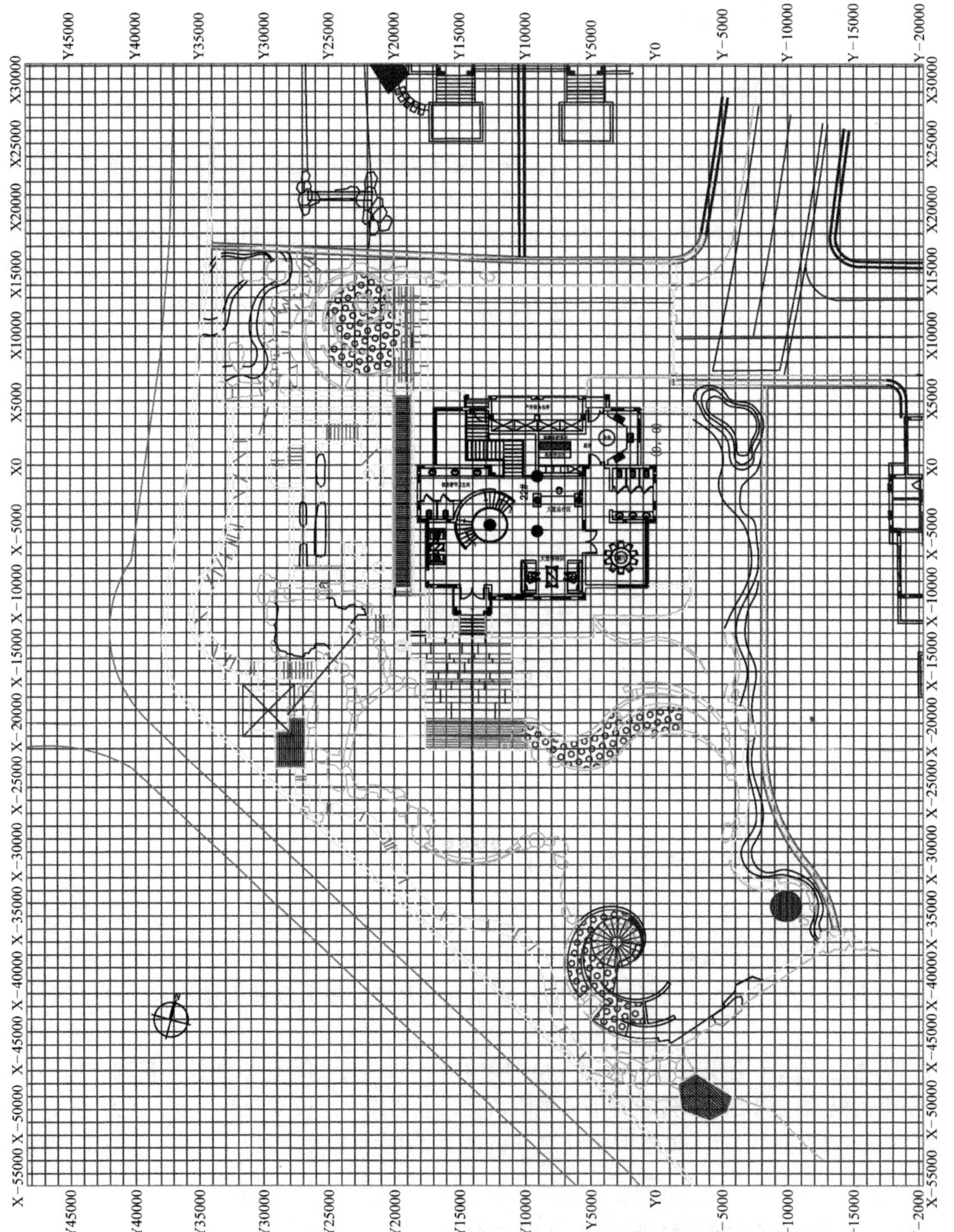

图 1-1　天香会所庭院网格定位图

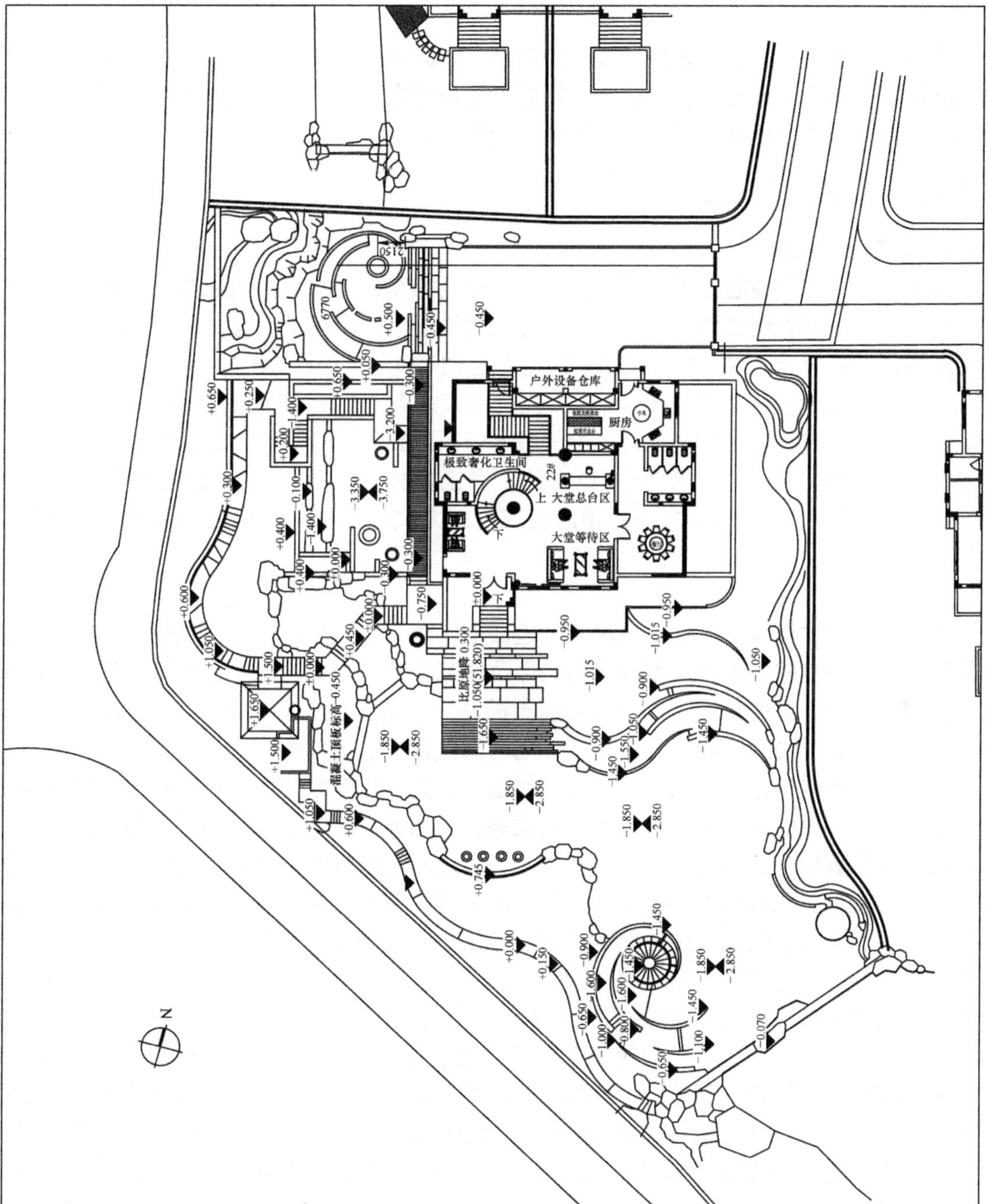

图 1-2　天香会所庭院竖向设计图

大；庭院内设计湖池的最高水位、常水位、最低水位（枯水位）及水底的标高，反映出驳岸和池底高程变化较大；图纸中标明了主要景点的控制标高。天香会所中的水系还肩负上游湖泄洪的作用，因此在施工中需要强调，除了拦水坝以外还需要考虑水流量较大季节的排水功能。

天香会所改造前的景观需要进行大面积改造，因此需要将原有地形地貌中的地物推倒后重建，但场地清理后地形高程仍然较大，给施工放样带来一定难度，实地定位时可以用一定高度的竹竿或木桩作为辅助测量工具来提高测量位置的精确性。

步骤三：庭院施工土方放样

1. 平整场地的放线

在清场之后，为了确定施工范围及挖土或填土的标高，应按设计图的要求，用测量仪器在施工现场进行定点放线工作。为使施工充分表达设计意图，测设时应尽量精确。

用经纬仪将图纸上的方格测设到地面上。定位时可以在建筑物的墙体交叉点延长线（如1m）上安置经纬仪，以测设出90°角方向，在其方向上丈量出庭院主要园林建筑及小品的坐标。应在每个交点处立桩木，边界上的桩木依图纸要求设置。桩木侧面须平滑，下端削尖，以便打入土中，桩上应表示出桩号（施工图上方格网的编号）和施工标高（挖土用“+”号，填土用“-”号）。方格网用洒石灰粉的方式进行标记，如遇雨天冲刷需要根据桩木重新标记。

2. 自然地形的放线

分析施工图中方格网图，把方格网放到地面上，然后把设计地形等高线和方格网的交点一一标到地面上并打桩，桩木上也要标明桩号及施工标高。堆山时由于土层不断升高，桩木可能被土埋没，所以桩的长度应大于每层填土的高度。若土山不高于5m，可用长竹竿作标高桩，在桩上把每层的标高标好，不同层可用不同颜色标志，以便识别。

挖湖工程的放线工作和堆地形的放线工作基本相同，由于水体挖深一般较一致而且池底常年隐没在水下，故挖湖工程的放线可以粗放些，但水体底部应尽可能整平，不留土墩。岸线和岸坡的定点放线应该准确，为了精确施工，可以用边坡样板来控制边坡坡度。由设计图可知，湖池边缘的石矶驳岸主要采用了卵石、块石等，需根据方格网打桩精确定位驳岸线的平面位置，并用石灰粉进行初步轮廓的放样。施工中，为防止各个桩点被破坏，可将土台留出，等湖池开挖接近完成时再将土台挖掉。

在湖池边缘开挖沟槽时，若采用打桩放线的方法，在施工中桩木容易被移动甚至被破坏，从而影响了校核工作，所以应使用龙门板。宜每隔30～100m设龙门板一块，具体间距视沟渠纵坡变化情况而定。板上应标明沟渠中心线的位置、沟上口和沟底的宽度等。板上还要设坡度板，用坡度板来控制沟渠纵坡。根据设计高程和测设标高，可计算出挖土深度以及地形堆筑高度。施工中应定期用水准仪或全站仪对土方标高进行复测直至施工到设计高程。

注意事项：

1）需要全面了解设计图中的竖向设计图和网格定位图，发现与现场矛盾的地方须及时与设计师进行沟通并调整。

2）测量时需要仔细调节仪器，避免产生较大放样误差，给后期施工带来麻烦。

3）若现场放样被施工破坏，测量员应及时定位修复。

步骤四：庭院施工放样复核

放样完毕后测量资料必须换手复核，各测量资料须经主测人员签认后方可交付施工，未经复核和签字不全的资料不能作为测量成果使用。对于使用的桩位、水准点，必须按测量规范要求进行换手复测，防止出现测量事故。

测量部门的测量记录必须采用标准格式的记录本及表格，见表 1-1。测量资料的原始记录和内业资料应保证齐全、真实、规范。

表 1-1　施工放样复核记录

复核日期　　年　　月　　日

<table>
<tr><td colspan="2">工 程 名 称</td><td></td><td colspan="3">分部（分项）工程名称</td><td colspan="3"></td></tr>
<tr><td colspan="2">施工单位名称</td><td></td><td colspan="3">工程部位</td><td colspan="3"></td></tr>
<tr><td colspan="2">质量标准与偏差限度</td><td colspan="7"></td></tr>
<tr><td>放样记录</td><td colspan="8"></td></tr>
<tr><td rowspan="6">示意图</td><td colspan="3" rowspan="6"></td><td rowspan="10">施工部门自检结果</td><td colspan="2">桩号</td><td>偏南/mm</td><td>偏东/mm</td></tr>
<tr><td colspan="2">1</td><td>0</td><td>0</td></tr>
<tr><td colspan="2">2</td><td>0</td><td>0</td></tr>
<tr><td colspan="2">3</td><td>0</td><td>0</td></tr>
<tr><td colspan="2">4</td><td>0</td><td>0</td></tr>
<tr><td colspan="2">5</td><td>0</td><td>0</td></tr>
<tr><td rowspan="4">复核记录</td><td colspan="3" rowspan="4">经复核，偏差见右表，差值均在规定范围内，桩位符合设计图要求</td><td colspan="2"></td><td></td><td></td></tr>
<tr><td colspan="2"></td><td></td><td></td></tr>
<tr><td colspan="2"></td><td></td><td></td></tr>
<tr><td colspan="2"></td><td></td><td></td></tr>
</table>

施工员：　　　　　　　　专业测量员：　　　　　　　　监理：

注：表格内负号为偏西或偏北

【知识链接】

一、庭院地形营造的原则

在庭院中的地形也可分为陆地及水体两部分。地形处理的好坏直接影响着园林空间的美学特征和人们的空间感受，影响着园林的布局方式、景观效果、排水设施等要素。因此，园林地形的处理也必须遵循一定的原则。

1. 地形外观轮廓要主宾分明

对地形的营造来说，地形之间的交接部位或景观形态较复杂的边界区域如坡顶、坡地边缘和水陆交接的岸边等往往是景观营造的重点区域，轮廓控制成为地形与周围环境相协调的关键要素之一。

2. 以小见大，适当造景

地形在高度、大小、比例、尺度、外观、形态等方面的变化可形成丰富的地表特征：在较大的场景中需要用宽阔的绿地、大型草坪或疏林草地来展现其宏伟壮观的特点；在较小的区域内，可以在水平和垂直两位空间中通过适当的地形处理，创造更多的层次，打破空间单一的感觉。

3. 注意视点的变化

在有地形起伏的环境中，人的观景角度会有较大的变化。视点的控制应从多方位、多角度加以考虑，即分析每一处地形由远趋近的途径特点时，不仅要考虑水平距离的运动，还应考虑视点垂直高度的变换，这样才能处理好不同位置的建筑、园林小品、植被、水面等景物与地形之间相互重叠所形成的景观层次。

4. 与其他造园要素相辅相成

要提高地形的景观质量，设计中不仅是单纯的地形设计，还要结合其他景观节点来增强地形的特点，即与水、植物、构筑物等因素相结合进行地形造景，这也有益于整体景观形象的提升。地形与植物的结合设计，如乔木、灌木和地被植物的合理搭配，会修正、调整和强化地形在视觉上的景观形象。水景的应用非常多见，且往往离不开地形的烘托。地形为创造具有吸引力的水景提供很好的基础，如瀑布、跌水、溪流和水幕等特色水景。

二、庭院地形放样前应收集的相关资料

根据地形特点和建园要求，综合考虑园中景物的安排，在地形处理前应收集如下资料：

1. 基地地形及周边社会环境资料

基地地形图是最基本的地形资料，在此基础上结合实地调查可进一步掌握现有地形的起伏与分布、整个基地的坡级分布和地形的自然排水类型。一般由甲方提供1∶500的地形图，如无地形图，则需要在现场调查了解的基础上分析设计施工图。

基地范围及环境因素对地形工程影响比较大的是交通和用地、环境发展规划等。因此应弄清楚原地形与四周环境之间的相互关系，为地形改造做好准备。

2. 水文、地质、气象资料

水文资料主要包括：现有水面的位置、范围、平均水深；常水位、最低水位和最高水位、洪涝水面的范围和水位；现有水面与基地外水系的关系，包括流向与落差，各种水工设施的使用情况；地表径流位置、方向、强度等。地质资料主要包括：土壤的类型、结构；土壤的pH值、有机物的含量；土壤的含水量、透水性；土壤的受侵蚀状况。气象资料主要包括：日照中的全荫区、半荫区、半阳区、全日照区，以及气候带类型和小气候的影响。

3. 原有建筑物、道路及植物种植资料

充分尊重原有地形，其中需要保护的原建筑物、道路、广场及植被必须予以充分利用和改造。对于原有地形中不利于视觉质量的建筑物和构筑物，应尽量采用艺术化的处理或遮掩的方式来体现原有景观。现状植被的种类、数量、分布和可利用程度都要充分调查，使之通过地形营造达到一定的景观效果。

4. 管线资料

管线有地上和地下两部分，包括电线、电缆线、通讯线、给水管、排水管、煤气管等。

有些管线是供园内所用的，有些是过境的，因此，要区别园中这些管线的种类，了解它们的位置、走向、长度，每种管线的管径和埋深以及一些技术参数。绿化植物与管线的最小间距见表 1-2。

表 1-2　绿化植物与管线的最小间距

管线名称	最小间距/m	
	乔木（至中心）	灌木（至中心）
给水管、闸井	1.5	不限
污水管、雨水管、探井	1.0	不限
煤气管	1.5	1.5
电力电缆、电信电缆、电线管道	1.5	1.0
热力管（沟）	1.5	1.5
地上杆柱（中心）	2.0	不限
消火栓	2.0	1.2

三、全站仪（拓普康 GTS-311）在园林施工精确放线中的应用

1. 全站仪简介

全站仪是全站型电子速测仪的简称，又称为“电子全站仪”，是由电子经纬仪、光电测距仪和电子记录器组成的，可实现自动测角、自动测距、自动计算和自动记录的一种多功能高效率的地面测量仪器。电子全站仪能进行空间数据采集与更新，实现测绘的数字化。

拓普康（GTS-311）相关参数：测角精度：$\pm 2''/5''$，绝对法测角，无须过零检验；测距精度：$\pm(2\text{mm}+2\times10^{-6}\times D)$；测程：3km/一块棱镜；高速测量：精测 1.2s，粗测 0.7s，跟踪 0.45s；可存贮 8000 个观测点或 16000 个坐标点；装有双轴补偿器，可提供电子气泡用于整平，并可自动改正由于整平误差对水平角和竖直角观测的影响。

2. 全站仪的优势

1）数据处理的快速与准确性。全站仪自身带有数据处理系统，可以快速而准确地对空间数据进行处理，计算出放样点的方位角与该点到测站点的距离。可以在 AutoCad 中方便地查出 O、A、B、C 等各点的 X、Y 坐标，同时也可以查出相应点的设计高程（Z 坐标值），只要把这些数据传输到全站仪中（一次最多可输入 16 000 个点的坐标值），全站仪便能快速而准确地计算出 OA、OB、OC 等的距离及相应的 A、B、C 等点的方位角。由于测距和测角的精度很高，所以完全可以做到精确定点放线。

2）定方位角的快捷性。全站仪能根据输入点的坐标值计算出放样点的方位角，并能显示目前镜头方向与计算方位角的差值。将差值调为 0，即定好要放样点的方向，然后进行测距定位。

3）测距的自动性与快速性。将棱镜对准全站仪的镜头，全站仪便可快速读出实测的距离，同时与其自动计算出的理论上的数据进行比较，并在屏幕上显示出两者的差值，从而可以判断棱镜应向哪个方向再移动多少。当显示的距离差值为 0 时，棱镜所在的位置即为要放样点的实际位置。

4）定完一个点后，可按“下一个（next）”键调出下一个要放样的点，重复 2）~3）

步骤，便可依次放出其他各点。

5）由于全站仪体积小质量轻且灵活方便，较少受到地形限制，且不易受外界因素的影响，因此只要合理保护全站仪，即使在复杂的自然条件下也可以照常工作。

6）由于所有的计算是由全站仪自动完成，所以放线过程中不会受到参与者个人的主观影响。

3. 全站仪（拓普康 GTS-311）**在园林施工放线中应用实例**

×××施工放线工作的任务是把设计图标注的重要点位放样到现实地域中。本项目采用全站仪进行施工放线。

在运用全站仪进行放线前，需做一些必要的准备工作。首先是用 AutoCad 中命令“List”查出每一个标注的重要点的 X、Y、Z 值，然后找到现有地物在图纸上对应点的坐标值，再编号，最终将这些数据通过格式转换工具转换成全站仪（拓普康 GTS-311）能识别的格式，将这些数据输入全站仪中。

下一步即可以进行现场放线。架设仪器前，准备好大量的木桩作为标记物，根据图上编号及同一标注的重要点对木桩进行编号。完成后，在工作区域找到图上标明的实际地物点，一个作为站点，一个作为后视点。在站点上安放全站仪，调平仪器，调出相应的放样程序，输入站点点号，再输入后视点点号。将全站仪目镜对准后视点，点选“ok”，再调用“放样”程序，然后依次调用各点号，按前面介绍的 2）～4）的方法分别定出各个点位，拿相应点的木桩进行标记。

【拓展训练】

1. 选取空旷训练场地，要求将图 1-3 所示的地形分组进行施工放样，小组之间复核并检查放样质量，将结果填入表 1-1 中。

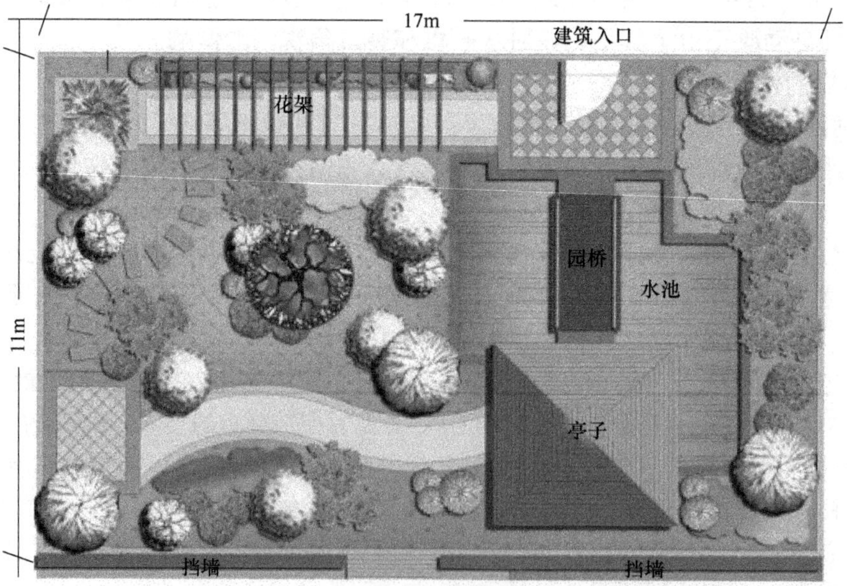

图 1-3　某庭院平面图

要点提示：

1）通过全站仪、经纬仪和皮尺对地形中水池、亭廊、铺地进行正确定位，并要求误差不得大于50mm。

2）方格网图中地形与网格交叉处立桩并标出标高。

3）为创造优美舒适的园林绿化空间，必须按照设计营造坡、谷等丰富多彩、性质各异的景观地形，以构成一个水平流动的空间，避免堆出台阶式、坟堆式地形。

4）大多数道路为曲线，路面上的等高线也为曲线而不是直线和折线。曲线等高线应按实际营造。

2. 根据教师提供的地形图，利用橡皮泥、泡沫聚苯乙烯板、吹塑纸、大头针、颜料、毛笔及绘图纸笔或沙盘等工具进行地形模型的制作。

3. 根据题目1或题目2提交一份土方放样的施工方案。

任务二　土方施工

土方放样完后需要进行土方施工。土方工程施工主要包括挖土工程施工和回填工程施工。土方工程施工质量的好坏将直接关系到整个工程项目的生命力及持续性，如种植区域土方会影响到植物的生长和排水等，所以土方施工是一项比较艰巨的工作。

【工作流程】

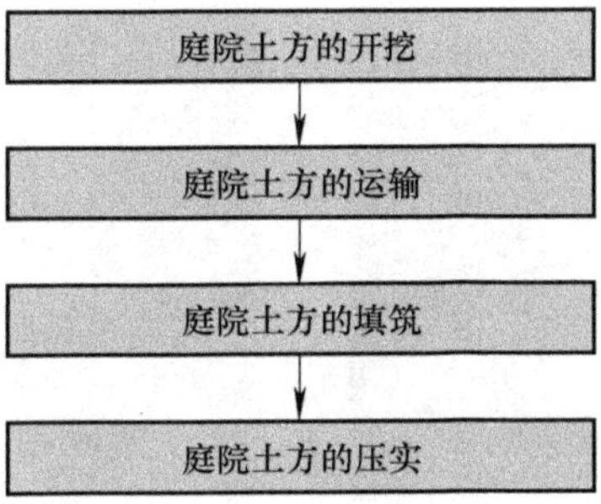

【操作步骤】

天香会所庭院根据土方放样的范围进行土方工程的施工，分为挖、运、填、压四部分。土方工程可采用人力施工也可用机械化或半机械化施工，这要根据场地条件、工程量和当地施工条件决定。在规模较大，土方较集中的工程中，采用机械化施工较经济；但对工程量不大的庭院，施工点较分散的工程或因受场地限制不便采用机械施工的地段，应该用人力施工或半机械化施工。

步骤一：庭院土方的开挖

1. 操作流程

准备工作→确定开挖、推土顺序和边坡→分段分层开挖、推土→修边清理。

2. 庭院施工土方开挖前的准备工作

（1） 主要机具

1） 主要大型机械：挖掘机、推土机、装载机、自卸汽车、翻斗车等。

2） 一般工具：铁锹、手推车、平碾、蛙式打夯机、钢尺等。

（2） 作业条件

1） 天香会所庭院土方开挖及平整前，将施工区域内的地下、地上障碍物、杂物清除和处理完毕。其中庭院中原有挡土墙基本不影响新的驳岸设计，因此土方开挖时给予保留。

2） 施工机械进入现场所经过的道路和卸车设施等应事先经过检查，必要时做好加固或加宽等准备工作。

3） 根据挖方、堆方工程量和庭院场地大小，选用 1 ~ 6t 级的小型挖掘装载机施工，以发挥施工机械的最高效能。

4） 庭院内需要保留树木应做防护，如用草绳包扎、设置护栏等。

5） 场地的定位控制线桩、标准水平桩及灰线尺寸，必须经过检验，合格后才能作为施工控制的基准点。

6） 施工区域运行路线的布置，主要根据作业区域工程量的大小、机械性能、运距和地形起伏等情况来确定。

7） 由于原有河道需要改造，故要协调好相关部门对部分河道进行局部围堰。

天香会所庭院的土方施工如图 1-4 所示。

图 1-4　天香会所庭院的土方施工现场

3. 土方开挖的方法

土方开挖采用以机械开挖为主、人工配合修整边坡基底为辅的办法。

1）开挖之前需要测量员根据图纸要求测量放样。以所洒的石灰白线作为标记，在放样范围内进行开挖作业。

2）庭院内由于空间有限，应严格按照施工顺序的要求有序进行。场地开挖时先边后中，池底开挖时先中间后两侧，以便尽早为施工提供工作面。

3）当挖掘机一次不能挖到底处时，采取先挖走表面一层降低机位后再继续向下开挖的办法。如果挖完一层后土层太软无法承受机械重量，则回填部分表层硬土再让机械就位。挖土应自上而下水平分段分层进行，每层0.3m左右。

4）开挖过程中，严禁挖斗碰撞搅拌桩和土钉头，严禁超挖；并应注意对原有挡土墙基础进行保护，避免碰撞导致其损坏或偏位。

5）池塘土方开挖时，应及时抽排地表水，防止基坑内积水；应边挖边检查坑底宽度及坡度，不够时及时修整；应每3m左右修一次坡，至设计标高后，再统一进行一次修坡清底，检查坑底宽和标高。

6）在挖土机工作范围内不许进行其他作业。挖土应由上而下，逐层进行，严禁先挖坡脚或逆坡挖土。

4. 开挖土方注意的问题

1）推土前应识图或了解施工对象的情况，在动工之前应向推土机驾驶员介绍施工地段的地形情况及设计地形的特点，最好结合模型或图纸进行，使之一目了然。

2）施工前还要了解实地定点放线情况，如桩位、施工标高等，这样施工起来各机械操作人员能得心应手，更好地按照设计意图去塑造地形。

3）桩点和施工放线要明显。推土机施工活动范围较大，施工地面高低不平，加上进车或退车时驾驶员视线存在某些死角，所以桩木和施工放线很轻易受破坏。施工期间，应通过明显标记并加以保护。

4）开挖时测量人员应到现场，随时随地用测量仪器检查桩点和放线情况，把握全局，以保证开挖的准确性。

步骤二：庭院土方的运输

场地中的池塘基坑基本保留原有的溪流场地特征，相对来说开挖工程量较小，采用抓铲立于一侧抓土装载的方式；对较宽的基坑，则采用在两侧或四侧抓土装载的方式。抓铲应离池塘基坑边一定距离，土方可直接装自卸汽车运走，或堆弃在基坑旁，或用推土机推到远处堆放。挖淤泥时，抓斗易被淤泥吸住，因此应避免用力过猛，以防翻车。抓铲施工，一般均需加配重。

土方运输是较艰巨的劳动。庭院内部一般都是短途的小搬运，多采用人工运土；场地外运输距离长，故使用机械或半机械化运输。不论是车运还是人挑，运输路线的组织很重要，卸土地点要明确，施工人员应随时指点，避免混乱和窝工。假如使用外来土垫地堆山，运土车辆应设专人指挥，卸土的位置要准确，否则乱堆乱卸，必然会给下一步施工增加许多不必要的小搬运，从而浪费了人力物力。

步骤三：庭院土方的填筑

填土应该满足工程的质量要求。土壤的质量要根据填方的用途和要求加以选择：绿化地段土壤应满足种植植物的要求，建筑用地则以将来地基的稳定为原则。利用外来土垫地堆山，对土质应该检定放行。劣土及受污染的土壤不应放入园内，以免将来影响植物的生长和危害游人健康。

1. 操作流程

基底地坪的清整→检验土质→分层铺土→修整验收

2. 填土时注意问题

1）填土前，应将基土上的洞穴或基底表面上的树根、垃圾等杂物处理完毕，清除干净。

2）检验土质。检验回填土料的种类、粒径，有无杂物，是否符合规定，以及土料的含水量是否在控制范围内。如含水量偏高，可采用翻松、晾晒或均匀掺入干土等措施；如遇回填土的含水量偏低，可采用预先洒水润湿等措施。

3）填方全部完成后，表面应进行拉线找平。凡超过标准高程的地方，及时依线铲平；凡低于标准高程的地方，应补土夯实。

4）回填土下沉问题。虚铺土超过规定厚度，或夯实不够遍数甚至漏夯，基底有机物或树根、落土等杂物清理不彻底，这些会造成回填土下沉。为避免这类现象发生，应在施工中认真执行规范的有关规定，并要严格检查，发现问题及时纠正。

5）回填土夯压不密实问题。如回填土过干，夯压时不易密实，故应在夯压时对干土适当洒水加以润湿。如回填土太湿，同样夯压不密实而呈“橡皮土”现象，这时应将“橡皮土”挖出，重新换好土夯实处理。

6）当工程土方复杂且对填方密实度要求较高时，应采取措施（如排水暗沟、护坡桩等），以防填方土粒流失而造成不均匀下沉和坍塌等事故。填方基土为渣土时，应按设计要求加固地基，并要妥善处理基底下的软硬点、空洞、旧基以及暗塘等。

7）回填管沟时，为防止管道中心位移或损坏管道，应先在管子周围填土夯实，并从管道两边同时进行，直至管顶 0.5m 以上；之后在不损坏管道的情况下，方可采用机械回填和夯实。在抹带接口处、防腐绝缘层或电缆周围，应使用细粒土料回填。

3. 填土方法

（1）人工填土方法

1）用手推车送土，以人工用铁锹、耙、锄等工具进行回填土。

2）从场地最低部分开始，由一端向另一端自下而上分层铺填。每层铺填厚度，用人工木夯夯实时，砂质土不大于 30cm，黏性土为 20cm；砂质土或黏性土用打夯机械夯实时，不大于 30cm。

3）深浅坑相连时，应先填深坑，与浅坑相平后全面分层填夯。如采取分段填筑，交接处应填成阶梯形。墙基及管道回填应在两侧用细土同时均匀回填、夯实，以防止墙基及管道中心线位移。

4）人工夯填土：用 60～80kg 的木夯或铁夯、石夯，由 4～8 人拉绳，2 人扶夯，举高不小于 0.5m，一夯压半夯，按次序进行。

5）较大面积人工回填用打夯机夯实。两机平行时其间距不得小于3m，在同一夯打路线上前后间距不得小于10m。

（2）机械填土方法

1）推土机填土。

① 填土应由下而上分层铺填，每层铺填厚度不宜大于30cm。大坡度堆填土，不得居高临下地不分层次一次堆填。

② 推土机运土回填，可采取分堆集中一次运送方法，分段距离约为10～15m，以减少运土漏失量。

③ 土方推至填方部位时，应提起一次铲刀，成堆卸土，并向前行驶0.5～1m，利用推土机后退时将土刮平。

④ 用推土机来回行驶进行碾压，履带应重叠一半。

⑤ 填土宜采用纵向铺填顺序，从挖土区段至填土区段，以40～60m距离为宜。

2）铲运机填土。

① 铲运机铺土的铺填土区段，长度不宜小于20m，宽度不宜小于8m。

② 铺土应分层进行，每次铺土厚度不大于30～50cm（视所用压实机械的要求而定），每层铺土后，利用空车返回时将地表面刮平。

③ 填土一般尽量采取横向或纵向分层卸土，以利行驶时初步压实。

步骤四：庭院土方的压实

1. 操作流程

修整验收机械碾压密实→检验密实度→修整验收

2. 压实注意问题

1）碾压机械压实填方时，应控制行驶速度。本工程拟采用碾压机械分层碾压，分层厚度不大于60cm，并随碾压随找平。

2）碾压时，轮（夯）迹应相互搭接，以防漏压或漏夯。长宽比较大时，填土应分段进行，每层接缝处应作成斜坡形，碾迹重叠0.5～1.0m，上下层错缝距离不应小于1m。

3）填方超出基底表面时，应保证边缘部位的压实质量。运土后，如设计不要求边坡修整，宜将填方边缘宽填0.5m；如设计要求边坡修平拍实，宽填可为0.2m。

4）在机械施工碾压不到的填土部位，应配合人工推土填充，用蛙式或柴油打夯机分层夯打密实。

5）回填土方每层压实后，应按规范进行取样检验，测出干土的质量密度、压实度，达到要求后，再进行上一层的铺土。

3. 压实方法

（1）人工夯实方法

1）人力打夯前应将填土初步整平，打夯要按一定方向进行，一夯压半夯，夯夯相接，行行相连，两遍纵横交叉，分层打夯。夯实基槽及地坪时，行夯路线应由四边开始，然后再夯向中间。

2）用蛙式打夯机等小型机具夯实时，一般填土厚度不宜大于25cm，打夯之前对填土应初步平整，打夯机依次夯打，均匀分布，不留间隙。

3）基坑（槽）回填时，应在相对两侧或四周同时进行回填与夯实。

4）回填管沟时，应用人工先在管子周围填土夯实，并应从管道两边同时进行，直至管顶0.5m以上。在不损坏管道的情况下，方可采用机械填土回填夯实。

（2）机械压实方法

1）为保证填土压实的均匀性及密实度，避免碾轮下陷，提高碾压效率，在碾压机械碾压之前，宜先用轻型推土机、拖拉机推平，低速预压4～5遍，使表面平实。采用振动平碾压实爆破石渣或碎石类土，应先静压，而后振压。

2）碾压机械压实填方时，应控制行驶速度，一般平碾、振动碾不超过2kg/h，羊足碾不超过3kg/h，并要控制压实遍数。碾压机械与基础或管道应保持一定的距离，防止将基础或管道压坏或使其位移。

3）用平碾压路机进行填方压实，应采用“薄填、慢驶、多次”的方法，填土厚度不应超过25～30cm；碾压方向应从两边逐渐压向中间，碾轮每次重叠宽度约15～25cm，避免漏压。运行中，碾轮边距填方边缘应大于500mm，以防发生溜坡倾倒。边角、边坡、边缘压实不到之处，应辅以人力夯或小型夯实机具夯实。压实密实度，除另有规定外，应压至轮子下沉量不超过1～2cm为度。每碾压一层完后，应用人工或机械（推土机）将表面拉毛以利接合。平碾碾压一层完后，应用人工或推土机将表面拉毛。土层表面太干时，应洒水湿润后，继续回填，以保证上、下层接合良好。

4）用羊足碾碾压时，填土厚度不宜大于50cm，碾压方向应从填土区的两侧逐渐压向中心。每次碾压应有15～20cm重叠，同时随时清除粘着于羊足之间的土料。为提高上部土层密实度，羊足碾压过后，宜辅以拖式平碾或压路机补充压平压实。

5）用铲运机及运土工具进行压实，铲运机及运土工具的移动须均匀分布于填筑层的全面，逐次卸土碾压。

【知识链接】

一、土的工程分类

按土石坚硬程度、施工开挖的难易将土石划分为八类，见表1-3。

表1-3　土的工程分类

土的分类	土的级别	土的名称	开挖方法及工具
一类土（松软土）	Ⅰ	砂土、粉土、冲积砂土层；疏松的种植土、淤泥（泥炭）	用锹、锄头挖掘，少许用脚蹬
二类土（普通土）	Ⅱ	粉质黏土；潮湿的黄土；夹有碎石、卵石的砂；粉土混卵（碎）石；种植土、填土	用锹、锄头挖掘，少许用镐翻松
三类土（坚土）	Ⅲ	软及中等密实黏土；重粉质黏土、砾石土；干黄土、含有碎石卵石的黄土、粉质黏土，压实的填土	主要用镐，少许用锹、锄头挖掘，部分用撬棍
四类土（砂砾坚土）	Ⅳ	坚硬密实的黏性土或黄土；含碎石、卵石的中等密实黏性土或黄土；粗卵石；天然级配砾石；软泥灰岩	整个先用镐、撬棍，后用锹挖掘，部分用楔子及大锤
五类土（软石）	Ⅴ～Ⅵ	硬质黏土；中密的页岩、泥灰岩、白垩土；胶结不紧的砾岩；软石灰岩及贝壳石灰岩	用镐或撬棍、大锤挖掘，部分使用爆破方法

（续）

土的分类	土的级别	土 的 名 称	开挖方法及工具
六类土（次坚石）	Ⅶ ~ Ⅸ	泥岩、砂岩、砾岩；坚实的页岩、泥灰岩、密实的石灰岩；风化花岗岩、片麻岩及正长岩	用爆破方法开挖，部分用风镐
七类土（坚石）	Ⅹ ~ ⅩⅢ	大理岩、辉绿岩；玢岩；粗、中粒花岗岩；坚实的白云岩、砂岩、砾岩、片麻岩、石灰岩；微风化安山岩、玄武岩	用爆破方法开挖
八类土（特坚石）	ⅩⅣ ~ ⅩⅥ	安山岩、玄武岩；花岗片麻岩；坚实的细粒花岗岩、闪长岩、石英岩、辉长岩、辉绿岩、玢岩、角闪岩	用爆破方法开挖

二、土的相关特征

1. 土壤含水量

土壤的含水量是土壤孔隙中的水的质量和土壤颗粒的质量的比值。土壤含水量在5%以内称为干土，在5%～30%之间称为潮土，大于30%称为湿土。土壤含水量的多少对土方施工的难易有直接的影响：土壤含水量过小，土质过于坚实，不易挖掘；含水量过大，土壤易泥泞，也不利施工，人力或机械施工工效均较低。

2. 土壤的相对密实度

土壤的相对密实度是用来表示土壤在填筑后的密实程度，在填方工程中它是检查土壤施工中密实程度的标准。为了使土壤达到设计要求的密实度，可以采用人力夯实或机械夯实。一般采用机械压实的密实度可达95%，人力夯实的密实度在87%左右。大面积填方如堆山等，通常不加夯压，而是借土壤的自重慢慢沉落，久而久之也可达到一定的密实度。

3. 土壤的可松性

土壤的可松性是指土壤经挖掘后，其原有紧密结构遭到破坏，土体松散而使体积增加的性质。可松性由可松性系数表示。不同类型的土，可松系数不同。由于土方工程量是以自然状态的体积来计算的，所以在土方调配、计算土方机械生产率及运输工具数量等的时候，必须考虑土的可松性。

三、土方施工机具

1. 人力施工

人力施工工具主要是锹、镐、钢钎等。人力施工不但要组织好劳动力而且要注重安全和保证工程质量。

1）施工者要有足够的工作面，一般平均每人应为4～6m^2。

2）开挖土方四周不得有重物及易坍落物。

3）在挖土过程中，随时注重观察土质情况；要有合理的边坡；必须垂直下挖者，松软土不得超过0.7m，中等密度土不超过1.25m，坚硬土不超过2m。

4）挖方工人不得在土壁下向里挖土，以防上方土塌陷。

5）在坡上或坡顶施工者，要注重坡下情况，不得向坡下滚落重物。

6）施工过程中注重保护基桩、龙门板或标高桩。

2. 机械施工

主要施工机械有推土机、挖土机等，在园林施工中推土机应用较广泛。例如，在挖掘水体时，以推土机推挖，将土推至水体四面，再运走或堆置地形。

（1）挖方工具

推土机（图1-5）是土石方工程施工中的主要机械之一，它由拖拉机与推土工作装置两部分组成，行走方式有履带式和轮胎式两种，工作装置的操纵方法分为液压操纵与机械传动。

图1-5　推土机施工现场

反铲挖掘机是我们见过最常见的挖掘机，其铲子向后向下强制切土。正铲挖掘机的铲子向前向上强制切土，适合地面以上的部分使用。（图1-6）

正铲　　反铲

图1-6　挖掘机示意图

（2）压实机具

1）平碾压路机又称为光碾压路机。按装置形式的不同，分为单轮压路机、双轮压路机及三轮压路机等；按作用于上层荷载的不同，分为静作用压路机和振动压路机两种。

2）羊足碾压路机。其具有压实质量好，操作工作面小，调动机动灵活等优点，但需用拖拉机牵引作业。一般羊足碾压路机适用于压实中等深度的粉质黏土、粉土、黄土等。因羊足会使表面土壤翻松，故对于砂、干硬土块及碎石土等压实效果不佳。

3）小型打夯机。其有冲击式和振动式之分。由于体积小，重量轻，构造简单，机动灵活，实用，操纵、维修方便，夯击能量大，夯实工效较高，小型打夯机在建筑工程上使用很广，但劳动强度较大。常用的有蛙式打夯机、内燃打夯机、电动打夯机机等。小型打夯机适用于黏性较低的土（砂土、粉土、粉质黏土）基坑（槽）、管沟及各种零星分散、边角部位的填方夯实，以及配合压路机对边缘或边角碾压不到之处的夯实。

4）平板式振动器。其为现场常备机具，体形小，轻便，操作简单，但振实深度有限。平板式振动器适用于小面积黏性土薄层回填土振实、较大面积砂土的回填振实以及薄层砂卵石、碎石垫层的振实。

四、土方施工采用时安全措施

1）开挖时，两人操作间距应大于2.5m。多台机械开挖，挖土机间距应大于10m。

2）挖土方不得在危岩、孤石下面或贴近未加固的危险建筑物下面进行。

3）开挖应严格按要求放坡。操作时应随时注意土壁的变动情况，如发现有裂纹或部分坍塌现象，应及时进行支撑或放坡，并注意支撑的稳固和土壁的变化。当采取不放坡开挖时，应设置临时支护。各种支护应根据土质及深度经计算确定。

4）机械多台阶同时开挖，应验算边坡的稳定，挖土机离边坡应有一定的安全距离，以防坍方，造成翻机事故。

5）深基坑上下应先挖好阶梯或支撑靠梯，或开斜坡道，并采取防滑措施，禁止踩踏支撑上下。坑四周应设安全栏杆。

6）人工吊运土方时，应检查起吊工具，检查绳索是否牢靠。吊斗下面不得站人，卸土堆应离开坑边一定距离，以防造成坑壁坍方。

7）用手推车运土时，应先平整好道路。卸土回填时，不得放手让车自动翻转。用翻斗汽车运土时，运输道路的坡度、转弯半径应符合有关安全规定。

8）重物距土坡的安全距离：汽车不小于3m，起重机不小于4m。土方堆放不小于1m，堆土高不超过1.5m；材料堆放应不小于1m。

9）当基坑较深或晾槽时间很长时，为防止边坡失水松散或地面水冲刷、浸润影响边坡稳定，应采取边坡保护措施。

【拓展训练】

1. 将图1-3所示的地形分组进行施工放样，然后进行土方施工，并提交施工方案及完成报告。

2. 根据教师提供案例，试分析土方工程过程中存在的开挖问题。

3. 根据教师提供案例，试分析土方回填时需要注意哪些方面。

项目二

庭院水电安装施工

知识目标：

1. 掌握园林中管道的组成。
2. 了解管道施工中的专业术语。
3. 了解常见给水管及阀门类型。
4. 掌握园林中常见的排水方式。
5. 了解园林供电的基本知识。
6. 掌握园林中常见照明灯具和灯光造景的形式。

技能目标：

1. 知道不同管线施工的铺设要求。
2. 知道管线选择时不同术语的含义。
3. 能够在施工中选择给水、排水管类型。
4. 能够根据施工具体条件分析合理的排水方式。
5. 能看懂园林供电施工图中线路的含义。
6. 知道灯杆的安装流程。

素质要求：

1. 培养学生对水电安装的安全意识。
2. 培养学生现场发现问题及解决问题的能力。
3. 培养学生在制定水电安装施工方案中的团队配合意识及协调能力。

项目学习引言

庭院景观及绿化工程中的水电安装工程区别于一般室外市政给排水及照明工程，其用水量相对较少，主要是庭院景观与绿化中造景给水排水和绿化养护用水。给水水源主要是自然水源、市政自来水和净化循环用水，所排水也是因造景和养护需要而排放的污、废水。庭院中的照明主要突出庭院氛围的景观照明和功能性照明，其功率较小，可通过庭院建筑的配电箱进行合理分配。由于庭院水电安装工程的专业性较强，施工中需要专业人员进行安装，施工员要统一指挥并进行安装。

本项目通过杭州天香会所庭院的水电安装工程系统介绍了庭院水电安装的基本流程、水电安装过程中管线铺设的要点、排水的方式、照明灯具的选择和安装、电路系统调试。水电安装的施工与其他项目相互交叉，例如，管线工程需要结合土方工程提前预埋，灯具、喷头等外露设施需要待其他工程初步建设好后再进行配套安装，因此，现场施工员应懂得各工程的安装流程及施工工艺，以协调好各方的施工工作。

任务一　给排水系统施工

庭院中的给排水施工是庭院景观与绿化工程基础设施的重要组成部分，给排水管道工程与庭院生活紧密相连。庭院中的水系统主要包括水源系统、用水系统、给水系统、排水系统、中水回用系统和雨水系统，工程施工的优劣直接影响着庭院自身环境和周边环境，对防涝及地下水和土壤污染的生态问题也有着重要的影响，因此给排水程的施工尤为重要。庭院中的水是园林中不可或缺的物质，故给排水系统必须满足园林中人们对水量、水质和水压的要求。水在使用过程中受到污染，成为污水，要经过处理后才能排放。完善的给水工程和排水工程以及污水处理工程，对庭院景观与绿化的保护和发展具有重要的意义。

【工作流程】

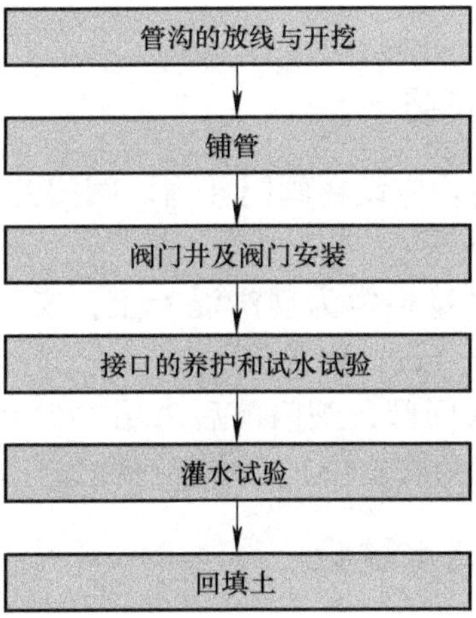

【操作步骤】

一、给水工程施工

步骤一：管沟的放线与开挖

园林给水工程大多属于隐蔽工程，因而在施工管理上应认真做好施工过程的记录，同时在材料方面应保证管材管件的规格质量符合要求。

根据施工图，天香会所庭院中的给水水源采用市政管道供水。市政管道从建筑中的厨房接出，主干管道管径采用 *DN*40，支管管径采用 *DN*20。给水管道采用埋地铺设方式，给水均用 PPR 管，管道埋深为地下 150mm。施工时首先设置中心桩：根据施工图测出管道的中心线，在其起点、终点、分支点、变坡点、转弯点的中心钉木桩。其次设置龙门板：在各中心桩处测出其标高并设置龙门板；龙门板以水平尺找平，且标出开挖深度以备开挖中检查；板顶面钉三颗钉，中间一颗为管沟开挖的边线。沟槽的形式分为直槽、梯形槽、混合槽三种。沟槽采用人工开挖，挖出的土放于沟边一侧，距沟边 0.5m 以上。沟槽开挖时，如遇有管道、电缆、建筑物、构筑物，应予以保护，并及时与有关单位和设计部门联系，严防事故发生造成损失。沟底的处理包括：沟底整平，坡度、坡向符合设计要求，土质坚实；松土应夯实，砾石沟底应挖出 200mm，用好土回填并夯实。

步骤二：铺管

铺管之前要根据施工图检查管沟坐标、沟底标高、平直程度等，无故后方可铺管。

PPR 管较金属管硬度低、刚性差，在搬运、施工中应加以保护，避免不适当外力造成机械损伤。在暗敷后要标出管道位置，以免二次装修破坏管道。施工中注意 PPR 管在 5℃ 以下存在一定低温脆性，冬期施工要当心，切管时要用锋利刀具缓慢切割。对已安装的管道不能重压、敲击，必要时对易受外力部位覆盖保护物。PPR 管长期受紫外线照射易老化降解，因此安装在户外或阳光直射处必须包扎深色防护层。PPR 管除了与金属管或用水器连接时采用带螺纹嵌件或法兰等的机械连接方式外，其余均应采用热熔连接，使管道一体化，无渗漏点。

步骤三：阀门井及阀门安装

室外埋地给水管道上的阀门均应设在阀门井内。阀门井有混凝土（预制）和砖砌两种。井盖的形式分为圆形和矩形两种。

（1）阀门井安装　井底或井壁通常为现浇混凝土，安装预制混凝土井圈时要与井壁垂直，井底和井口标高要垂直，符合设计要求。

（2）阀门安装　常用法兰式闸阀，阀门前后采用 PPR 给水短管。安装时阀门手轮垂直向上，两法兰之间加 3～4mm 厚的胶皮垫，以十字对称法拧紧螺母。

步骤四：接口的养护和试水试验

管道施工完后管顶覆土约 400mm，两端封堵。养护时间通常 7d 即可。管道安装后在封管（直埋）及覆盖装饰层（非直埋暗敷）前必须试压。冷水管试压压力为系统工作压力的 1.5 倍，但不得小于 1MPa；热水管试验压力为工作压力的 2 倍，但不得小于 1.5MPa。

（1）试压前的准备工作　试压之前，将管道的始、末端设置堵板，在弯头和三通等处以道木顶住。在管道的高点设放气阀，低点设放水阀。管道较长时，在其始、末端各设压力表 1 块；管道较短时，只在试压泵附近设压力表 1 块。将试压泵（一般使用手压泵）与被试压管道连接上，并安装好临时上水管道，向被试压管道内充水至满，先不升压并养护 24h。

（2）试压过程　以手压泵向被试压管道内压水，升压要缓慢。当升压至 0.5MPa 时暂停，做初步检查；无问题时徐徐升压至试验压力 P_{s1}（1MPa，特指高压给水铸铁管道工作压力)；在此压力下恒压 10min，若压力无下降或下降小于 0.05MPa 时，即可降到工作压力。经全面检查以不渗、不漏为合格。

(3) 试压安全注意事项　管道水压试验具有危险性，因此要划定危险区，严禁闲人进入。操作人员也应远离堵板、三通、弯头等处，以防危险。

试压前向被试压管道内充水时，要打开放气阀，待管道内的空气排净后关闭。试压时自始至终升压要缓慢且无较大的振动。试压完毕应打开放（泄）水阀，将被试压管道内的水全部放干。

步骤五：回填土

试压、防腐之后可进行回填土。在填土之前进行全面检查，确认无误后方可回填。回填土内不得有石块，要具有最佳含水量。回填时应分层夯实，每层宜 100 ~ 200mm；最后一层应高出周围地面 30 ~ 50mm。

二、排水管线施工

步骤一：管沟的放线与开挖

管沟的放线与开挖施工工艺参见给水管道工程施工。

步骤二：修筑管基

首先检查管沟的坐标、沟底标高、坡度坡向及检查井位置等。以上要符合设计要求，且沟底土质良好，确保管道安装后不下沉。然后修筑管基。管基通常为现浇混凝土，其厚度及坡度坡向要符合设计要求。

步骤三：铺管

(1) 检查管材　PPR 管的规格要符合设计要求，不得有裂纹、破损和蜂窝麻面等缺陷。

(2) 清理管口　将每节管的两端接口用棉纱、清水擦洗干净。

(3) 铺管　将沟边的管子以人工逐根放入沟内的管基上，使接口对正。然后通过直线管段上首、尾两检查井的中心点拉一粉线，该粉线即管中心线。据此线来调整管子，使管道平直，并以水平尺检测其坡度、坡向，使之符合设计要求。

步骤四：接口养护

接口的养护参见给水管道工程施工。

步骤五：筑井

检查井砌筑（或安装混凝土预制井圈）时，井壁要垂直，井底、上口标高以及截面尺寸应符合设计要求。

步骤六：灌水试验

灌水试验也称为闭水试验，应在管道覆土前进行。

（1）试验前的准备工作　将被试验管段的上、下游检查井内管端以钢制堵板封堵，在上游检查井旁设一试验用的水箱。水箱内试验水位的高度，对于铺设在干燥土层内的管道应高出上游检查井管顶4m。试验水箱底与上游井内管端堵板以管子连接，下游井内管端堵板下侧接泄水管，并挖好排水沟。

（2）试验过程　先由水箱向被试验管段内充水至满，浸泡1～2昼夜再进行试验。试验开始时，先量好水位，然后观察各接口是否渗漏，观察时间不少于30min。

在湿土壤内铺设的管道，需检查地下水渗入管道内的水量。当地下水位超过管顶4m以上时，每增加1m水头，允许增加渗入水量的10%；当地下水位高出管顶2m以内时，可按干燥土层做渗出水量试验。

排除带有腐蚀性污水的管道，不允许渗漏。

雨水管道以及与雨水性质近似的管道，除大孔性土壤和水源地区外，可不做闭水试验。

步骤七：回填土

在灌水试验完成，并办理“隐蔽工程验收记录”后，即可进行回填土。管顶上部500mm以内不得回填直径大于100mm的石块和冻土块；500mm以上回填的块石和冻土不得集中。用机械回填时，机械不得在管沟上行驶。回填土应分层夯实，每层虚铺厚度：机械夯实为300mm以内，人工夯实为200mm以内。管道接口处必须仔细夯实。

【知识链接】

一、园林给水工程概述

普通给水管道铺设方式多为埋地。常用的管材有钢管和给水铸铁管两种，其中多采用承插式给水铸铁管。承插式给水铸铁管的接口填料通常为两层：第一层，对于生产给水可采用白麻、油麻、石棉绳、胶圈等，对于生活给水一般采用白麻或胶圈；第二层，采用石棉水泥、自应力水泥砂浆、青铅等，其中多采用石棉水泥。

1. 管道的组成和管子、管路附件的标准化

（1）管道的组成　管道也称为管路，通常是由管子、管路附件和接头配件组成。管路附件是指附属于管路的部分，如阀门、过滤器、混水器、水压表、流量表等。接头配件包括两部分：一是管件，如三通、四通、弯头、大小头、外接头、活接头等；二是连接件（紧固件），如法兰、螺栓、螺母、垫圈、垫片等。

（2）管子、管路附件的标准化　管子、管路附件的标准化，是将管子、附件和接头配件的类型、规格、型号、质量等制订出统一的技术标准，以统一管子、附件和接头配件的设计、制造和供应，并为管道施工、维修、选用带来方便。

我国的技术标准分为国家标准、行业标准、企业标准和地方标准等。在管道工程中，使用最多的是国家标准和行业标准。技术标准由类别代号（拼音字母缩写）、顺序号（阿拉伯数字）、颁发年号（阿拉伯数字）组成。例如《低压流体输送用焊接钢管》的标准代号为GB/T 3091—2008，其中GB为类别代号，是国家标准；加“/T”表示推荐性国家标准（否则为强制性国家标准）；3091为顺序号，是指第3091号国家标准；2008为颁发年号，为

2008 年颁发。另如《喷灌与微灌工程技术管理规程》的标准代号为 SL 236—1999，其中 SL 为类别代号，是水利行业标准；236 为顺序号，是指第 236 号水利行业标准；1999 为颁发年号，为 1999 年颁发。

2. 公称直径、公称压力、试验压力和工作压力

（1）公称直径 管子、管件和管路附件的公称直径（也称为公称通径、名义直径），既不是实际的内径，也不是实际的外径，而是称呼直径。其直径数值近似于法兰式阀门和某些管子（如黑铁管、白铁管、上下水铸铁管）的实际内径。例如：公称直径 25mm 的白铁管，实测其内径数值为 25. 4mm 左右。

采用公称直径，便于管子与管子、管子与管件、管子与管路附件的连接，保持接口的一致。所以，无论管子的实际外径（或实际内径）多大，只要公称直径相同都能相互连接，并且具有互换性。

公称直径以符号“*DN*”表示，公称直径的数值写于其后，单位 mm（单位不写）。例如：*DN*50，表示公称直径为 50mm。

（2）公称压力、试验压力和工作压力 三者均与介质的温度密切相关，都是指在一定温度下制品（或管道系统）的耐压强度，三者的区别在于介质的温度不同。

1）公称压力。管子、管件和附件的材质不同，耐压强度不同。而且在不同的温度下相同管子、管件和附件的耐压强度也不一样。为了判断和识别制品的耐压强度，必须选定某一温度为基准，该温度称为基准温度。制品在基准温度下的耐压强度称为公称压力。制品的材质不同，其基准温度也不同。一般碳素钢制品的基准温度采用 200℃。公称压力以符号“*PN*”表示，其单位为 MPa。例如 *PN*1，表示公称压力为 1MPa。

2）试验压力：通常是指制品在常温下的耐压强度。管子、管件和附件等制品，在出厂之前以及管道工程竣工之后，均应进行压力试验，以检查其强度和严密性。试验压力以符号“P_s”表示。例如 P_s1. 6 表示试验压力为 1. 6MPa。

3）工作压力：一般是指给定温度下的操作（工作）压力。工作压力以符号“P_t”表示，“*t*”为缩小至 1/10 之后的介质最高温度。例如：P_{25}2. 3，表示在介质最高温度为 250℃下的工作压力是 2. 3MPa。

公称压力、试验压力和工作压力之间的关系为 $P_s > PN \geqslant P_t$

3. 常见给水管及阀门类型及特性

（1）钢管

1）常用给水、排水管材焊接钢管。通常是用普通碳素钢中的软钢制造而成。管材特征为纵向有一条缝，其缝隙有的明显，有的则不太明显。分类：按表面是否镀锌可分为镀锌钢管和不镀锌钢管，镀锌钢管也叫白铁管，不镀锌钢管俗称黑铁管；按管端是否带螺纹可分为带螺纹和不带螺纹的两种；按管壁的厚度可分为普通管、加厚管和薄壁管三种。常用规格有 *DN*8、*DN*10、*DN*15、*DN*20、*DN*25、*DN*32、*DN*40、*DN*50、*DN*65、*DN*80、*DN*100、*DN*125、*DN*150 等。给水工程中使用的多是普通管。其中白铁管的常用直径范围为 *DN*15 ~ *DN*80，黑铁管的常用直径范围为 *DN*15 ~ *DN*150。

2）直缝卷制电焊钢管，也称为卷板钢管，是由普通碳素钢在工厂或现场卷制、焊接而成。管材特征为纵、横向均有直的焊缝。常用于工作压力不大于 1. 6MPa，工作温度不超过 200℃的水、气等介质管道，如水泵房管道（水泵配管）等。

（2）铸铁管

1）给水铸铁管。给水铸铁管通常用灰口铸铁浇铸而成，出厂前内外表面涂沥青漆一层。给水铸铁管按接口形式可分为承插式和法兰式两种；按压力可分为高压给水铸铁管（工作压力为1MPa）、中压给水铸铁管（工作压力为0.75MPa）和低压给水铸铁管（工作压力为0.45MPa）。高压给水铸铁管的常用规格有*DN*75、*DN*100、*DN*125、*DN*150、*DN*200、*DN*250、*DN*300、*DN*350、*DN*400、*DN*450等。高压给水铸铁管通常用于室外给水管道；中、低压给水铸铁管可用于雨水管道。

2）排水铸铁管。其通常是用灰口铸铁铸造而成，管壁较薄，承口较小，出厂之前内外表面不涂刷沥青漆，接口形式只有承插式一种。常用规格有*DN*50、*DN*75、*DN*100、*DN*125、*DN*150、*DN*200等。排水铸铁管主要用于雨水及室内生活污水等重力流动的管道。

（3）混凝土管　混凝土管也称为素混凝土管。钢筋混凝土管分为轻型和重型两种，其中常用轻型。按照接口形式分为平口和承插口两种，其中常用平口式。混凝土管的常用规格有*DN*75、*DN*100、*DN*150、*DN*200、*DN*250、*DN*300、*DN*350、*DN*400、*DN*450、*DN*500等；轻型钢筋混凝土管的常用规格有*DN*700、*DN*800、*DN*900、*DN*1000、*DN*1100、*DN*1200、*DN*1350、*DN*1500、*DN*1650、*DN*1800等。混凝土和钢筋混凝土排水管主要用于雨水及室外生活污水等排水管道工程。

（4）陶土管　陶土管分为无釉、单面釉（内表面）和双面釉三种。其接口形式通常为承插式。常用直径为100～600mm，每根管的长度为0.5～0.8m。带釉陶土管内表面光滑，具有良好的抗腐蚀性能，用于排除含酸、碱等的工业污、废水。

（5）塑料管　塑料管质轻、输水性能好、便于施工，已广泛用于喷灌及微灌工程。

1）聚氯乙烯（PVC）管，分为硬质聚氯乙烯管和软质聚氯乙烯管，公称直径为20～200mm。绿地喷灌系统常使用承压能力为0.63MPa、1.00MPa、1.25MPa的三种硬质聚氯乙烯管。

2）聚乙烯（PE）管，分为高密度聚乙烯（HDPE）管材和低密度聚乙烯（LDPE）管材。前者性能好但价格昂贵，使用较小。后者力学强度较低但抗冲击性好，适合在较复杂的地形铺设，是绿地喷灌系统常使用的管材。微灌系统中管径小于50mm时应选用微灌用聚乙烯管。

3）聚丙烯（PP）管，耐热性能优良，适用于移动或半移动喷灌系统场合（这类场合由于太阳的直射，暴露在外的管道需要一定的耐热性）。

（6）常用阀门　在给水管道系统中，阀门起着启闭管路、调节流量和水压或安全防护的作用。

阀门的型号由七部分组成：阀门类型、驱动方式、连接形式、结构形式、密封圈或衬里材料、公称压力和阀体材料。其中阀门的公称压力直接以公称压力数值表示。阀门型号举例：Z944T-1，*DN*500，即：公称直径500mm，电动机驱动，法兰连接，明杆平行式双板闸阀，密封圈材料为铜，公称压力为1MPa，阀体材料为灰铸铁（灰铸铁阀体$PN \leqslant 1.6$MPa时，不写材料代号）。

J11T-1.6，*DN*32，即：公称直径32mm，手轮驱动（省略不写），内螺纹连接，直通式（铸造），铜密封圈，公称压力为1.6MPa，阀体材料为灰铸铁（省略不写）的截止阀。

H11T-1.6K，*DN*50，即：公称直径50mm，自动启闭（省略不写），内螺纹连接，直通式（铸造），铜密封圈，公称压力为1.6MPa，阀体材料为可锻铸铁的止回阀。

二、园林排水的基本特点

1）主要是排除雨水和少量生活污水。

2）园林中地形起伏多变有利于地面水的排除。

3）园林中大多有水体，雨水可就近排入园中水体。

4）园林绿地通常植被丰富，地面吸收能力强，地面径流较小，因此雨水一般采取以地面排除为主，沟渠和管道排除为辅的综合排水方式。

5）可以利用排水设施创造瀑布、跌水、溪流等景观。

6）排水的同时还要考虑土壤能吸收到足够的水分，以利植物生长，干旱地区尤应注意保水。

三、排水方式

1. 地形排水

地形排水即利用地面坡度使雨水汇集，再通过沟、涧、山道等加以组织引导，就近排入附近水体或城市雨水管渠。这是公园排除雨水的一种主要方法，此法经济适用，便于维修，而且景观自然。利用地形排除雨水时，若地表种植草皮则最小坡度为0.5%。

2. 管渠排水

管渠排水指利用明沟、管道、盲沟等设施进行排水的方式。

（1）明沟排水　明沟排水主要是土质明沟，其断面形式有梯形、三角形和自然式浅沟，沟内可植草种花，也可任其生长杂草，通常采用梯形断面。在某些地段根据需要也可砌砖、石或混凝土明沟，断面形式常采用梯形或矩形。

（2）管道排水　在园林中的某些局部，如低洼的绿地、铺装的广场及休息场所，建筑物周围的积水以及污水的排除，需要或只能利用铺设管道的方式进行。管道排水的优点是不妨碍地面活动、卫生和美观，排水效率高；但造价也高，且检修困难。

（3）盲沟排水　盲沟是一种地下排水渠道，又名暗沟、盲渠主要用于排除地下水，降低地下水位。盲沟排水适应于一些要求排水良好的全天候的体育活动场地、地下水位高的地区以及某些不耐水的园林植物生长区等。

1）盲沟排水的优点：取材方便，可废物利用，造价低廉；不需附加雨水口、检查井等构筑物，地面不留“痕迹”，从而保持了园林绿地草坪及其他活动场地的完整性。

2）布置形式：取决于地形及地下水的流动方向。常见的有四种形式，即自然形式（树枝式）、截流式、蓖式（鱼骨式）和耙式。自然式适用于周边高中间低的山坞状园址地形，截流式适用于四周或一侧较高的园址地形情况，蓖式（鱼骨式）适用于谷底或低洼积水较多处，耙式适用于一面坡的情况。

3）盲沟的埋深和间距：盲沟的埋深主要取决于植物对地下水位的要求、受根系破坏的影响、土壤质地、冰冻深度及地面荷载情况等因素，通常在1.2～1.7m之间；支管间距则取决于土壤种类、排水量和要求的排除速度，对排水要求高即全天候的场地，应多设支管。支管间距一般为8～24m。

4）盲沟纵坡：盲沟沟底纵坡不小于0.5%。只要地形等条件许可，纵坡坡度应尽可能取大些，以利地下水的排除。

边沟和排水管的连接如图 2-1 所示。

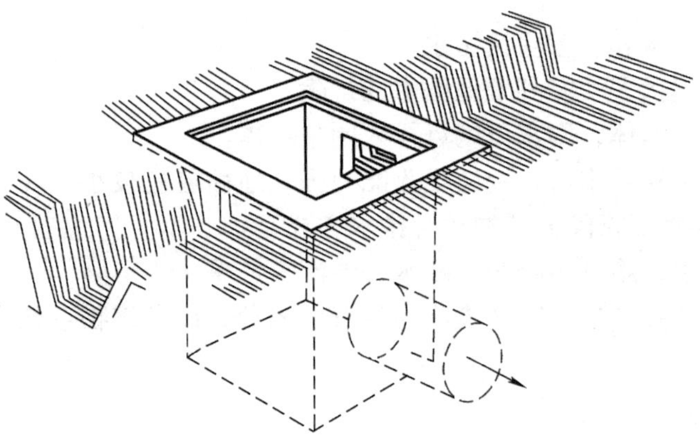

图 2-1　边沟和排水管的连接

四、园林排水与水土保持

雨水径流对地表的冲刷是地面排水所面临的主要问题。必须采取合理措施来防止冲刷，保持水土，维护园林景观，通常从以下三方面着手：

1）地形设计时充分考虑排水要求注意控制地面坡度，使之不至于过陡，否则应另采取措施以减少水土流失。

2）同一坡度（即使坡度不大）的坡面不宜延伸过长，应该有起伏变化，以阻碍缓冲径流速度，同时也丰富了园林地貌景观。

3）用顺等高线的盘山道、谷线等拦截和组织排水。

【拓展训练】

1. 简述给排水管线工程施工程序。
2. 简述常见给水管及阀门型号的含义。
3. 盲沟的埋深和间距主要取决于哪几方面？
4. 灌水试验应该注意哪些环节？

任务二　景观灯系统施工

庭院中园林照明作为室外照明的一种形式在体现夜景效果上越来越重要。而园林照明施工由于专业性强，为了更好地掌握园林供电施工的规律和方法，除了要了解园林供电设计所必需的基本知识，也要学习园林照明工程施工的一般方法和注意事项。在这个基础上，重点掌握如何检验照明工程的完成质量。

【工作流程】

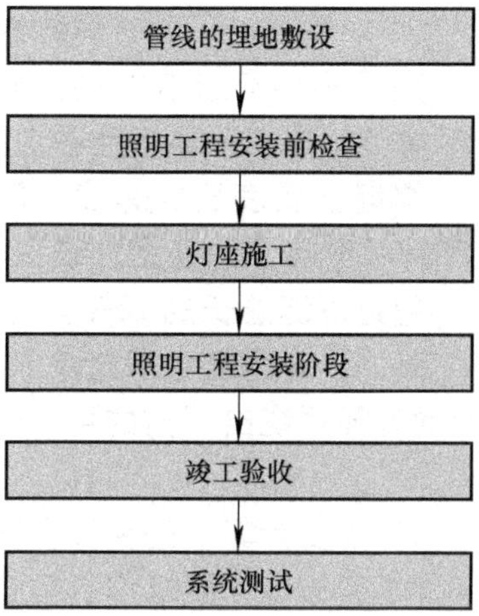

【操作步骤】

步骤一：管线的埋地敷设

考虑到照明管线的架空施工会对应有的园林景观效果产生破坏作用，一般采用管线的埋地敷设。但在不影响景观的隐蔽地带或角落施工时，为了节约工程费用，也可以酌情架空敷设。

埋地敷设管线时常采用铠装电缆直接埋入地下敷设。沟槽开挖前由测量人员放线定位。根据管线上方覆土深度的不同，管线埋地敷设又可分为深埋和浅埋两种情况。深埋是指管道上的覆土深度大于1.5m；而浅埋则是指覆土深度小于1.5m。一般浅埋沟槽开挖深55cm，宽40cm，沟底清平，上敷电缆，回填土夯实。每敷设一档电缆测一次绝缘电阻，按规范不低于0.5mΩ为合格。敷设电缆时，禁止在两个灯杆之间有任何接头。敷设时，按电压等级排列，高压在上面，低压在下面，控制和通讯电缆在最下面。敷设完毕后，盖好敷设前揭开的电缆沟水泥板。

管道采用深埋还是采用浅埋，主要决定于下述条件：管道中是否有水；是否怕受寒冷冻害；土壤冰冻线的深度情况。当有多条管线平行埋设在一处时，为避免相互影响并保证管线安全，管线之间在水平方向和垂直方向上都要留有足够的间距。特别是管线相互交叉穿过时，更要保证管线的垂直间距，以免造成管线之间的冲突。

步骤二：照明工程安装前检查

对主要材料、构件、零部件、灯柱、灯盘（含灯具）、配电系统、升降系统、限位装置、避雷装置等，按设计文件中的技术规范及国家（或行业）有关标准规定进行检验。

1）检查所有零部件的出厂合格证是否齐全，材质、尺寸是否符合设计要求。采用的电气产品是符合国家标准的产品，零部件应配套。

2）检查灯杆所使用的金属材料的材质检验报告单，检查金属构件材料的抗拉强度、屈服强度、抗冲击强度、延伸率和硫、磷含量的合格证，以及含碳量和冷弯试验合格证等是否齐全，并符合国家标准的规定。

3）检查焊接材料的合格证明文件，检查出厂时对焊缝探伤的合格率是否大于95%，并对杆件及其焊缝作外观检查。结构用钢不得有影响材料机械性能的裂纹、分层、夹渣等缺陷，麻点或划痕的深度不得大于钢材负公差的一半，且不应大于0.5mm。

焊缝尺寸必须符合设计要求，焊缝金属表面的焊棱均匀，不得有影响强度的裂纹、夹渣、焊瘤、烧穿、未融合、弧坑和针状气孔，并且无折皱和中断等缺陷。焊缝区咬肉深度不允许超过0.5mm，累计总长度不得超过焊缝总长的10%。焊缝宽度小于20mm，焊角高度为1.5～2.5mm。角焊缝尺寸应为6～8mm，焊角尺寸不允许小于设计尺寸。

4）检查升降式高杆照明装置的升降系统出厂前的可靠性试验文件是否齐全，是否符合设计文件及有关标准的规定。

5）检查生产厂商提供的灯杆结构强度计算书是否符合设计文件中规定的设计条件。

6）检查照明装置的各加工部件是否按设计要求作了防腐处理，并具有出厂质检证书。

7）灯杆直线度和圆度各项尺寸误差和形位误差的检验，采用直尺、卡尺、水平仪等，按设计图纸、技术规范及相应的国家行业标准有关要求进行检验，合格后方能使用。

8）检查灯具及其配套的电光源、附件、避雷针等的规格、型号是否符合设计规定。

步骤三：灯座施工

灯杆基坑开挖前，对基坑开挖位置测量放线，并请监理工程师现场核准。灯杆定位由专业测量人员进行，保证杆位放线准确；杆坑开挖，顺线路方向移位不应超过设计档距的5%，垂直线路，不超过50mm。基坑开挖深度偏差不超过+100mm，-50mm，施工中如出现基坑超挖，进行回填和夯实。灯杆底座采用现场混凝土浇筑，接地极打入设计深度。对每根灯杆所需接地极数量进行试验。测量接地电阻值，不应大于10Ω，若大于10Ω，则增加接地极，直到符合设计要求为止。得出结论后按此数量施工，然后再复测，个别不满足的加打。

在浇筑灯杆基础前，预制地脚螺栓并按设计尺寸焊接成架子置于钢筋架上；将电缆进线管按图纸要求弯制，用细钢丝固定于地脚螺栓架上，堵好管口。基础配筋好后进行基础浇筑，商品混凝土强度等级按设计要求，浇筑时用振动器振捣密实，并按要求做好混凝土试块。

步骤四：照明工程安装阶段

在灯杆基础施工完毕后达到设计强度时，进行灯杆吊装。灯杆吊装前，安装好拔梢杆和灯臂并组装好灯具。

1）全数检查每个灯杆测量放线确定的平面位置是否符合设计图，全数检查基础开挖尺寸，并要求承包人对于高杆灯的基础土壤承载力提供试验报告，若不能满足设计要求，应及时通知业主、设计单位等及时处理。

2）对钢筋混凝土基础，应按相关钢筋混凝土质量监理的要求进行全过程旁站监理，地脚螺栓的定位应满足垂直度及基础高程的要求。

3）避雷接地装置的安装过程中，应全过程旁站，并检验接地电阻值是否满足设计要求。高杆灯的避雷接地电阻不大于10Ω。

4）灯杆就位后，要检查灯杆的竖直度，不大于0.5%者为合格。

5）高杆灯的安装完成后，对升降部分的卸载和脱离这两个过程要进行两次以上试验，确保准确无误后，将钢丝绳终点标示清楚并调整好灯盘上的限位开关。同时还要检查配电系统、卷扬机构的工作是否正常。安装调试要求自动挂钩、安全索紧装置及升降机构均灵活运转、动作准确，无卡死或迟滞现象，上下限位器动作可靠，并调整灯具俯角方位使之准确，检查各部位照度是否符合提供的数据要求。

6）检查庭院的照度是否满足设计文件或合同文件的规定。

步骤五：竣工验收

1）灯柱安装位置、灯柱地面以上高度、灯柱的竖直度是否符合设计规定。

2）灯柱、灯具、光源的技术规格、材质、防腐等是否符合技术规范或设计要求。

3）检查灯柱（具）接地装置的安装是否符合设计规定。

4）对照明设施作不少于50%安装质量抽查，并做好记录。

5）测量灯、灯柱的受电电压是否符合设计规定。

6）检查照明区内路面照度是否符合设计要求。

步骤六：系统测试

为保证设备的任何一部分和安装性能符合规范要求，系统测试应连续进行不少于5昼夜，且操作无失误。如果出现失误或不满意操作，应进行校正并重新测试直到达到要求为止。

【知识链接】

一、供电基本知识

园林供电的电源基本上都取之于地区电网，只有少数距离城市较远的风景区才可能利用自然山水条件自发电使用。在电源方面需要了解以下几个问题。

1. 电源种类

电源一般分为交流电源与直流电源两大类。电压、电流的大小和方向随着时间变化而作周期性改变的电源是交流电源。园林照明、喷泉、提水灌溉、游艺机械等的用电，都是交流电源。在交流电供电方式中，一般都提供三相交流电源，即在同一电路中有频率相同而相位互差120°的三个电源。

2. 电压与电功率

电压是电路中两点之间的电势（电位）差，以V（伏）来表示。电功率是电所具有的做功的能力，用W（瓦）表示。园林设施所直接使用的电源电压主要是220V和380V的，属于低压供电系统的电压，其最远输送距离为350m，最大输送功率为175kW。中压线路的电压为1～10kV（千伏）；10kV输电线路的最大送电距离为10km，最大送电功率为

5000kW。高压线路的电压在 10000kW 以上，最大送电距离为 50km，最大送电功率为 10000kW。

3. 三相四线制供电

从电厂的三相发电机送出的三相交流电源：采用三根火线和一根地线（中性线）组成一条电路，这种供电方式称为三相四线制供电。目前，我国生产、配送的都是三相交流电。在三相四线制供电系统中，可以得到两种不同的电压：线电压、相电压。两种电压的大小不一样，线电压是相电压的 1.73 倍。单相 220V 的相电压一般用于照明线路的单相负荷，三相 380V 的线电压则多用于动力线路的三相负荷。三相四线制供电的好处是：不管各相负荷多少，其电压都是 220V，各相的电器都可以正常使用。当然，如各相的负荷比较平衡，则更有利于减少地线的电流和线路的电耗。园林设施的基本供电方式都是三相四线制的。

4. 用电负荷

连接在供电线路上的用电设备在某一时刻实际取用的功率总和就是该线路的负荷，如电灯、电动机、水泵等。不同设备的用电量不一样，其负荷就有大小的不同。负荷的大小即用电量，一般用度数来表示，1 度电就是 1kW/h。在三相四线制供电系统中，只用两条电线工作的电气设备如电灯，其电源是单相交流电源，其负荷称为单相负荷；凡是应用三根电源火线或四线全用的设备，其电源是三相交流电源，其负荷也相应属于三相负荷。无论单相负荷还是三相负荷，接入电源而能正常工作的条件，都是电源电压达到其额定数值。电压过低或过高，用电设备都不能正常工作。根据用电负荷性质（重要性和安全性）的不同，国家将负荷等级分为三级。其中，一级负荷是必须确保不能断电的，如果中断供电就会造成人身伤亡或造成重大的政治、经济损失，这种负荷必须有两个独立的电源供应系统。二级负荷是要保证一般不断电的，若断电就会造成公共秩序混乱或较大的政治、经济损失。三级负荷是对供电没有特殊要求，没有一、二级负荷的断电后果的。

二、布置配电线路

一般大中型公园都要安装自己的配电变压器，做到独立供电。但一些小公园、小游园的用电量比较小，也常常直接借用附近街区原有变压器提供电源。电源取用点确定以后，要根据园林用电性质和环境情况，而决定采用某一种配电线路布置方式来布置线路系统。配电线路方式可采用链式、环式、放射式、树干式和混合式中的任何一种，主要应根据用电性质、用电量和投资资金情况来选定。

布置线路系统时，园林中游乐机械或喷泉等动力用电与一般的照明用电最好能分开单独供电，其三相电路的负荷都要尽量保持平衡。此外，在单相负荷中，每一单相用电都要分别设开关，严禁一闸多用。支线上的分线路不要太多，每根支线上的插座、灯头数的总和最好不超过 25 个。每根支线上的工作电流，一般为 6～10A 或 10～30A。支线最好走直线，要满足线路最短的要求。

从变压器引出的供电主干线，在进入主配电箱之前要设空气开关和保险，有的还要设一个总电表。在从主配电箱引出的支干线上也要设空气开关和保险，以控制整个主干线的电路。从分配电箱引出的支线在进入电气设备之前应安装漏电保护开关，保证用电安全。

三、园林灯具选择

要从景观效果的整体上考虑选择灯具，要将选用的灯具纳入到环境中，使灯具的选择配置与总体布局及环境质量密切关联，最终达到环境整体性的统一，给人强烈的空间感染力。其可选择的灯具种类也较多，主要有高杆灯、庭院灯、草坪灯、泛光灯、埋地灯等。

1. 高杆灯

国际照明委员会认为高度为18m以上为高杆照明，而高杆灯主要是在大型广场照明中使用的。根据杆体的形式分为固定式（初期投资少，但维护时需要使用高空升降机，维护成本高）、升降式（初期投资较高，维护方便，总体成本低）和倾倒式（初期投资高，只可用于有足够倾倒空间的场合）。一般情况下采用的是升降式高杆灯照明。其光源采用的是400W及以上的高效型高压钠灯或金属卤化物灯。在布置灯具时首先考虑功能作用，在满足功能的前提下再满足美观要求。高杆灯灯具的款式有蘑菇形、球形、荷花形等，布置形式有伸臂式、框架式及单排照明等，其结构紧凑，整体刚性好，组装维护和更换灯泡方便，配光合理，眩光控制好，照明范围高达30000m^2。

2. 庭院灯

庭院灯一般放置在公园、街心花园、小区、学校及一些相关的地方，在起到照明作用的同时又要达到烘托景观的效果。庭院灯可用多种式样，如古典式、简洁式等。庭院灯有的安装在草坪中，有的依公园道路、树林曲折随弯设置，达到一定的艺术效果和美感。其可用的光源也有较多种类，如节能灯、金属卤化物灯、低压钠灯及LED（发光二极管）灯等，其高度一般为3～4m。

3. 草坪灯

草坪灯主要用于公园、广场、小区、学校及一些相关地方周边的饰景照明，营造夜间景色的气氛。它是由亮度对比来表现光的协调，而不是照度值本身，最好利用明暗对比显示出深远来。有些采用POLY（聚乙烯）材料制作的仿石及各种类型的草坪灯特别适合用于广场休闲游乐场所、绿化带等地方。草坪灯一般采用的光源是节能灯。

4. 泛光灯

泛光灯用于大面积照明，常用于广场的雕塑、周边建筑等地方的照明。泛光灯适应能力强，同时具备良好的密封性能，可防止水分凝结于内，经久耐用。其光源一般采用的是金属卤化物灯或高压钠灯。

5. 埋地灯

埋地灯可用于广场及广场道路的铺装、雕塑及树木等照明，其造型比较多，有向上发光的，有向四周发光的，也有只向两边发光的，可用于不同的地方。

埋地灯由于埋设在地底及水下，维修起来比较麻烦，因此要求密封效果特别好，也要避免水分凝结于内，故属于加压水密封型灯具。其光源一般采用的是金属卤化物灯及LED灯。

6. 水下灯

水下灯主要用于水池及各种喷泉等的景观照明，突出水景在晚上的景观效果。其以压力水密封型设计，最大浸深可达水下10m。除了有防水功能外，水下灯也要避免水分凝结于内部，并且要耐腐蚀等，确保可靠、耐用。其光源主要采用LED光源，要求有防漏电功能。

7. 壁灯

壁灯是安装在各种墙壁及台阶上的灯具，其光源一般采用的是节能灯。

8. 装饰造型灯

装饰造型灯具的种类多样，其一般有电子礼花灯及各种造型的灯光雕塑，如年年有余、龙腾等。可采用各种光源，如金属卤化物灯、LED 灯等。

四、园林灯光造景的形式

园林的夜间形象主要是在园林现有景观的基础上，利用夜间照明和灯光造景来塑造的。园林灯光造景主要有以下形式。

1. 场地照明

园林中各类场地人流相对集中，灯光的设置要考虑人的活动特征。在场地周围选择发光效率高的高杆直射光源可以使场地内光线充足，便于人的活动。若广场范围较大，场地内部又不希望有灯杆的阻碍，则可根据照明的要求和所设计的灯光艺术特色，布置适当数量的地灯作为补充。场地照明一般依据工作照明或安全照明的要求来设置，在有特殊活动要求的广场上还应布置一些聚光灯之类的光源，以便在举行活动时使用。

2. 道路照明

园林道路类型较多，不同的园路对于灯光的要求也并不尽相似。对于园林中车行的主干道和次要道路，需要根据安全照明要求，使用具有一定亮度且均匀的连续照明，以使车辆及行人能够准确判别路上情况；而对于游憩步道则除了需要照亮路面外，还希望营造出一种幽静、祥和的氛围，因而用环境照明的手法使其融入柔和的光线之中。采用低杆园灯的道路照明应避免直射灯光耀眼，通常可用带有遮光罩的灯具，将视平线以上的光线予以遮挡，或使用乳白灯罩，使之转化为散射光源。

3. 园林建筑照明

园林建筑一般在园林中具有主导地位，为使园林建筑优美的造型能呈现在夜空之中，过去主要采用聚光灯和探照灯，如今已普遍使用泛光照明。为了突出和显示其特殊的外形轮廓，而弱化本身的细节，通常以霓虹灯或成串的白炽灯安设于建筑的棱边，构成建筑轮廓灯，也可以用经过精确调整光线的轮廓投光灯，将需要表现的形体仅仅用光勾勒出轮廓，使其余保持在暗色中，并与后面背景分开，这对于烘托气氛具有显著的效果。

4. 植物照明

园林灯光透过花木的枝叶会投射出斑驳的光影，使用隐于树丛中的低照明器可以将阴影和被照亮的花木组合在一起。特定的区域因强光的照射变得绚烂与华丽，而阴影之下又常常带有神秘的气氛。利用不同的灯光组合可以强调园中植物的质感或神秘感。灯具被安置在树枝之间，将光线投射到园路和花坛之上形成类似于为明月照射下的斑驳光影，突出光影的变化。

5. 水景照明

夜色之中通过灯光照亮湖泊、水池、喷泉，则将让人体验到另一种感受。大型的喷泉使用红色、橘黄、蓝色和绿色的光线进行投射，会产生欢快的气氛；小型水池采用更为自然的光色则可使人感到亲切；使用蓝光滤光器校正，将水映射成蔚蓝色，则给人以清爽、明快的感觉。水景照明的灯具位置需要慎重考虑，位于水面以上的灯具应将光源甚至整个灯具隐于花丛中或池岸、建筑的一侧，也就是要将光源背对着游人，以避免眩光刺眼。跌水、瀑布中的灯具可安装在水流下方，这不仅能隐藏灯具，而且还可以照亮潺潺流水，使之变得十分生动。

除了上述几种照明之外，还有像水池、喷泉水下设置的彩色投光灯、射向水幕的激光束、园内的广告灯箱等，此类灯具与其说还保留一部分照明功能，还不如说更多的是对夜景的点缀。大量新颖灯具的不断涌现，不仅会使今后的园灯有了更多的选择，它所装点的夜景也会更加绚丽。

【拓展训练】

1. 庭院照明灯具类型有哪些？
2. 庭院中管道穿线应该注意什么问题？
3. 照明工程验收时主要把握哪几方面？
4. 灯具安装时应该注意哪些环节？

项目三

庭院硬质铺地施工

知识要求：

1. 了解园路及广场铺装的结构。
2. 知道园路及广场工程的施工放样原理。
3. 了解地面铺设施工工序并掌握操作工艺。
4. 了解面层材料的品种、规格，掌握不同铺装面层施工处理方法。

技能要求：

1. 能读懂其施工图，并按照施工图要求进行园路及广场工程的施工放样。
2. 能合理安排园路施工方案。
3. 能独立铺设地面基层。
4. 会处理不同面层的施工工艺。

素质要求：

1. 培养学生根据园路施工挑选材料的耐心及铺面层的认真态度，要求施工中仔细检查放样的质量。
2. 注重团队协作，配合完成某一段园路的施工。
3. 培养施工完毕后具有检查施工结果并及时收集工具的习惯。
4. 培养学生施工放样时的细心态度和安全意识。
5. 培养学生在外出参观考察中的自我约束能力。
6. 培养学生在广场中对不同铺装拼贴的审美素质和认知素质。

项目学习引言

庭院铺装是指在庭院环境中将自然或人工的铺地材料，按照一定的方式铺设于地面而形成的地表形式。在庭院绿化中，铺装作为一个重要的构成要素，其表现形式受到总体设计的影响，根据环境的不同，铺装表现出的风格各异，从而造就了变化丰富、形式多样的庭院效果。多样式的庭院铺装，不仅在实用功能上为庭院提供交通、休息、连接等作用，而且具有很强的艺术性和观赏性，是庭院绿化、美化重要的组成部分，当然也是一个施工的难点。

常见的庭院铺装对象有园路、广场、休息平台、硬质景观等。在天香会所庭院设计中铺装的园路有松木桩生态园路、花岗岩园路、混凝土砌块园路；广场铺地有花岗岩、混凝土预制块铺装、防腐木铺装等。铺装的种类不同，在学习中既要熟悉施工图，掌握材料，同时又要结合场地现有情况做好施工前的准备，包括材料准备、场地放线、复核等。

任务一　园路施工

园路在园林中的作用就像血管在人体中的作用，它是贯穿各个景区和景点的纽带。园路工程施工就是在园林中确定园路布局及进行园路结构面层施工的过程。园路的施工是园林总体施工的一个重要组成部分。园路工程的重点在于控制好施工面的高程，并注意与园林其他设施在高程上相协调。施工中，园路路基和路面基层的处理只要达到设计要求的牢固性和稳定性即可，而路面面层的施工，则要求更加精细，更加强调对质量的要求和艺术效果。

【工作流程】

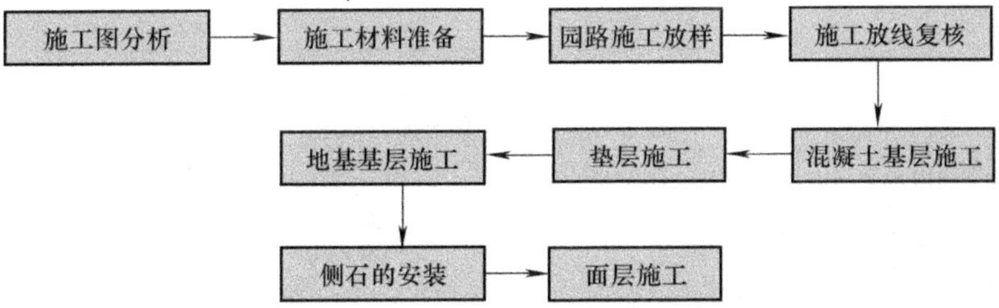

【操作步骤】

步骤一：庭院施工图分析

在施工前应熟悉施工图，准确理解设计意图，通过对施工图的分析首先知道园路的线形走向、铺装要求、大样做法等，同时在施工图上也可以知道园路铺装的材料及铺装尺寸、样式的要求（图 3-1）。尤其在铺地施工中，铺装材料的准备工作任务比较大，因此在确定方案时应根据铺装的实际尺寸进行图上放样，这都要求施工人员对施工图非常地了解。

天香会所内修建的园路主要有花岗岩板材路和松木桩生态路，其区别主要是在面层材料的使用上，在基础以及基层、垫层施工方面，两者的流程和做法一致。

步骤二：施工材料准备

通过天香会所庭院园路施工图的分析，可以了解到主要施工材料以及数量，并需要做出材料用量清单，如花岗岩、石板、防腐木、条石、毛石砌块。像花岗岩板材这样需要预先加工的材料的使用，还需要进行材料尺寸、用量的设计，按照施工图做出尺寸标注和编号，以保证合理使用和利用材料。

天香会所庭院为了达到较好的景观效果，在园路铺装样式上使用了多种材料，对于不同材料的施工有不同的施工方法，所使用的施工机具也不同，因此按照园路设计及铺装要求，提前准备施工机具，并作出施工机具使用清单，并于施工前准备妥当。

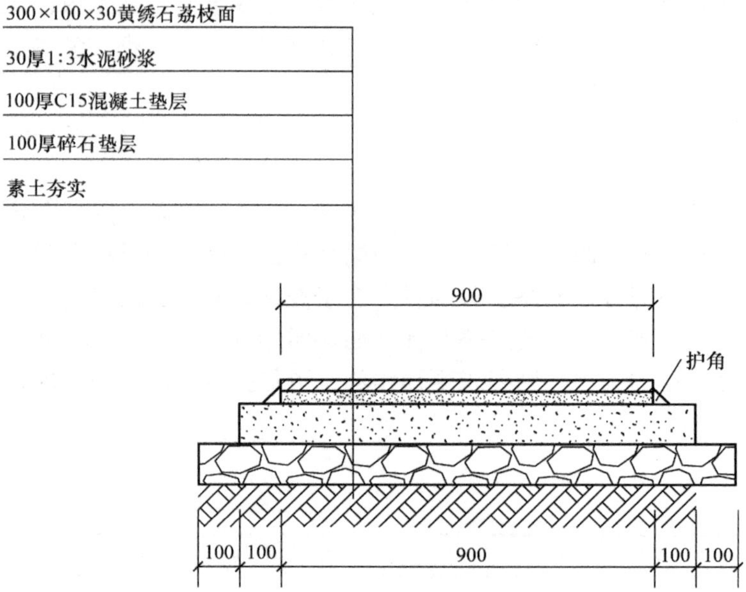

图 3-1　天香会所园路铺装

步骤三：园路施工放样

园路放线常使用中心点放线的方法，即根据施工图对所有的中心控制桩进行测量、核实，并放出园路中心线。由于天香会所庭院较小，园路路线不长，因此按园路的中线，在地面上每隔 1m 放一中线柱即可，并且在弯道的曲线上应在曲头、曲中、曲尾各放一中线桩，并在中线桩上写明桩号，再以中心桩为准，根据园路的宽度和场地的范围定边桩，最后放出路面和场地的平面线。放设中心线可以根据园路的长短以及线形的不同，放置不同距离的中心桩。在中心线测设完毕后，应使用石灰划出中线位置，按照设计园路的宽度分别向两侧等距增加，测设出边线的位置，并用桩点标示清楚。同时在基槽开挖时，应分别向外扩大 30cm，以便于施工操作和侧石的安放。

步骤四：庭院施工放样复核

庭院施工放样复核的要求见项目一中的土方放样相关部分。

步骤五：地基基层施工

1. 挖方

根据测放出的高程，使用挖土机械挖除路基面以上的土方，一部分土方经检测合格用于填方，余土运到指定的弃土场。

2. 填筑

路基基层填筑材料利用路基开挖出的土、石等。在天香会所施工时使用碎石作为填筑材料，在使用前应先作抗压试验，并将试验报告及其施工方案交监理工程师，获得批准后方可使用。其中路基采用水平分层填筑，最大层厚不超过30cm，水平方向逐层向上填筑，并形成2%～4%的横坡以便于排水。

3. 碾压

在对碎石垫层碾压时使用夯实机进行，碾压时做到无漏压、无死角并保证碾压均匀。碾压时，先压边缘后压中间，先轻压后重压。填土层在碾压前应先平整，并做2%～4%的横坡。当遇到构筑、建筑物附件无法使用时，可选择人工夯实或手扶式打夯机夯实。

天香会所庭院施工作业面较小，当无法使用碾压机械时，可以选择使用蛙式手扶打夯机夯土2～3遍。铺地槽平整度的允许偏差不得大于2cm。当园路涉及高差变化或者微地形变化时，要结合场地现状适当造型，力争达到最佳效果。

步骤六：垫层施工

垫层是承重和传递荷载的构造层。垫层施工内容包括底层平整及原材料处理、洒水拌和、分层铺设、找平压实、养护、砂浆调制运输等。常使用的垫层有灰土垫层、砂垫层、碎石垫层和素混凝土垫层。对于一些横穿道路的管线，如电、水管线等，需要在此阶段提前预埋。

天香会所庭院因其地质条件，选用了碎石垫层，如图3-2所示。它是使用天然碎石或机制碎石铺设而成的，其厚度一般不小于100mm。

图3-2　碎石垫层施工

垫层施工应注意：

（1）材料要求　砂和石子不得含有草根等杂质，冻结的砂和冻结的石子均不得使用，石子的最大粒径不得大于垫层厚度的2/3。

（2）施工要点　使用手扶式打夯机夯实，每层虚铺150～200mm，最佳含水量为8%～12%，要一夯压半夯全面夯实，反复夯实3次。

步骤七：混凝土基层施工

为保证混凝土搅拌质量，混凝土工程应遵循以下原则：

1）测定现场砂、石含水率，根据设计配合比，送有关单位做好混凝土级配，并按级配挂牌示意。

2）每天搅拌第一拌混凝土时，水泥用量应相对增倍。

3）平板振捣器应震动均匀，以提高混凝土的密实度。

4）严格控制砂石料的含泥量，选用良好的骨料。砂选用粗砂，砂含泥量小于3%，石子不超过10%。

5）减少环境温度差，提高混凝土抗压强度。浇筑后应覆盖一层草包以防气温变化的影响。12h后浇水养护，混凝土养护时间不小于7d。

6）结合层一般用1∶3的水泥砂浆摊铺而成，也可用3～5cm粗砂均匀摊铺而成。砂浆摊铺宽度应大于铺装面5～10cm。已拌好的砂浆应当日用完。

7）对于基础条件较差、人流量较大和有运输要求的园路，其混凝土基层可加设拉结钢筋网提高强度。

混凝土基层的施工如图 3-3 所示。

图 3-3　混凝土基层施工

步骤八：侧石（路缘石）的安装

在混凝土垫层上安置侧石，先应检查轴线标高是否符合设计要求，并校对。圆弧处可采用 20 ~ 40cm 长度的侧石拼接，以利于圆弧的顺滑。应严格控制侧石顶面的标高，接缝处留缝均匀；外侧细石混凝土浇筑应紧密牢固；嵌缝清晰，侧角均匀、美观。

侧石基础宜与地床同时填挖碾压，以保证有均匀的整体密实性。侧石安装要平稳牢固，其背后应用灰土夯实。

步骤九：园路面层施工

天香会所庭院园路面层材料有松木桩和花岗岩板材。花岗岩板材即通常所说的片材面层。片材面层指的是厚度在 5 ~ 20mm 之间的装饰性铺地材料，常用的有花岗岩、大理石、釉面砖和陶瓷广场砖等，这种材料造价相对较高，因此大范围使用成本很高，但在庭院铺装中使用比较广泛。

天香会所园路使用了较多的片材贴面铺装，如大理石、碎石、路面砖等，这类面材的铺装一般都是使用水泥砂浆作为结合层，将面材粘接在整体现浇的水泥混凝土基层之上。在混凝土基层上铺设的结合层，其作用为找平层、结合面层。水泥砂浆的厚度一般为 5cm，也可根据片材的厚度不同适当调整。水泥砂浆一般选用 1 : 2 或 1 : 2.5 的粗砂砂浆。用片材贴面装饰的路面，最好设置路牙，以便路边更加整齐和规范。片材路面如图 3-4 所示。

图 3-4　片材路面

1. 花岗岩板材铺装

花岗岩是一种比较高级的装饰性地面铺装材料。天香会所施工使用花岗岩较多。花岗岩的颜色可采用青色、灰白等常用的颜色，使用前先按照设计图加工成正方形、长方形的薄片状。其规格大小可根据设计而定，常用的主要规格有：300mm × 300mm、500mm × 500mm、300mm × 600mm、600mm × 600mm、600mm × 800mm 等。

用整形的板材、方砖、预制混凝土砌块铺在路面上作为道路的结构面层的铺地属于块材路面，适用于一般的散步游览道路、草坪路、岸边小路和林荫道。铺砌花岗岩类板材料时，灰泥的浓度不可太稀，要调配成半硬的黏稠状态，铺砌时才易压入板下将板固定而不致下陷。其次，为使块材排列整齐，每片的间距为 1cm，要使用平准线即铺设地点四角插好木桩，用绳拉张，作为铺块材的平准线。除了纵横间隔笔直整齐外，另还需要一条高度准绳，以控制板材面高度齐一。但为使面层不因下雨积水，有必要在施工时将路面两侧作出 1.5% ~ 2% 的斜度。地面铺装应每隔 2m 设基座，以控制其标高，石材板的铺设应根据侧石路标高，并在路中高出 3% 横坡。板铺设前，先拉好纵横控制线，并每排拉线。铺设时用橡胶锤敲击至平整，以保证施工质量优良。片块状材料面层，在面层与基层之间所用的结合层做法有两种：一种是用湿性的水泥砂浆、石灰砂浆或混合砂浆作为材料的湿法铺筑，另一种是用干性的细砂、石灰粉、灰土（石灰和细土）、水泥粉砂等作为结合材料或垫层材料的干法铺筑。

（1）湿法铺筑　用厚度为 1.5 ~ 2.5cm 的湿性结合材料，垫在面层混凝土板上面或基层上面作为结合层，然后在其上砌筑片状或块状贴面层。砌块之间的结合以及表面抹缝也用这些结合材料。

（2）干法铺筑　以干性粉砂状材料，作面层砌块的垫层和结合层。铺砌时，先将粉砂材料在基层上平铺一层。用干砂、细土作为垫层时厚 3 ~ 5cm，用水泥砂、石灰砂、灰土作为结合层时厚 2.5 ~ 3.5cm。铺好后抹平，然后按照设计的砌块、砖块拼装图案，在垫层上拼砌成面层，并在多处震击，使所有砌块的顶面都保持在一个平面上，这样可使铺装十分平整。再将干燥的细砂、水泥粉、细石灰粉等撒在面层上并扫入砌块缝隙中，使缝隙填满，最后将多余的灰砂清扫干净。

板材铺砌的路面如图 3-5 所示。

图 3-5　板材铺砌路面

2. 松木桩生态园路施工

园路施工中常常采用一些特殊的材料作为道路的面层，以达到特殊的效果，如嵌草路面、瓦片路、碎料路等。天香会所的生态园路就使用了松木桩作为路面，其施工流程如下：

1）混凝土基层施工完毕后，选择圆木，锯成长度一致的圆木桩备料。

2）在混凝土基层上摊铺5cm厚粗砂浆，将锯好的圆木桩整齐的摆放，并检查平整度与视觉效果。

3）在圆木桩之间的空隙内添加粗砂砂浆，将圆木桩固定。

4）对施工完成的圆木桩路面进行整理，清扫杂物，刷洗出圆木桩的本色。

天香会所松木桩生态园路施工如图3-6所示。

图3-6　天香会所松木桩生态园路施工

【知识链接】

一、园路的组成

1. 园路的基本类型

园路一般有三种类型：一是路堑型（图3-7a），二是路堤型（图3-7b），三是特殊型（图3-7c），包括步石、汀步、蹬道、攀梯等。

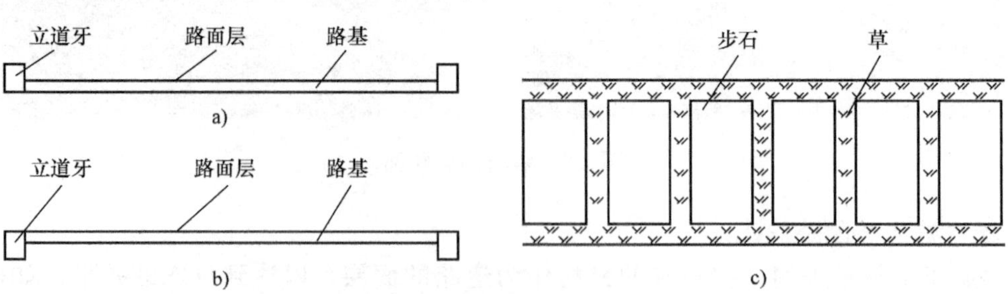

图3-7　园路基本类型

a）路堑型立面　b）路堤型立面　c）特殊型平面

2. 园路的分类

路面根据划分方法的不同，可以有许多不同的分类。按使用材料的不同，将路面分为：

（1）整体路面　包括水泥混凝土路面和沥青混凝土路面。

（2）块料路面　包括各种天然块石或各种预制块料铺装的路面。

（3）碎料路面　用各种碎石、瓦片、卵石等组成的路面。

（4）简易路面　由煤屑、三合土等组成的路面，多用于临时性或过渡性园路。

其中沥青混凝土路面主要用于车行道，其他类型在园路中有着极其广泛的应用（图 3-8）。

图 3-8　园路面层的应用

二、常见园路面层材料

道路的面层直接接触外部环境，承受压力、磨损以及外界多种因素的破坏，同时也是人们行走和视觉所及的部分，因此必须具备一定的强度、耐磨、平稳、美观、易清扫、不易打滑等特性。园路面层的铺设方式和材料种类很多，主要有沥青混凝土铺地、水泥混凝土铺地、花岗岩板铺地、青石板铺地、碎大理石冰裂铺地、烧结砖铺地、砾石铺地、卵石铺地、小青砖铺地、卵石混乱花纹图案铺地、木材铺地、陶瓷材料铺地以及丙烯树脂、环氧树脂等高分子材料铺地等。沥青、水泥和高分子材料主要作为黏合料与骨材集料、颜料等一起使用，其物理性能受掺入的骨材及所添加颜料的影响；石材、木材及陶瓷材料更多的是制成条块状使用。下面列举整体路面、块料路面、步石（汀步）、嵌草路面、木材路面、钢材路面、合成树脂路面等所用的材料与工艺要求。

1. 整体路面

（1）沥青路面　包括沥青混凝土路面、透水性沥青路面、彩色沥青路面，面层厚度 3 ~ 5cm，主要用于广场、停车场、行车道、园路主路等。

（2）水泥路面　包括水泥混凝土路面、仿石混凝土预制板路面、混凝土平板瓷砖路面，主要用于广场、停车场、行车道、园路主路或支路等。

水泥混凝土路面通常采用 C20 混凝土，厚度为 12 ~ 16cm，每隔 10m 应横向切割一道伸缩缝，以避免路面发生不规则开裂。水泥混凝土路面装饰主要采用以下方式：

1）普通水泥抹灰。用普通灰色水泥配成 1 : 2 或 1 : 2.5 水泥砂浆，在混凝土面层浇筑后尚未硬化前进行抹面处理，抹面厚度为 1 ~ 1.5cm。

2）彩色水磨石路面。这是用彩色水泥石子浆罩面，再经过磨光处理后制成的装饰性路面。按照设计，在平整后粗糙或已基本硬化的混凝土路面面层上弹线分格，用玻璃条、铝合金条（或铜条）做分格条，然后在路面上刷一道素水泥浆，再用1∶1.2～1∶1.5彩色水泥细石子浆铺面，厚度为0.8～1.5cm。铺好后拍平，表面用滚筒压实，待出浆后用抹子抹面，最后采用磨光处理。

2. 块料路面

（1）片材贴面铺装　包括石片铺地、碎石片铺地、塑胶砖铺地、水洗石铺地等。

（2）板材贴面铺装　包括大理石板铺地、花岗岩板铺地、青石板铺地等

（3）块材贴面铺装　包括烧结砖铺地、釉面砖铺地、陶瓷广场砖铺地、透水性花砖铺地、预制混凝土砖铺地、水泥彩砖铺地等。各种砖材的表面比较粗糙，有一定的吸水功能，不反光，不打滑，不易褪色，能抵御风雨，防火阻燃，实用性强。

（4）砌块嵌草铺装　一是在块料铺装时，在块料之间留出空隙，在其间种草，如冰裂纹嵌草路面、人字纹嵌草路面、空心砖纹嵌草路面等；二是制作成可嵌草的各种式样的混凝土铺地空心砖（植草砖），在空洞内填土植草，这是一种景观视觉效果和力学性能都较好的边缘性铺地产品。

（5）镶嵌拼花铺装　采用不同颜色、不同大小、不同长扁形状的砾石、卵石、小青瓦等拼花铺地，景观效果很好。

（6）卵石铺装　卵石的粒径差异很大，用于园路铺装的卵石通常采用5～15cm，可以挑选大小相近的卵石整齐铺装，也可以用不同大小的卵石混合铺装。

（7）雨花石铺装　雨花石的粒径通常为3～6cm，卵圆形，颜色有黑色、褐色、灰色、白色等，可选用单色、混合色或拼花组图应用。雨花石结合层处理除了用普通的水泥之外，还可用加有着色剂的水泥，以使雨花石的格调更加特殊。

（8）砾石铺装　砾石是自然的铺装材料，在现代园林景观中应用广泛，一般用于连接各个构景物，或者是连接规则的整形植物。由砾石铺成的小路不仅稳固、坚实，而且具有较强的透水性，即使下雨或被水淋湿也不会打滑。现在有些地方使用染色砾石，像亮黄色、深紫色、鲜橙色、艳粉色等，这些鲜亮的颜色令人振奋，具有强烈的视觉冲击力。

3. 步石（汀步）

步石（汀步）的材质大致可分为自然石、加工石、人造石以及木材、竹材等，规格大小一般为30～60cm，厚度在6cm以上。自然石的选择应以平圆形或角形的花岗岩为佳。加工石依照加工程度的不同，有保留自然外观而略作修整的石块，也有经机械切片而成的石板等。人工石是指水泥砖、混凝土制块或平板等，通常形状工整一致。木竹质，如粗树干横切成有轮纹的木桩、平铺的枕木类或竹竿等。无论采用何种材质，最基本的要求是：面要平坦、不滑，不易磨损或断裂，一组步石的石板在形色上要类似且调和，不可差距太大。

4. 木材路面

（1）圆木桩　铺地用的木材以松、杉、桧为主，树干粗度为10～20cm，锯成长度15cm左右的木段，直立密接或空开铺设。基部用水泥混凝土固定，中上部缝隙内填塞粗砂、细碎石、小卵石等，视觉效果良好。

（2）木铺装　用于铺地的木材有正方形的木条、长方形的木板、圆形或半圆形的木桩等。若在潮湿近水的场所使用，应选择耐湿防腐的木料。

用于木质铺装路面的木材，除了无需防腐处理的红杉等木材外，其他木材需加压注入防腐剂。防腐剂应尽量选择对环境无污染的种类。同时在选择进口木材时，要从全球环境保护的角度出发，引进一些通过植树造林后可持续利用的品种。

5. 钢材路面

钢材路面整体性好，牢固度高，使用寿命长，且因本身坚固结实，对地基要求不高，施工方便。目前主要采用铝合金材料，常制成网格状铺作园路。这种新型的路面，视觉效果好，且不积水，不打滑。

6. 合成树脂路面

目前应用于园路的合成树脂路面主要有现浇环氧沥青塑料路面、弹性橡胶路面、人工草皮路面等。

三、常见基层类型

基层在路基之上，它一方面承受由面层传下来的荷载，另一方面把荷载传给路基。因此，要有一定的强度，常用小规格碎（砾）石、灰土或各种矿物废渣等筑成。下面列举干结碎石、天然级配砂砾、石灰土、煤渣石灰土、二灰土、钢筋混凝土基层的施工方法与要求。

1. 干结碎石基层

干结碎石基层是指在施工过程中不洒水或少洒水，依靠充分压实或用嵌缝料充分嵌挤，使石料间紧密锁结所构成的具有一定强度的结构，厚度通常为 8～16cm，适用于园路中的主路等。

材料规格要求：石料强度不低于 8 级，软硬不同的石料不宜掺用；碎石最大粒径视厚度而定，通常不宜超过厚度的 70%，0.5～20mm 粒料占 10%～20%，50mm 以上的大粒料占 60%～70%，其余为中等粒料。在选料时应将不同规格大致分开，分层使用。长条、扁片的含量不宜超过 20%，否则要就地打碎作为嵌缝料使用。结构内部空隙要尽量填充粗砂、石灰土等材料，其数量约为 20%～30%。

2. 天然级配砂砾基层

天然级配砂砾基层是用天然的低塑性砂料，经摊铺找平、喷洒适当水分、重力碾压整型所形成的基层结构，具有一定的密实度和强度。它的厚度一般为 10～20cm，若厚度超过 20cm 需分层铺筑。天然级配砂砾基层适用于园林中的各级路面，特别是有荷载要求的嵌草路面，如草坪停车场等。

材料规格要求：砂砾要求颗粒坚韧，粒径大于 20mm 的粗集料含量应占 40% 以上，其中最大粒径不可大于基层厚度的 70%；即使基层厚度大于 15cm，砂石最大粒径一般也不能大于 10cm；粒径 5mm 以下颗粒的含量应小于 35%，塑性指数不大于 7。

3. 石灰土基层

石灰土基层是在粉碎的土中掺入适量的石灰，按一定的技术要求把土、灰、水三者拌和均匀，在最佳含水量的条件下压实成形的结构层。

石灰土力学强度高，有较好的水稳性、抗冻性和整体性，它的后期强度也很高，适用于各种路面的基层。为了达到要求的压实度，石灰土基层要用不小于 12t 的压路机或铲车等压实机械进行碾压。每层的压实厚度最小不应小于 8cm，最大不应大于 20cm；如果超过

20cm，应当分层铺筑。

材料规格要求：

1）石灰质量应符合标准。要尽量缩短石灰存放时间，最好在出厂后3个月内使用，否则就需采取封土等有效措施。石灰剂量的大小可根据结构层所在位置要求的强度、土质水稳性、冰冻稳定性、石灰质量、气候及水文条件等因素，并参照已有经验而确定。

2）一般露天水源和地下水源都可用于石灰土施工。如对水质有疑问，应事先进行试验，经鉴定后方可使用。

3）石灰土混合料的最佳含水量和最大密实度（即最大干容重），是随土质及石灰的剂量的不同而不同的。最大密度随着石灰剂量的增加而减少，最佳含水量则随着石灰剂量的增加而增加。

4. 煤渣石灰土基层

煤渣石灰土也称为二渣土，是煤渣、石灰（或电石渣、石灰下脚料）、土三种材料按一定的配比，经加水拌和、整形压实后形成强度较高的一种基层结构。

煤渣石灰土具有石灰土的全部优点，同时还因其有粗粒料做骨架，使得强度、稳定性、耐磨性、隔温防冻性、隔泥排水性等都好于石灰土。另外由于它的早期强度高，还有利于雨期施工，故适用于地下水位较高或靠近湖边的园路铺装场地。

煤渣石灰土对材料的要求不太严，允许范围也比较大。一般最小压实厚度不应小于10cm，但也不宜超过20cm，大于20cm时要分层铺筑。

5. 二灰土基层

二灰土基层是用石灰、粉煤灰、土按一定的配比混合，加水拌匀后碾压而成的一种基层结构。二灰土强度比石灰土高，且具有一定的板体性和较好的水稳性，在出产粉煤灰的地区很有推广价值。由于二灰土是由细料组成，对水敏感性强，初期强度低，在潮湿寒冷季节结硬较慢，因此冬期或雨期施工较困难。为了达到基层所要求的压实度，二灰上每层厚度最小不宜小于8cm，最大不超过20cm，大于20cm时要分层铺筑。

6. 钢筋混凝土基层

采用钢筋混凝土浇筑基层，其牢固度高，但成本也高，主要用于地基土质比较松软的路段。具体的施工材料与方法：在夯实的地基上方铺设5~8cm厚度的砾石，在砾石上方铺设直径为6~12mm的钢筋网，然后浇筑10~15cm厚度的水泥砂石混凝土。

【拓展训练】

1. 以图3-9为例，准备材料，在实训场所内模拟园路铺装的过程，要求熟读施工图，熟悉施工材料的性质，并做好记录，记录施工过程。

要求：

1）同学分组进行，对比施工进度与施工质量，并做好施工记录。

2）以10m为一个施工段，计算出材料用量，并编制施工材料计划表。

2. 园路混凝土垫层施工时应注意的问题有哪些？

3. 湿铺法和干铺法的不同用途有哪些？

4. 试简述不同类型园路的特点和适用范围。

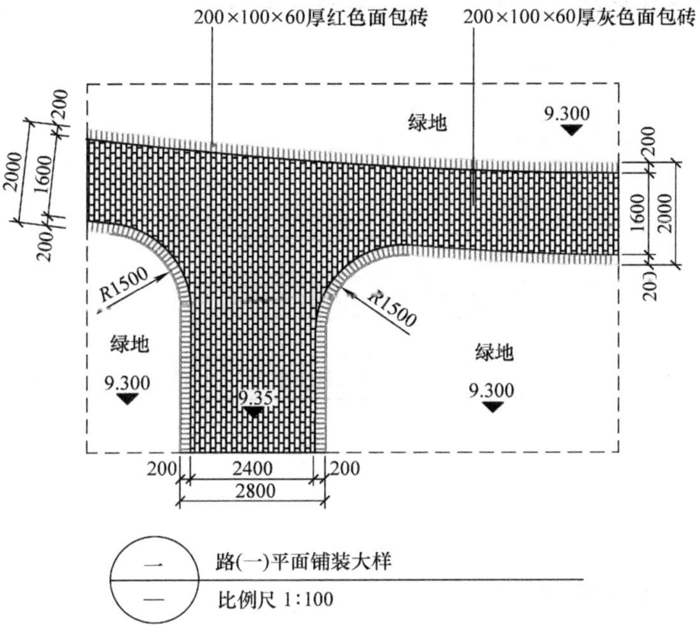

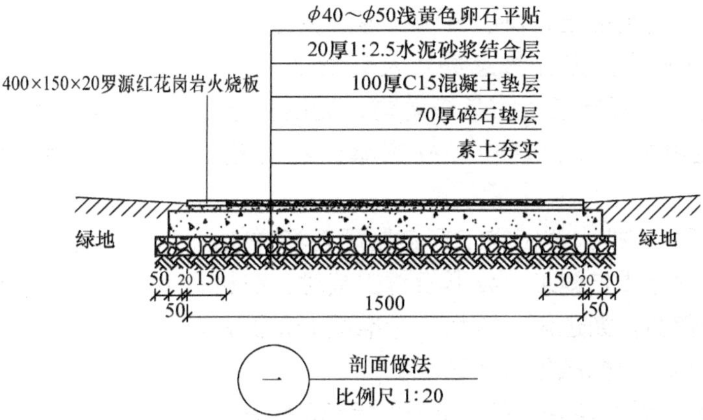

图 3-9 园路施工图示例

任务二 庭院铺地工程施工

铺地是园林景观设计的一个重点，尤其是广场设计。世界上许多著名的广场都因精美的铺装设计而给人留下深刻的印象，如罗马市政广场、澳门中心广场等。人们正研究如何发挥铺装对景观空间构成所起的作用，利用铺装的质地、色彩等来划分不同空间，产生不同的使用效应。如在一些健身场所可以选用一些鹅卵石铺地，使其具有按摩足底的功效。

在庭院铺装设计中，经常要设计一些小的铺装地面，作为休息、观景的休闲平台，在铺装样式设计上也是多种多样，本任务主要讲解天香会所庭院花岗石铺地施工的一般流程和做法。

【工作流程】

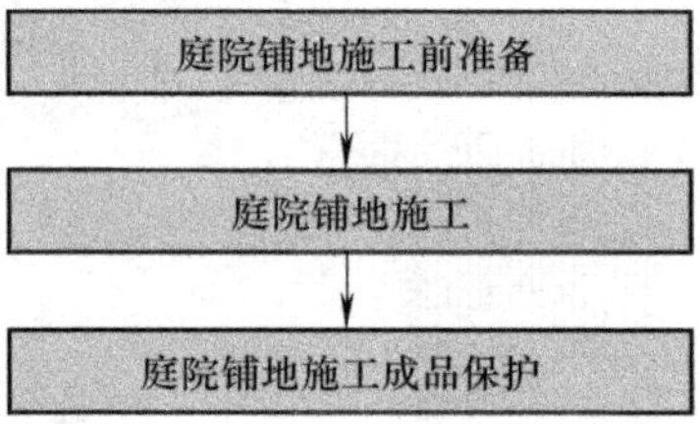

【操作步骤】

步骤一：庭院铺地施工前准备

1. 材料准备

从天香会所庭院铺地施工图上可以看到，铺地的基层材料有碎石、混凝土、毛石等，面层材料有花岗岩、预制混凝土砌块、黄锈石等。在施工前需要进行材料的准备。

1）在选购材料时，应充分考虑选货及订货的时间周期。材料的品种、色彩、质地、规格应符合设计要求；所有板材须色泽均匀，无明显杂色；$2m^2$ 以上大料由设计单位与甲方检查后确定。在甲方、设计单位和施工单位在确定的样品上签字封样后，方可下达订单。

2）所有异形板材应按大样图在工厂定制后现场拼接。严禁以直代曲。充分考虑加工时间。施工时严格按设计要求施工。异形板材拼接时，在遇到边角拼接无法整合的情况时，应根据现场尺寸进行裁切，如边角大样大于标准板1/2 面积时则重新裁板，其他情况则加长标准板，切忌边角板材小于标准板1/2 面积。

3）石质材料要求强度均匀，抗压强度大于30MPa；卵石要求细滑、耐磨、光面、清洁。石质材料加工要求平、直、通、棱角无损。光面标准分为四级：一级为凿子光，要求糙平、凿痕均衡，深度5mm 以内；二级为粗斩光，剁齐匀称，残凿痕深度在2.5mm 以内；三级为细斩光，剁齐匀细，清除凿痕；四级为磨光，磨光板磨光度需达到80 度以上，必须机器磨光。

2. 场地放线

按照铺地设计图，绘制施工坐标方格网，确定铺地范围。将所有坐标点测设在场地上并打桩点，然后以桩点为准，根据铺地设计图，在场地地面上放出场地边线、主要地面设施的范围线、挖方区与填方区之间的零点线。

3. 地形复核

对照铺地竖向设计图，复核场地地形。各坐标点、控制点的自然地坪标高数据，有缺漏的或不准确的要及时补漏。

步骤二：庭院铺地施工

1. 花岗岩铺地施工技术

（1）垫层施工　平整场地，用蛙式打夯机夯实，浇筑150mm厚素混凝土垫层（图3-10）。

图3-10　混凝土垫层施工

（2）基层处理　检查基层的平整度和标高是否符合设计要求，偏差较大的事先凿平，并将基层清扫干净（图3-11）。

（3）找平、弹线　用1∶2.5的水泥砂浆找平，作水平灰饼，弹线、找中、找方。施工前一天洒水湿润基层。

（4）试拼、试排、编号　花岗石在铺设前对板材进行试拼、对色、编号整理（图3-12）。

图3-11　基层清理

图3-12　花岗岩板材编号

（5）铺设　弹线后先铺几条石材作为基础，起标筋作用。铺设的花岗石事先洒水湿润，阴干后使用。在已经施工完毕的混凝土垫层上均匀地刷一道素水泥浆，用1∶2.5干硬性水泥砂浆做粘结层，厚度根据试铺高度决定粘结厚度。用铝合金尺找平，铺设板块时四周同时下落，用橡胶锤敲实，并注意找平、找直，如有锤击空声，需揭扳重新添加砂浆直至平实为止，最后揭板浇一层水胶比为0.5的素水泥浆，再放下板块，用锤轻轻敲击铺平（图3-13）。

（6）擦缝　待铺设的板材干硬后，用与板材颜色相同的水泥浆填缝，表面用棉丝擦拭干净。

（7）养护、成品保护　擦拭完成之后，面层铺盖一层塑料薄膜，减少砂浆在硬化过程中的水分蒸发，以增强石板与砂浆的粘结强度，确保地面的铺设质量。养护期为3～5d，养

a)

b)

图 3-13　庭院入口广场铺装施工

a）铺设铺装收边面层　b）铺设干硬性水泥砂浆作粘结层

护期禁止上人上车，并在塑料薄膜上再覆盖硬纸垫，以保护成品。

（8）花岗岩铺地施工注意事项

1）在铺设前，应按设计要求，先中心后外缘、先内侧后外侧，根据板材的颜色、花纹、图案、纹理等试拼编号，力争少用非整块板，如必须用非整块板则应将其铺设在不显眼的墙根处。

2）板材应先用水浸湿，待擦干或表面晾干后方可使用。

3）铺设石板、砖应从基准线处开始，第一行石板（砖）必须对准基准线，以后各行紧贴前行铺设。每块石板（砖）铺设时，基层应湿润，并刷一道水泥浆掺胶作结合层。然后在铺设处套浆，把干硬性水泥砂浆调和摊铺刮平，将石板（砖）铺贴在水泥砂浆上。石板（砖）必须铺平铺实，如有不平不实，应用橡胶锤进行敲打。石板（砖）拼缝应尽量小，当设计无规定时，拼缝宽度不应大于1mm。边角处不够整板时，应根据边角形状及尺寸，事先将石板（砖）锯割，去掉不需要部分，再铺贴上去。边角处的石板（砖）应紧密贴合，不得有空隙，也不得用碎块去拼凑。

4）在实际操作时，干硬性水泥砂浆摊铺刮平后，操作工双手对角握住板材靠身边一侧落地，然后平衡就位。用橡胶锤或木锤在石板（砖）中央2/3 范围内敲击，严禁敲击石板（砖）四角。击实后的石板（砖）应略高于基准标高线，双手对握同时提起石板（砖）四角移至一旁。在已被击实的结合层上，用盛水器量1kg 的铁勺子均匀地浇一层纯水泥浆，接着将石板（砖）重新就位，再用锤轻轻敲击石板（砖）中部，边敲边用水平尺检查平整度。用钢直尺和手触摸的办法，检查石板拼缝两侧是否平整，检查石板是否与基准线对齐，如发现不符合要求的，立即纠正。

5）石板（砖）铺好后的第二天应开始适当的湿润养护，养护期为5 ~7 天。养护期内严禁上人走动、货物重压。

6）在石板（砖）铺贴第三天后进行嵌缝。先用干净抹布擦净板面，然后用橡皮刮板将水胶比为0.5 的掺色（与板材同色）水泥浆刮入缝内，要填实刮满。待收水时，再用海绵抹子添浆抹实一遍，最后用过水海绵擦净。磨光板材面，用干棉丝擦净。

7）各种地面施工时应根据相应的技术规范的要求进行，每道工序施工完毕后由监理工程师检查，合格后方可进行下一工序的施工。

8）各种地面施工时必须重视原材料质量。过期的、受潮的或者安全性差的水泥严禁使用。采用中粗砂为骨料，含泥量不大于3%。严格控制粘结砂浆水胶比，并搅拌均匀。面层作业开始前，必须认真清理基层，对基础进行浇水湿润且确保不积水。对原作为硬化地坪利用过的基础，必须彻底清除施工过程中的积淀物，尽量使面层结合层砂浆厚薄均匀，避免由于结合层厚度不一，造成凝结、硬化时收缩不均，进而导致裂缝、空鼓现象的产生。

2. 防腐木铺装施工技术

在庭院铺地中，为了达到更好的铺装效果，经常选用多种铺装材料，其中防腐木因具有木材的质朴与美观，同时经过处理后的具有较好的耐久性，所以是常使用的铺装材料之一。在天香会所楼前平台上，设有防腐木铺装的观景平台。防腐木铺装时基础施工与其他面层材料的施工工艺基本相同，但在防腐木铺装时需要使用膨胀螺栓或角钢来固定防腐木龙骨，因此对放线及定位要求较高。

（1）熟悉施工图　按照已提供的施工图，熟悉内容，包括防腐木的木材种类、加工尺寸、使用位置、大样做法等。防腐木铺装做法如图3-14所示，铺装平面如图3-15所示。

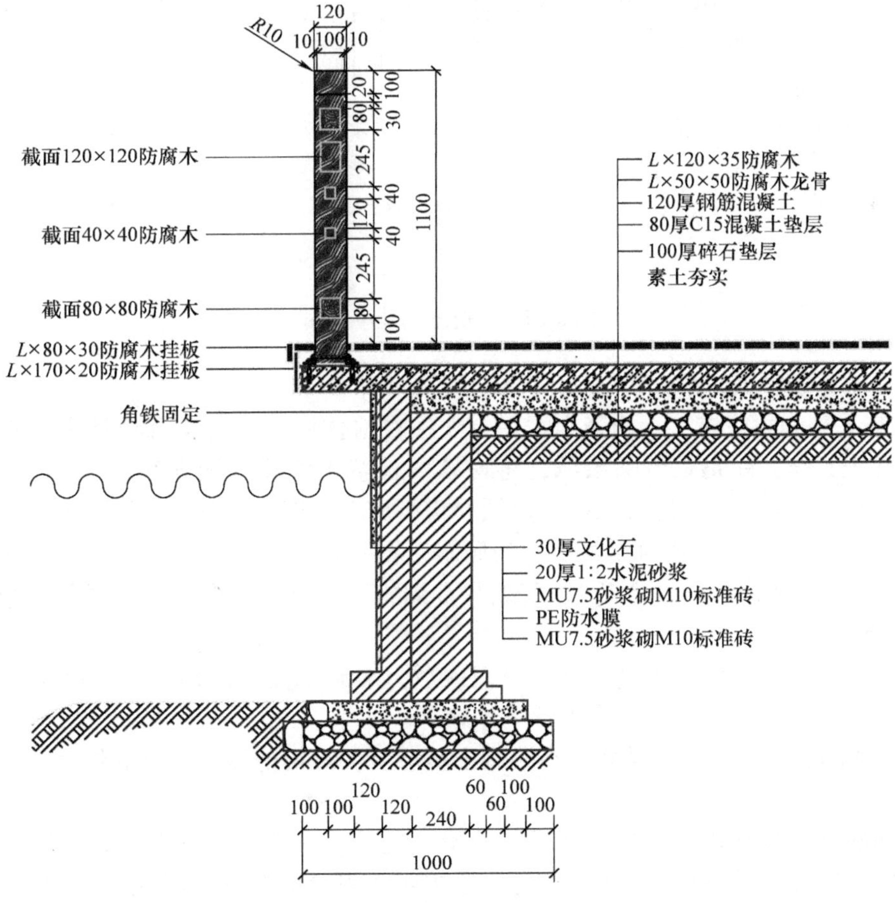

图3-14　防腐木铺装做法

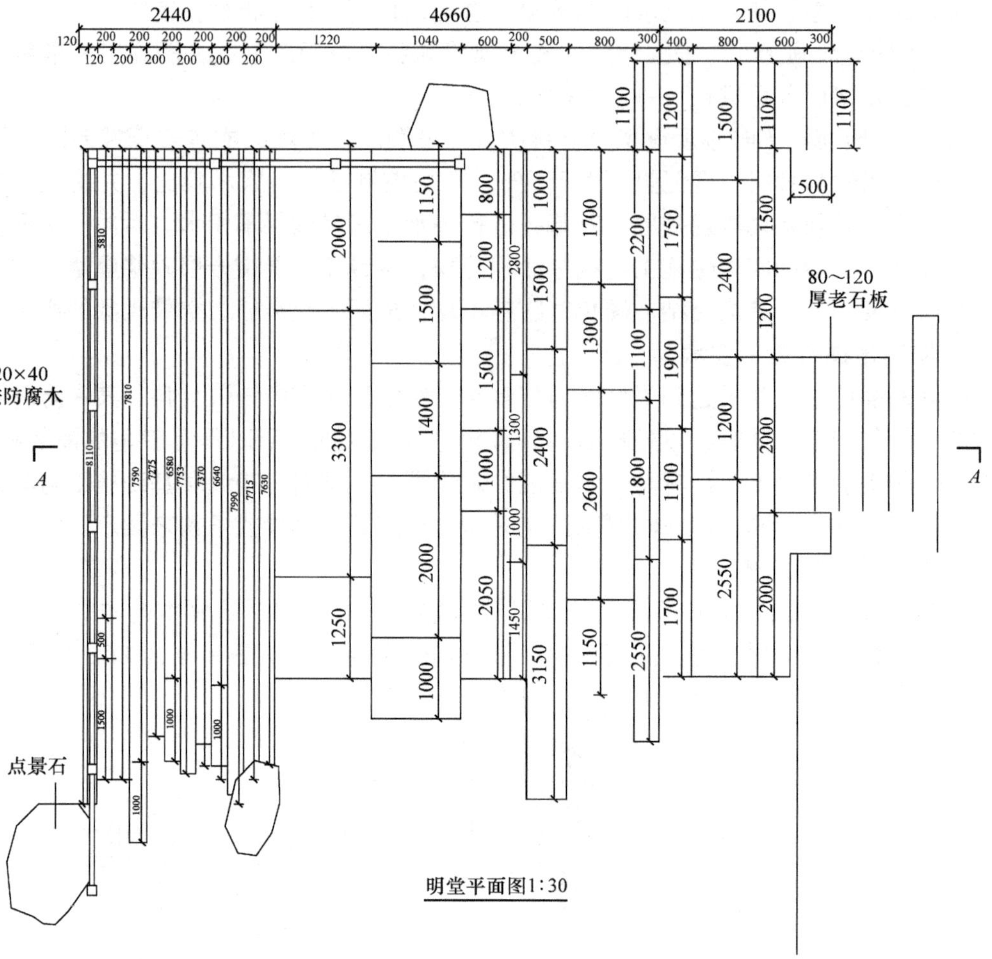

图 3-15　防腐木铺装平面图

（2）平台基础施工

1）地基基础和立柱施工。因亲水木平台立柱在水体中，为防止沉降带来的破坏，需做好基础的施工工作。首先是清除淤泥，将松软的地基土清除（图 3-16），再使用夯实机夯实，并回填碎石夯实。岸边部分基础可以同时进行施工，即夯实基础，回填碎石并夯实。

2）支模、绑扎钢筋网浇筑混凝土。按照施工图示设计要求，支模、绑扎钢筋，并完成立柱和混凝土基层的浇筑（图 3-17）。浇筑尺寸以施工图要求为准，并达到养护期后再进行下一步施工作业。

（3）尺寸复核、放线　在混凝土养护完成后，对施工完毕的混凝土基础进行尺寸复核（图 3-18），符合设计图要求后方可进行下步施工。

混凝土基础复核完准确无误后，在混凝土基层上测设出防腐木龙骨的位置，并用线标记好位置。

（4）防腐木龙骨安装　放线完毕后，安装木龙骨，在指定的点上安装角钢或膨胀螺栓用来固定木龙骨（图 3-19）。注意：木龙骨是防腐木平台的基础，因此安装要准确、坚固。在安装过程中要反复对照施工图尺寸，进行复核。

图 3-16 地基基础清理

图 3-17 混凝土平台基础浇筑

图 3-18 尺寸复核、放线

图 3-19 防腐木龙骨安装

（5）防腐木板材安装 在已完成的防腐木龙骨上，安装防腐木板材。板材的尺寸及排列方式按照施工图所示即可。板材可使用钉子固定，也可使用粘结剂粘接。木铺装施工完成后如图 3-20 所示。

图 3-20 木铺装施工完成

步骤三：庭院铺地施工成品保护

1）铺装石板、玻化砖和陶板等材料和半成品进现场后，经检验合格，在指定地点分规格码放整齐。使用时轻拿轻放，不可以乱扔乱堆，以免损坏棱角。

2）铺设石板（砖）面层时，操作人员要穿软底鞋，且不得在地面上敲砸，以防止损坏面层。在铺装操作过程中，对已安装好的管道管线要加以保护。

3）切割石板（砖）时，不得在刚铺砌好的面层上操作。

4）铺砌砂浆抗压强度达 1.2MPa 时，方可上人进行操作，但砂浆不得存放在板块上，铁管等硬器不得碰坏面层，并对铺好的面层进行覆盖保护。

【知识链接】

一、庭院广场铺装材料的应用

1. 对传统材料的继承与扬弃

传统材料是指古代园林中常用的材料，如石材、鹅卵石、青砖等。这些常见材料在现代园林中依然焕发生命力，且应用领域越来越广泛。例如，经过加工处理后的花岗岩板材具有不同的色彩和质感，能使整个环境显得整洁、优雅。随着时代发展，新材料不断涌现，令人目不暇接，如陶瓷制品、混凝土制品。目前，园路铺装中应用的陶瓷制品主要有麻面砖、劈离砖等。近年来出现的陶瓷透水砖，由于其铺设的场地能使雨水快速渗透到地下补充地下水，因此在缺水地区应用前景广阔。混凝土有良好的可塑性和经济实用性等优点，受到使用者的青睐。运用于装饰路面的有彩色混凝土、压印混凝土、混凝土路面砖、彩色混凝土连锁砖、仿毛石砌块等。

2. 科技含量不断提高

技术水平的不断提高大大增强了材料的景观表现力，使现代园林景观更有生机与活力。

压印混凝土又称为“强化路艺系统”，是在施工阶段运用彩色强化剂、彩色脱模剂、无色密封剂等化学原料对未硬化的混凝土进行固色、配色和表面强化处理而得到的一种混凝土，其强度优于其他材料，甚至优于一般的混凝土。压印混凝土的图案、色彩的可选择性强，可以根据需要压印出各种图案，产生美观的视觉效果。

与传统沥青路面不同，表面用树脂黏附荧光玻璃珠的沥青路面，在夜晚既有助于行车安全，也为原本平淡的道路增色不少。

随着科技的进步，园林材料种类不断丰富、应用不断拓展是一种必然趋势。园林建设者在选用材料的过程中，一方面要坚持因地制宜、就地取材的基本原则，另一方面，要有与时俱进的精神，勇于推陈出新，不断探索和尝试新材料。

二、常见铺地铺装类型

1. 砂、碎石铺装（图 3-21）

（1）施工法　在平整的路基上直接铺设砂粒或碎石的简易施工法。

（2）色调　呈所使用砂粒或碎石本身的颜色。根据材料可以有较鲜艳的色彩，也可以是较沉稳的色彩，也有各色石粒混合的砂粒。

（3）质感　砂粒或碎石的自然铺设，走起来很舒适。

（4）耐久性　定期补充砂粒或碎石，平整路基等。

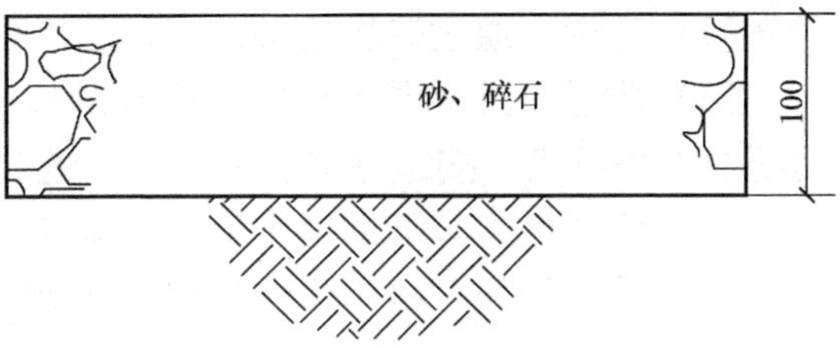

图 3-21　砂、碎石铺装示意图

2. 砖铺装（图 3-22）

（1）施工法　这是一种一直沿用下来的铺装做法，在欧洲各地都很常见。用细砂填缝的做法较易修补和修改。

（2）色调　砖每块颜色都有微妙的变化，呈现特有的烧制色调。

（3）质感　朴素的烧制肌理，细微变化的表面，具有自然厚重之感。不易打滑，接缝的线形也有呈现图案状的组合。

（4）耐久性　有耐盐碱的能力，寒冷地区等也能使用。但是表面耐冲撞能力较差，较易出现边角缺损的现象。

（5）其他特征　长久被使用的砖都具有各自不同的特征颜色与肌理。

3. 丙烯酸类树脂铺装（图 3-23）

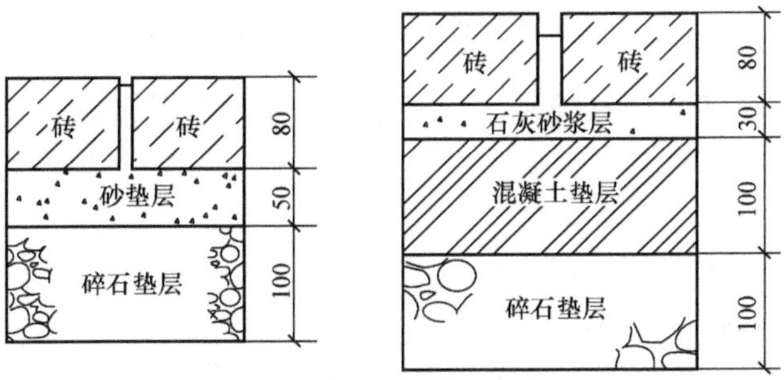

图 3-22　砖铺装示意图

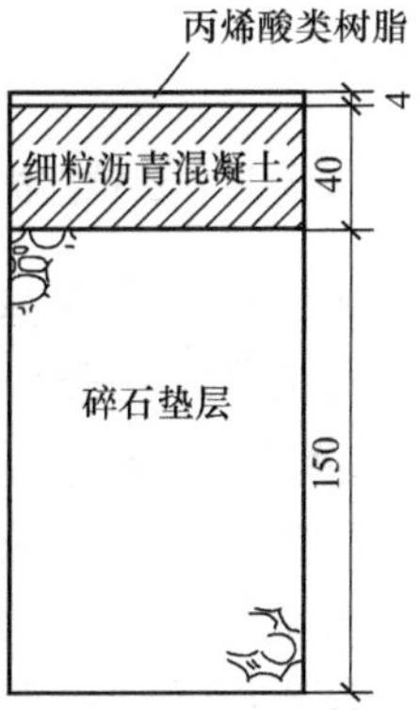

图 3-23　丙烯酸类树脂铺装示意图

（1）施工法　材料上使用了丙烯酸类树脂及树脂水泥等。这种铺装也被称为瓷砖状涂刷式树脂铺装。将带砖缝的模板（厚约 2mm）粘贴在基层上，放入材料，用抹子抹平后，把模板拆掉。

（2）色调　根据颜料的调配，选择色调。

（3）质感　根据使用材料，其表面质感也呈不同种类。砖缝一般为宽 10mm、深 2mm 的凹槽。

（4）耐久性　表面的保护层为 2mm 左右，作为涂刷式铺装，其耐久性较强。

（5）其他特征　因为有自由的可变性，在预制模板上可以方便地设计不同的铺砖尺寸组合。

4. 连锁砌块铺装（图 3-24）

（1）施工法　相对较厚的一种混凝土砌块铺装材料，耐磨耐压。不同的铺装砖之间的组合能够达到很好的效果，能够组合成多种图案。

（2）色调　通过砖块色彩的变化可以表现出各种各样的色调。

（3）质感　具有混凝土本身特有的质感，又有复杂的几何形图案组合。表面处理有水刷石或水磨石型，接缝也有直拼型的。走起来稍微有些硬质的感觉。

（4）耐久性　车行道也可使用，具有较强的耐久性。

（5）其他特征　被用作停车线标志的情况也很多，而且使用透水性的材料进行施工的情况也较多。

5. 人工草坪铺装（图3-25）

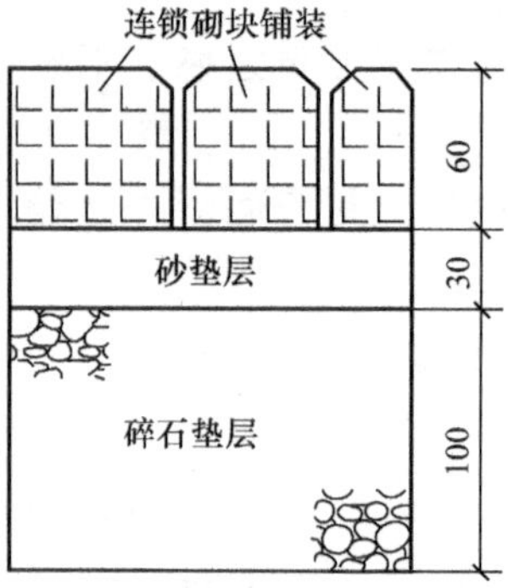

图3-24　连锁砌块铺装示意图

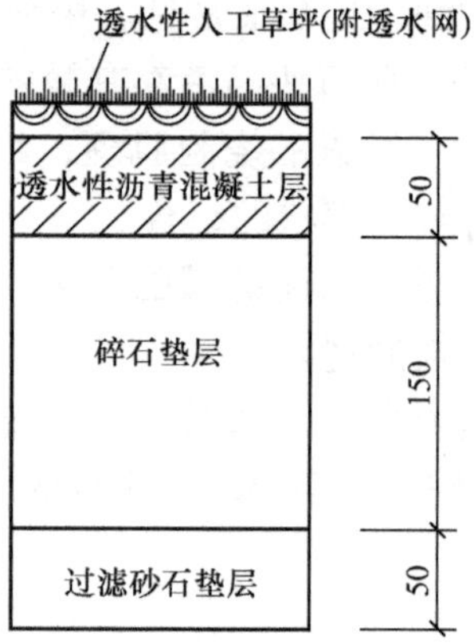

图3-25　人工草坪铺装示意图

（1）施工法　指在基层上铺设人工草坪的一种铺装。有时采用与基层粘接或在透水沥青上铺设人工草坪的透水性铺装等做法。

（2）色调　以绿色系材料为多。

（3）质感　比较不易打滑，能够感受到材质的柔软性。

（4）耐久性　在交通量较多的地方容易引起损坏。

（5）其他特征　一般多用在网球场等体育场所，道路或广场上使用得不是很多。

6. 嵌草预制砖铺装

（1）施工法　将带有栽种植物空隙的预制砖通过砂石垫层或干灰土粘结层铺设在路基上的一种铺装，在预制砖的空隙中放入砂质种植土，提供草坪生长的条件。空隙设在预制砖成形制品上，并通过连续的排列使用草坪成片。

（2）色调　预制砖的材料有水泥（白色系），烧制砖（茶色系、灰色系）等种类。生长在嵌草预制砖中的绿叶可以很好地减轻太阳光或白色系材料的反光，如果与茶色系或灰色系配在一起，会给人一种舒适、放松的感觉。

（3）质感　根据季节、生长状态或修剪程度等管理状况而发生变化，看上去有一种整齐而富有变化的感觉，走起来有一种与草坪相似的柔软感。

（4）耐久性　虽然这种预制砖铺装是按照透水性构造设计的，但是因为排水不良的原因，会影响其使用的耐久性。特别是施工工艺采用砂垫层时，因受力不均而引起排水不良导致铺装材料破裂损坏的情况时有发生。预制砖的损坏与踏压、干湿等原因有关，因此施工后应注意保持良好的维护管理。

（5）其他特征　夏季可以缓和硬质铺装的反射光。

7. 彩色混凝土铺装（图 3-26）

（1）施工法　用加入颜料进行着色的彩色混凝土进行铺装。

（2）色调　根据颜料来决定色调。

（3）质感　表面处理用毛刷或金属抹子等。质感随表面处理方法的不同而改变，走起来有一种坚实之感。

（4）耐久性　与混凝土铺装相同，耐久性较强。

（5）其他特征　与混凝土铺装相同，应设置伸缩接缝。

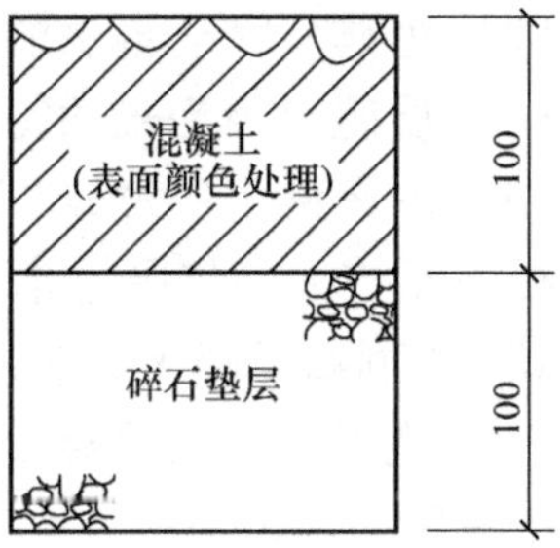

图 3-26　彩色混凝土铺装示意图

8. 彩色混凝土板铺装（图 3-27、图 3-28）

（1）施工法　在混凝土平板上做表面呈砖形的彩色铺装。施工时，在路基上铺 30mm 的砂石找平垫层，并在其上直接铺设彩色混凝土平板，或在灰土与砂混合的石灰砂浆混合层上用粘结层固定彩色混凝土平板。

（2）色调　使用无机颜料，不易褪色，而且色调丰富。

（3）质感　面层平整，表面由各种石粒组成，色彩丰富，同时表面做成凹凸的图案，或通过不同工艺的加工，不易打滑。

（4）耐久性　有很强的耐压性与耐磨性。

（5）其他特征　除普通的彩色混凝土平板砖外，还有透水性及缓和反射光、隔热等其他特性的平板铺装材料。

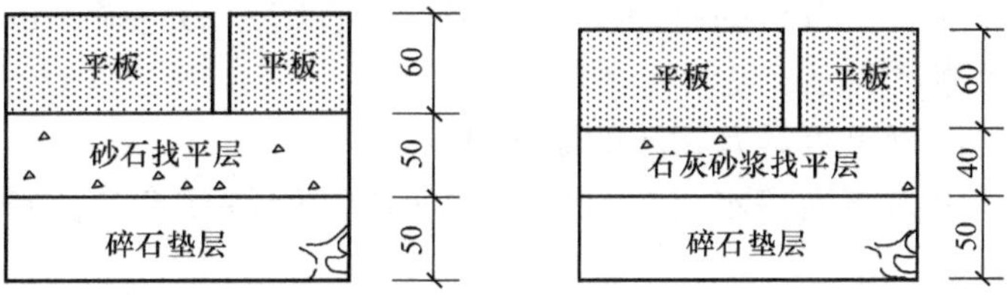

图 3-27　彩色混凝土板铺装（人行道）示意图

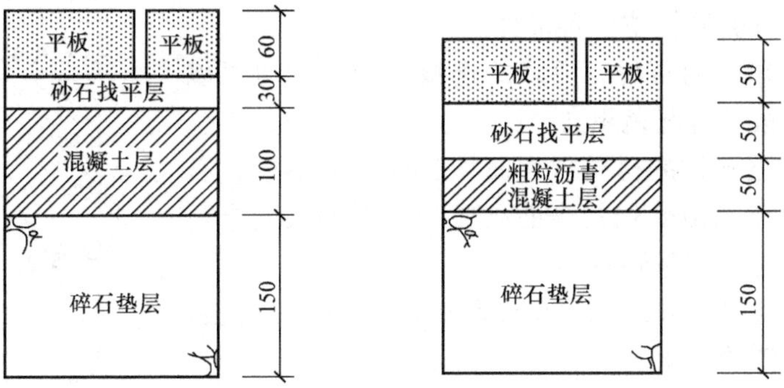

图 3-28　彩色混凝土板铺装（车行道）示意图

9. 水刷石混凝土板铺装

（1）施工法　在混凝土平板的表面贴上天然鹅卵石或石子，在混凝土还未完全硬化时，用水洗刷表面，使其露出卵石或石子，创造出如同大自然中石质的美感。施工法与混凝土彩色平板铺装相同。

(2) 色调　完全自然的天然卵石或石子的色调。

(3) 质感　因为表面露出卵石或石子，看上去、走上去都有一种凹凸变化的自然之感。

(4) 耐久性　经过较长一段时间的使用后，石粒也会出现剥落的现象，而且会从初始剥落处不断扩大。如果排水沟的边缘采用这种做法时，石粒间粘结混凝土等较容易被磨损。

10. 水刷石混凝土铺装（图 3-29）

(1) 施工法　在混凝土还没有完全固化时冲洗其表面，使混凝土内的石粒出露的一种面层处理铺装。

(2) 色调　通过使用不同颜色的骨料，使其呈鲜艳或朴素的色调。

(3) 质感　可以从表面直接看到骨料的自然质感，随着骨料的大小和形状的不同，其表面肌理也不一样。走上去感觉较坚硬。

(4) 耐久性　与混凝土铺装相同，耐久性较强。有时也会发生局部面层骨料脱落的现象。

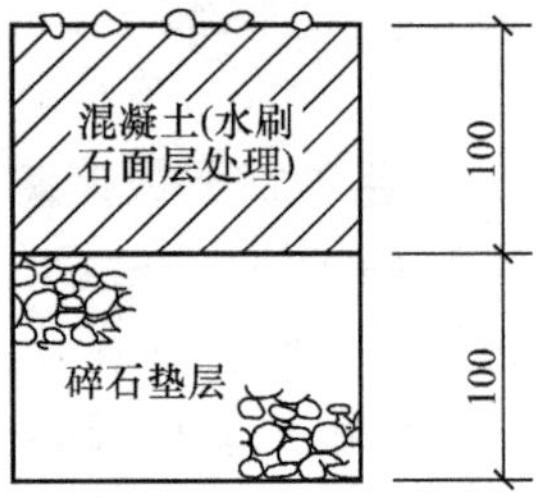

图 3-29　水刷石混凝土铺装示意图

11. 水磨石板铺装

(1) 施工法　用花岗石或大理石等天然石材为主要材料，通过表面处理或磨切等工艺制成平板，施工工艺与混凝土彩色板相同。

(2) 色调　表面有光泽，具有天然石材的色调。

(3) 质感　质感与表面石材的材质有很大关系，有绚丽的色泽，也有凹凸不平的面层设计，给人以豪华之感。

(4) 耐久性　与混凝土板具有相同的耐久性。

(5) 其他特征　因为表面遇水时易打滑，在使用场所需要十分注意防积水。作为室内铺装材料最为适合。

12. 不规则形石板铺装（图 3-30）

(1) 施工法　以混凝土为基层，用石灰砂浆粘贴不规整石板的铺装工艺。石板的材质多种多样。

(2) 色调　比单一的石材有更多的选择余地。同时可以利用不同色调的石板进行配色组合。

(3) 质感　根据石板的材质与表面加工程度的不同，石板的质感可以从凹凸细微变化的表面到较为平滑的表面进行自由选择。走起来有一种坚硬感。

(4) 耐久性　耐久性较强，如果用厚 2 ~ 3cm 的石板，有时会发生部分剥落的现象。

(5) 其他特征　如果石板的厚度达到一定程度，可以省略混凝土基层。

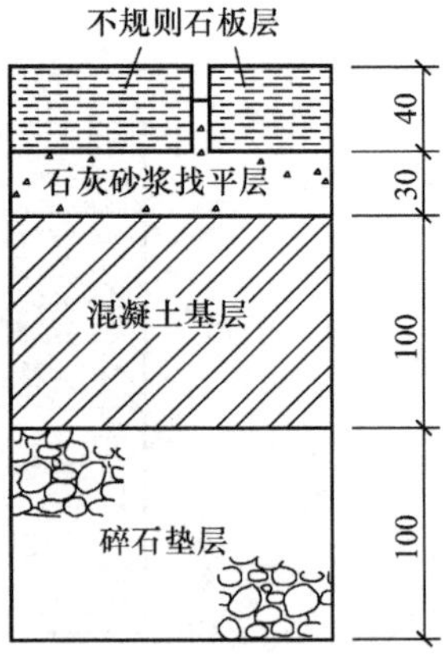

图 3-30　不规则形石板铺装示意图

13. 镶拼地面铺装（图 3-31）

(1) 施工法　以混凝土为基层，用石灰砂浆粘贴小方琢石、砾石、卵石、陶瓦片等组合成图案的施工法。

（2）色调　根据不同的材料，可以自由选择材料的色彩及配色。

（3）质感　根据材质与设计的图案，可以自由选择细微凹凸变化的做法，同时也可以选择平滑有光泽的石材铺装。

（4）耐久性　作为步行道的铺装，耐久性强，但是也会出现部分石材因长时间使用而局部剥落的现象。

（5）其他特征　中国古典园林比较常用。

14. 拼埋铺装

（1）施工法　以混凝土为基层，在石灰砂浆或混凝土表面拼埋有一定间距铺装材料的施工法。

（2）色调　根据拼埋的材料，可以自由选择色调与配色。

（3）质感　小石子露出表面，无论是看上去还是走起来都有一种凹凸不平的感觉，充满着自然的氛围。

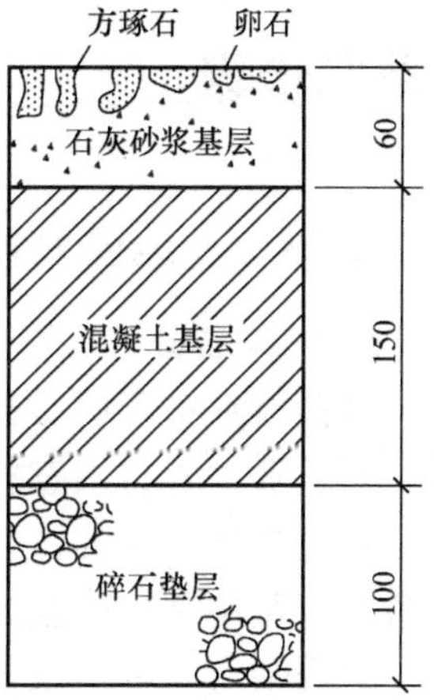

图 3-31　镶拼地面铺装示意图

（4）耐久性　与混凝土铺装类似，耐久性强，如果交通量不大的话，也可作为车行道。小石块等使用的材料较小时，容易引起发生局部剥落的现象。

（5）其他特征　与混凝土铺装相同，需要设置伸缩缝。

【拓展训练】

1. 以图 3-15 所示铺装平面图为例，选择平坦的实训场地，将施工图上花岗岩石板铺装位置放设到地面，并对花岗岩石材进行编号。放线完毕后写出施工报告，说明施工过程及工艺。

2. 简述花岗岩铺装铺设面层时的工序。

3. 室外铺设防腐木铺装时，混凝土及防腐木之间如何固定？

任务三　庭院台阶施工

台阶是解决地形变化、造园地坪高差的重要手段。建造台阶除了必须考虑功能上及实质上的有关问题外，也要考虑美观与调和的因素。

本任务以天香会所台阶施工为案例，阐述台阶施工的步骤以及施工技术要点和注意的问题。在天香会所内，对地形的利用较多，存在高程变化，因此在入口楼梯处、休息平台、铺地等连接的地方都设置了台阶，其施工流程也大同小异。

【工作流程】

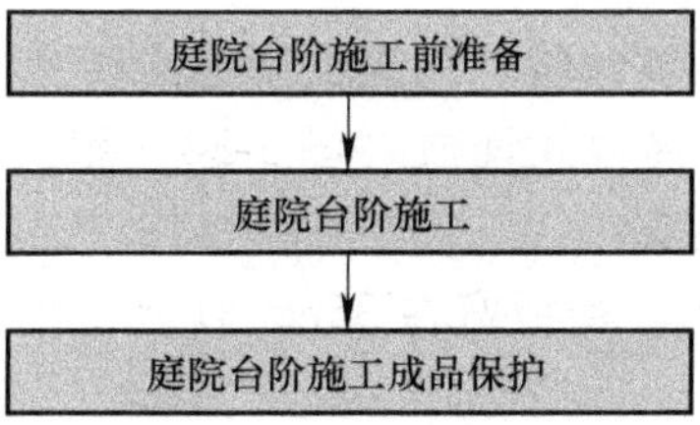

【操作步骤】

步骤一：庭院台阶施工前准备

1. 材料准备

许多材料都可以做台阶，以石材来说有自然石（如六方石、圆石、鹅卵石）及整形切石、石板等。木材则有杉、桧等的角材或圆木桩等。其他材料还包括红砖、水泥砖、钢铁等。除此之外还有各种贴面材料，如石板、洗石子、瓷砖、磨石子等。选用材料时要从各方面考虑，基本条件是坚固耐用、耐湿耐晒，此外，材料的色彩必须与构筑物相协调。

天香会所在台阶设计上选用了花岗石、条石、混凝土砌块、防腐木、毛石砌块等作为施工材料，且不同的部位使用材料的搭配也不相同。为了准确使用材料，在施工前应按照施工图的要求和材料计划表，将所需材料提前搬运到施工现场，分类贮存。

2. 场地清理

台阶施工部位一般都是有较大的高程变化，同时在这些部位经常会由于自身条件和其他施工产生的很多建筑垃圾或者存在不利于施工的地形，因此在施工前需要对施工部位进行清理，整理出施工作业面。

3. 场地放线

按照施工图标示的场地上台阶的位置，将台阶的定位线测设到场地上，通常台阶竖向的位置可以以建筑物、景观小品为基准进行高程定位。

步骤二：庭院台阶施工

在台阶施工过程中要严格按照设计图的要求进行施工。台阶的标准构造是：踢面高度约在 8 ~ 15cm，长的台阶则宜取 10 ~ 12cm；台阶的踏面宽度不宜小于 28cm；台阶的级数宜为 8 ~ 11 级，最多不超过 19 级，否则就要在此中间设置休息平台，平台不宜小于 1m。使用实践表明，台阶尺寸以 15cm × 35cm 为佳，至少不应小于 12cm × 30cm。

1. 基础施工

确定好台阶的施工位置后，先要对地基基础进行处理。台阶一般施工体量较大，地基处理不当容易产生沉降，尤其在松软的回填土区域，因此在施工前需要对基础进行处理，这同时也是为了给台阶施工提供作业平台。

地基处理的一般的做法是：将松软泥土挖空，回填碎石、灰土等，采用人力、机械方式夯实，对于强度要求较高的可以铺设钢筋网增强基础强度（图 3-32），之后浇筑 100 ~ 120mm 厚 C20 混凝土垫层（图 3-33）。

2. 台阶施工

常用的台阶有现浇混凝土踏步台阶、砌筑机制标准砖台阶和水泥砂浆砌筑台阶。天香会所楼前台阶是用预制混凝土标准砖砌筑而成（图 3-34、图 3-35）。

在台阶施工过程中，需要注意：

1）如果踢板高在 15cm 以下、踏板宽在 35cm 以上，则台阶宽度应为 90cm 以上，踢进为 3cm 以下。

2）踏面需要进行防滑处理。

3）为便于上、下台阶，在台阶两侧或中间设置扶栏，扶栏标准高度为80cm。

4）台阶附近的照明应保证一定照明度。

图3-32　台阶基础铺设钢筋网

图3-33　现浇混凝土及抹平（台阶基础）

图3-34　铺设台阶砖砌体

图3-35　台阶砖砌体施工完成

3. 台阶表面装饰施工

在完成台阶砌筑施工之后，对台阶面层进行装饰施工，按照施工图要求的面层材料，粘贴已经准备好的花岗石板材和防腐装饰木（图3-36、图3-37）。需要注意的是：在安装前需要对台阶重新进行测量放样，保证预制板材能够和台阶基础尺寸一致。

图3-36　台阶踏板面层施工

图3-37　踏步挡板面层装饰施工

步骤三：台阶施工成品保护

台阶施工完成之后，对接缝处要进行处理。对于花岗石板材缝隙，选择颜色相同或相近的砂浆进行勾缝处理，并将缝隙清洗干净。防腐木与石材的接缝处可以使用砂浆处理，也可以选用适合室外使用的粘结胶。

对于施工完的成品，需要进行保护，有现浇混凝土台阶的需要覆盖塑料薄膜防水、保温。对成品要设置保护提示标志，防止提前上人踩踏等。

台阶施工的保护与清理如图 3-38 所示。

图 3-38　台阶施工保护与清理

【知识链接】

一、红砖台阶施工要点

红砖台阶的做法如图 3-39 所示，施工完成的红砖台阶如图 3-40 所示。

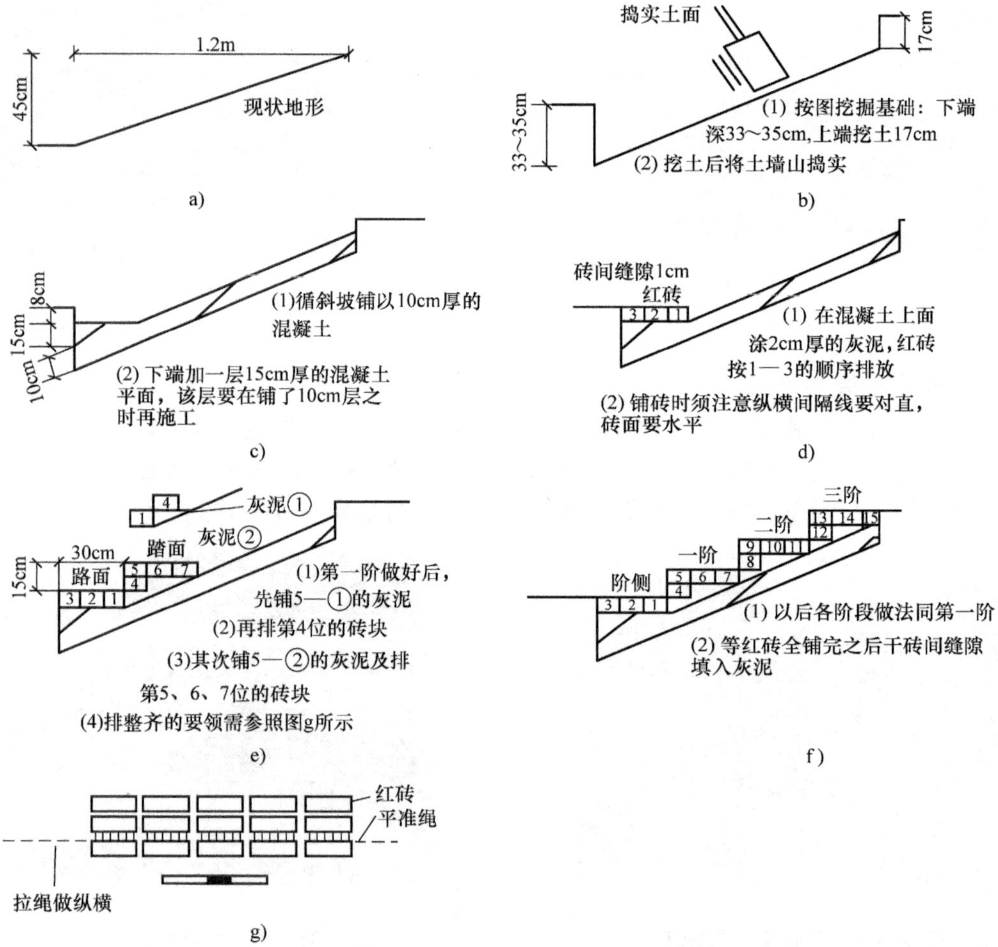

图 3-39　红砖台阶的做法

图 3-40　红砖台阶施工完成

二、六方石做台阶施工要点

六方石做台阶的做法如图 3-41 所示。

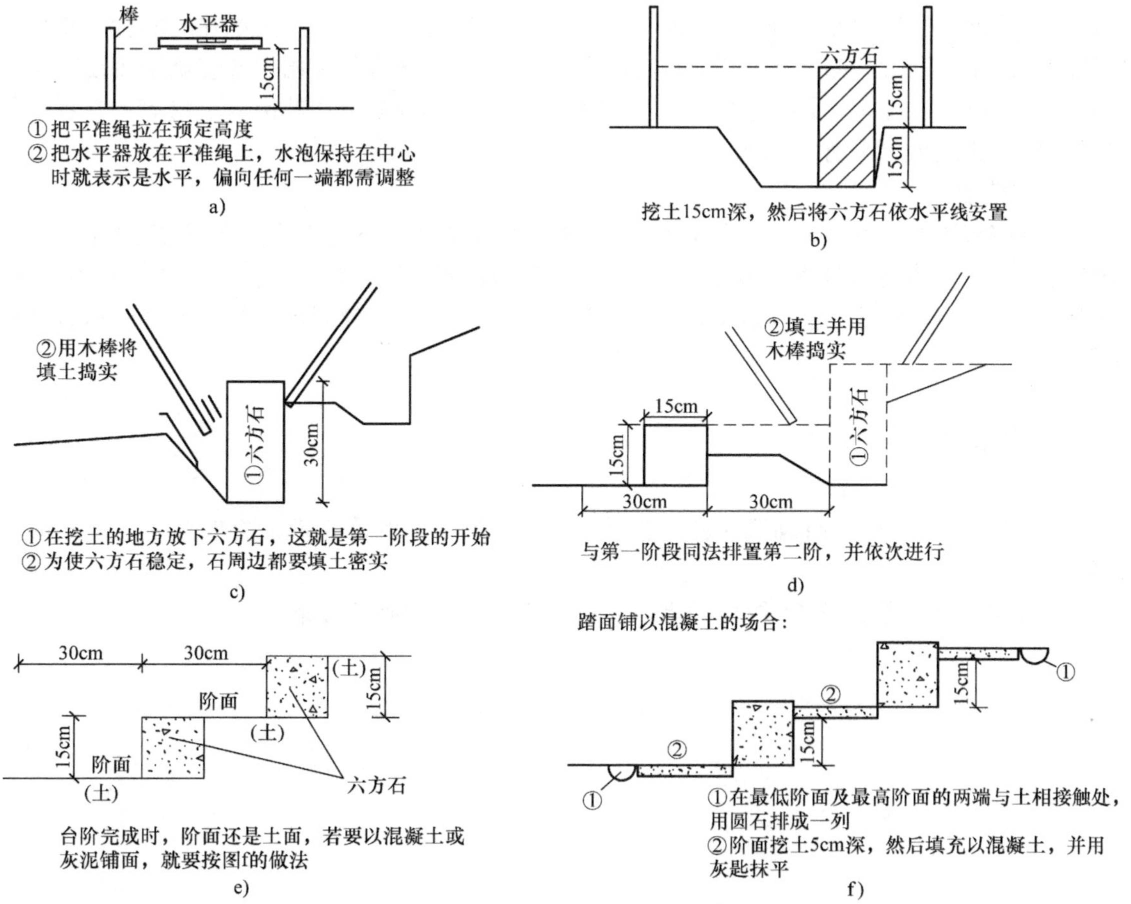

图 3-41　六方石做台阶的做法

三、园林附属工程

在园路工程中，还包括道牙、排水沟、雨水井、种植池等附属工程。

1. 道牙

道牙基础宜与地基同时挖填碾压，以保证有整体的均匀密实度。道牙结合层用 1∶3 的石灰砂浆，2cm 厚。安装道牙要平稳牢固，后用 M10 水泥砂浆勾缝。道牙背后要用灰土夯实，其宽度为 50cm，厚度为 15cm，密实度要求 90% 以上。

常用道牙材料有：花岗岩条石、青石条石、普通石材条石、预制条状混凝土块、烧结普通砖、水泥砖、小青砖、小青瓦以及石桩、木桩、竹桩等。

2. 排水沟

有些园路采用明沟排水。排水沟通常布设于园路一侧或两边，可采用盘形剖面或平底剖面，并可采用多种材料，如现浇混凝土、预制混凝土、花岗岩、卵石及各种砖块。卵石的使用，使排水沟面有了质感的变化，且由于其粗糙的表面使水流的速度减缓，这一特征在某些环境中会显得十分重要。

3. 雨水井

有些园路没有采用明沟排水，故而雨水井成为园路排水的重要设施。雨水井常排布于园路的中央或两侧，间隔距离视园路实际情况而定，一般为 10 ~ 20m。雨水井的形状，布设于园路中间的常为圆形，布设于园路两侧的主要为正方形和长方形。雨水井基础采用混凝土浇筑或砖砌。雨水井盖常用铸铁、塑钢、铝合金、预制钢筋混凝土、花岗岩板材等，在各种材料井盖的中央或四周设有排水孔。

4. 种植池

在有些园路的中间或两边布设种植池，在池内种植乔木（夏日能为行人遮阳庇荫）或种植花灌木，以丰富园林景观效果。种植池一般设计成圆形、正方形、六角形、八角形等，内径 80 ~ 120cm。种植池周围材料常用花岗岩、青石、卵石、预制水泥块、各种砖材以及圆木桩等。

【拓展训练】

1. 以图 3-40 红砖台阶砌筑为例，选择空旷合适场地，挑选红砖，按照图 3-39 所示做法砌筑红砖台阶。

2. 在训练场所按图 3-41 所示砌筑六方石台阶，并总结施工方案。

项目四

庭院假山施工

知识要求：

1. 了解假山石材的种类和特征。
2. 掌握天然假山施工前的准备工作，掌握天然假山结构施工要点。
3. 了解塑山施工的工艺流程与技术要点，重点掌握塑石假山结构施工。

技能要求：

1. 会根据假山施工图挑选假山材料。
2. 能熟练完成天然假山基础的施工技术并掌握天然假山的堆叠技术。
3. 会用塑石工艺进行假山施工。

素质要求：

1. 提高学生假山施工中的安全意识。
2. 培养学生对假山施工图的审美素质。
3. 培养学生在施工中对假山造型进行改良的应变能力。
4. 培养学生制作假山模型的耐心和养成收拾工具和模型废弃物的习惯。

项目学习引言

园林工程的施工区别于其他工程的最大特点就是技艺并重，施工的过程也是再创造的过程。假山的施工最典型地体现了这一特点。本项目重点讲述其中天然假山、塑石假山等工作任务的施工技术。

假山施工是最具明显再创造特点的工程活动，即具有二次设计、二次创造的特点。在庭院假山施工中，一方面要根据假山设计图进行定点放线，随时控制假山各部分的立面形象和尺寸关系；另一方面还要根据所选用材料的特点，在细部选型和技术处理上有所创造和发展。天香会所内的塑石假山施工就是常用的假山类型之一，通过本项目可以掌握其操作过程和施工工艺特点。

任务一　天然假山施工

天然假山施工是需要施工者具有一定的艺术感和创造能力的工程活动。在从事假山、石景的创作与施工活动中，必须了解和掌握各种类型假山石景的基本特点和园林应用要求。只有在熟悉其设计形式和作用特点的基础上，掌握具体的设计方法和施工技巧，才能真正做好天然假山的施工工作。

【工作流程】

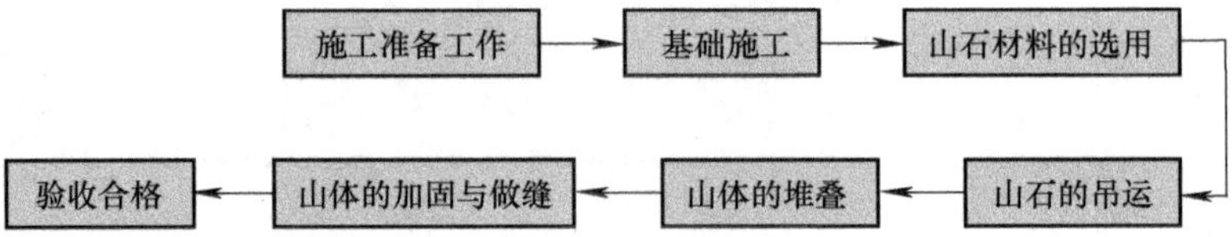

【操作步骤】

步骤一：施工准备工作

1. 制定施工计划

施工计划是保证工程质量的前提，它主要包括以下内容：

（1）读图　熟读图纸是完成施工的前提，但由于假山工程的特殊性，它的设计很难完全到位。一般只能表现山形的大体轮廓或主要剖面。为更好指导施工，设计者大多同时做出模型。又由于石头的形状不规则而不易掌握，因此，必须全面了解设计内容和设计者的意图。

（2）察地　施工前必须反复详细地勘察现场，其主要内容为：

1）看土质、地下水位，了解基地土允许承载力，以保证山体的稳定。

2）看地形、地势、场地大小、交通条件、给排水的情况及植被分布等，以决定采用的施工方法，如施工机具的选择、石料堆放及场地安排等。

（3）相石　对已有山石的种类、形状、色彩、纹理、大小等进行观察，以便根据山体不同部位的造型需要，做到心中有数统筹安排。

从一般掇山所用的材料来看，假山的石材可以概括为如下几大类，见表4-1。

表4-1　假山石材的种类

山石种类		产　地	特　征	园林用途
湖石	太湖石	江苏太湖	质坚石脆，纹理纵横，脉络显隐，沟、缝、穴、洞遍布，色彩较多，为石中精品	掇山、特置
	房山石	北京房山	石灰暗，新石红黄，日久变灰黑色；质韧，也有太湖石的一些特征	掇山、特置
	英石	广东英德市	质坚石脆，淡青灰色，扣之有声	岭南一带掇山及几案品石
	灵璧石	安徽灵璧县	灰色清润，石面坳坎变化，石形千变万化	山石小品，盆品石之王
	宣石	安徽南部宣城、宁国一带山区	有积雪般的外貌	散置、群置

（续）

山石种类		产　　地	特　　征	园林用途
黄石		产地较多，江苏的常熟、常州、苏州等地皆产	体形顽劣，见棱见角，节理面近乎垂直；雄浑，沉实	掇山、置石
千层石		江、浙、皖一带	多呈片状，有交叉互织的斜纹理	掇山、筑岸
石笋	白果笋	产地较多	外形修长，形如竹笋	常作独立小景
	乌炭笋			
	慧剑			
	钟乳石			
其他类型		各地	随石类不同而不同	掇山、置石

2. 劳动组织

假山工程是一门造景技艺的工程。我国传统的叠山艺人多有较高的艺术修养，他们不仅有丰富的施工经验，而且能诗善画，对自然界山水的风貌也有很深的认识。一般由他们担任师傅，组成专门的假山工程队。另外还有石工、起重工、泥工、壮工等，人数不多，一般以8～10人为宜。工程队成员多为一专多能，能相互支持，密切配合。

3. 施工材料与工具准备

（1）假山辅助材料　堆叠假山所用的辅助材料，即在叠山过程中需要消耗的一些结构性材料，如水泥、石灰、砂石及少量颜料等。

1）水泥。在假山工程中，水泥需要与砂石混合，配成水泥砂浆和混凝土后再使用。

2）石灰。在古代，假山的胶结材料以石灰浆为主，再加进糯米浆使其黏合性能更强。而现代的假山工艺中已改用水泥作胶结材料，石灰则一般是以灰粉形式和素土一起，按3∶7的配合比配制成灰土，作为假山的基础材料。

3）砂石。在配制假山胶结材料时，应尽量用粗砂。用粗砂配制的水泥砂浆与山石质地更接近一些，有利于削弱人工胶合的痕迹。假山混凝土基础和混凝土填充料中所用的石材，主要是直径为2～7cm的小卵石和砾石。假山工程对这些石料的质量没有特别的要求，只要石面无泥即可，但用表面光滑的卵石所配制的混凝土的和易性较好。

（2）假山施工工具

1）机械工具。

① 起重机。在大型假山工程中，为了增强假山的整体感，常常需要吊装一些巨石，在有条件的情况下，需配备一台起重机。如果不能保证有一台起重机在施工现场随时待用，也应做好用车计划，在需要吊装巨石的时候临时性地租用起重机。

② 吊秤起重架。这种杆架实际上是由一根主杆和一根臂杆组合而成的可作大幅度旋转的吊装设备。

③ 起重绞磨机。在地上立一根杉杆，杆顶用四根大绳拴牢，每根大绳各由一人从四个方向拉紧并服从统一指挥，这样既扯住杉杆，又能随时作松紧调整，以便吊起山石后能作水平方向移动。在杉杆的上部还要拴上一个滑轮，再用一根大绳或钢丝绳从滑轮穿过，绳的一端拴吊着山石，另一端再穿过固定在地面的第二滑轮，与绞磨机相连。转动绞磨，山石就被

吊起来了。

2）手工工具与材料。假山与叠石施工常用的手工操作工具如图4-1所示。

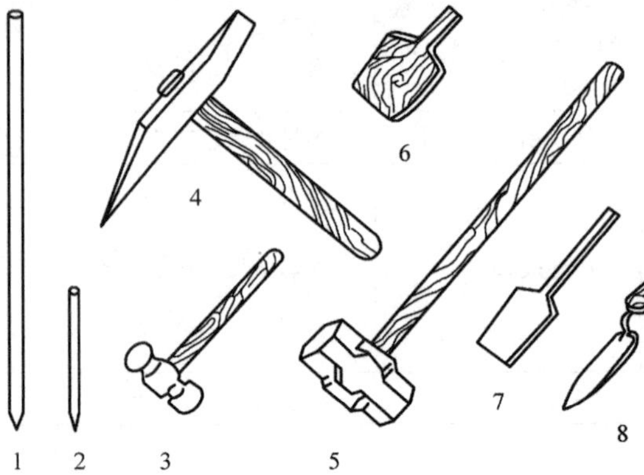

图4-1　常见的假山与叠石施工工具

1—大钢钎　2—錾子　3—锒头　4—琢镐　5—大铁锤　6—灰板　7—砖刀　8—柳叶抹

① 琢镐（小山子）和铁锤。琢镐是一种丁字形的小铁镐。镐铁一端是尖头，可用来凿击需整形的山石；另一端是扁的刃口，如斧口状，可砍、劈加工山石；其中间有方孔，装有木制镐把。铁锤主要用于敲打修整石形或在稳固山石时对平稳垫片的打刹。最常用的锤是单手锤，应当多准备几把。其次还要准备一个长把大锤，用来敲打大石。

② 钢钎和錾子。将直径30～40mm、长度1～1.4m钢筋的下端加工成尖头状，即为大钢钎。大钢钎主要用来撬大石、插洞及做其他工作，一般应准备2～5根。錾子也用粗钢筋制作，实际上就是小钢钎，在山石上开槽打洞以及撬动山石进行位置微调时都要用到。錾子一般要准备4～8根，每根长300～500 mm，直径16～20mm，下端做成尖头。

③ 钢丝钳与断线钳。在用镀锌钢丝捆扎山石时，要用钢丝钳剪断和扭扎镀锌钢丝。在假山完工时，要用断线钳剪除露在山石外面的镀锌钢丝。

④ 竹刷和砖刀。在用水泥砂浆粘结山石之前，需要将山石表面的泥土刷洗干净，竹刷是洗石所必须的工具。竹刷还用于山石拼叠时水泥缝的扫刷。在水泥未完全凝固前扫刷缝口，可以使缝口干净些，形状更接近石面的纹理。砖刀在砌筑山石中用来挑取水泥砂浆，或用来撬动山石进行位置上的微调。

⑤ 小抹子和镀锌钢丝。小抹子是山石拼叠缝口抹缝的专用工具。镀锌钢丝主要用于施工中捆扎固定山石，特别是悬垂在高位的山石。一般需要准备8号与10号两种规格的镀锌钢丝，并根据假山工程量大小而确定镀锌钢丝准备量。假山完工时，应将露在石面的镀锌钢丝全剪除掉。

⑥ 钢筋夹和支撑棍。两者均用于临时性支撑、固定山石，以方便拼接、叠砌假山石，并有利于做缝。待混凝土凝固后或山石稳固后，要拆除各类支撑物。

⑦ 粗麻绳、脚手架与跳板。用粗麻绳捆绑山石进行抬运或吊装，能够防滑，易打结扣，也很结实。绳子上打的结扣既要结紧，又要容易松开，还要不易滑动。吊起的山石越重，则绳扣越抽越紧。随着假山砌筑高度的增加，施工会越来越困难，达到一定高度时，就要搭设脚手架和跳板才能继续施工。此外，做较大型的拱券式山洞，也必须要有脚手架和跳板辅助

操作。

除了以上所述常用的工具和材料以外，一般还要准备其他一些工具或材料。例如，用来铲土砂以调制水泥砂浆或混凝土的灰铲，装小石垫石的箩筐，装砂运土的簸箕，抬山石的木杠，以及灰桶、铁勺、水管、锄头、铁镐、扫帚、木尺、卷尺、工作手套等。

4. 场地安排

1）保证施工工地有足够的作业面，施工地面不得堆放石料及其他物品。

2）选好石料摆放地，一般在作业面附近。石料依施工用石的先后，有序地排列放置，并将每块石头最具特色的一面朝上，以便施工时认取。石块间应有必要的通道，以便搬运，尽可能避免小搬运。

3）交通路线安排。施工期间，山石搬运频繁，必须组织好最佳的运输路线，并保证路面平整。

4）保证水、电供应。

5）工期及工程进度安排。

步骤二：天然假山结构施工

1. 基础

假山像建筑一样，必须有坚固耐久的基础。假山基础是指它的地下或水下部分，通过基础把假山的重量和荷载传递给地基。在假山工程中，根据地基土质的性质、山体的结构、荷载大小等，分别选用独立基础、条形基础、整体基础、圈式基础等不同形式的基础。基础不好，不仅会引起山体开裂破坏、倒塌，还会危及游客的生命安全，因此基础必须安全可靠。现将常用基础分别介绍如下：

（1）灰土基础

1）放线。清除地面杂物后便可放线。一般根据设计图作方格网控制，或目测放线，并用白灰划出轮廓线。

2）刨槽。槽深根据设计，一般深 50 ~ 60cm。

3）拌料。灰土比例为 1 ∶ 3，泼灰时注意控制水量。

4）铺料。一般铺料厚度 30cm，夯实厚 20cm，基础打平后应距地面 20cm。通常当假山高 2m 以上时，做一步灰土，以后山每高 1m，基础增加一步灰土。

（2）铺石基础　常用的有两种，即打石钉和铺石，其构造如图 4-2 所示。当土质不好但堆石不高时使用打石钉，当土质不好堆石较高时使用铺石基础。一般山高 2m 砌毛石厚 40cm，山高 4m 砌毛石厚 50cm。

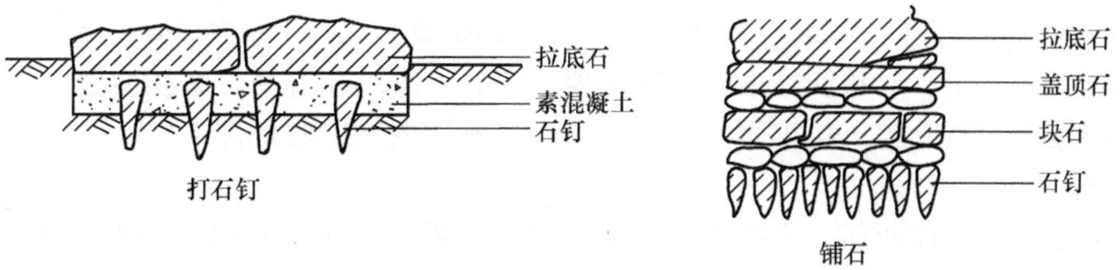

图 4-2　铺石基础的种类

（3）桩基

1）条件。当上层土壤松软，下层土壤坚实时使用柱基，在我国古典园林中，桩基多用于临水假山或驳岸。

2）类型。桩基有两种类型：一种为支撑桩，即当软土层不深，将桩直接打到坚土层上的桩；另一种是摩擦桩，当坚土层较深，这时打桩的目的是靠桩与土间的摩擦力起支撑作用。

3）对桩材的要求。作为桩材的木质必须坚实、挺直、其弯曲度不得超过10%，并只能有一个弯。园林中常用桩材为杉、柏、松、橡、桑、榆等，其中以杉、柏最好。桩径通常为10～15cm，桩长由地下坚土深度决定，多为1～2m。桩的排列方式有梅花桩（5个/ m^2）、丁字桩和马牙桩，其单根承载重量为150～300kW。桩基构造如图4-3所示。

4）填充桩。填充桩是指用石灰桩代替木桩。做法是先将钢钎打入地下一定深度后，将其拨出，再将生石灰或生石灰与砂的混合料填入桩孔，捣实而成。石灰桩的作用是当生石灰水解熟化时，体积膨大，使土中孔隙和含水量减少，达到提高土壤承载力，加固地基的作用。这样不仅可以节约木材，还可以避免木桩易腐烂之弊。

（4）混凝土基础（图4-4）　现今假山多采用混凝土基础，尤其是当山体高大，土质不好或在水中，岸边堆叠山石时。混凝土基础强度高，施工快捷。基础深度是依叠石高度而定，一般30～50cm；常用混凝土强度等级为C15，配比为水泥：沙：卵石＝1：2：4；基宽一般要求各边宽出山体底面30～50cm。对于山体特别高大的工程，还应做钢筋混凝土基础。

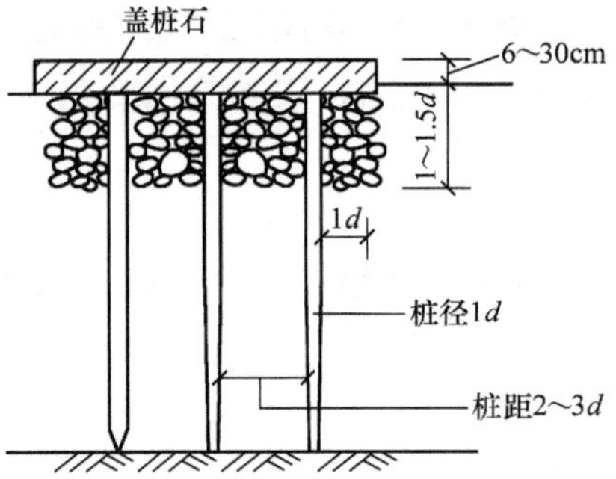

图4-3　桩基构造

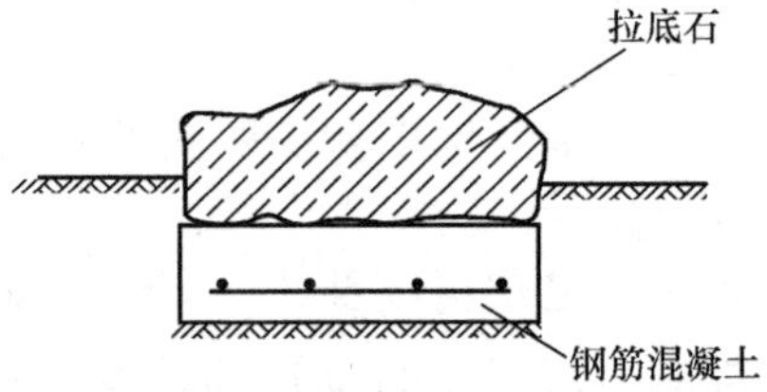

图4-4　混凝土基础示意

步骤三：山石的吊运

1. 结绳

山石吊运一般使用长纤维的黄麻绳或棕绳，它们很结实，柔软。绳的直径通常为20mm（8股）、25mm（12股）、30mm（16股）、40mm（18股）。其负重为200～1500kg。结绳的方法根据石块的大小、形状和抬运的不同需要而定，要求结扣容易，解扣简便。其中，活扣是靠压力结紧的，因此越压越牢固，并不会滑动。常用的结绳法如图4-5所示。

2. 走石

走石多用在施工作业面，当巨大的石块需要找平石面或稍加移动，俗称“走石”。走石用钢撬操作完成，一般钢撬用 ϕ20～40mm的粗钢打制而成。撬的用法通常有叨撬、舔撬、碾撬等手法，使石块向后、向前或左右移动，如图4-6所示。用撬走石有一定的难度，常需有经验的技工操作。

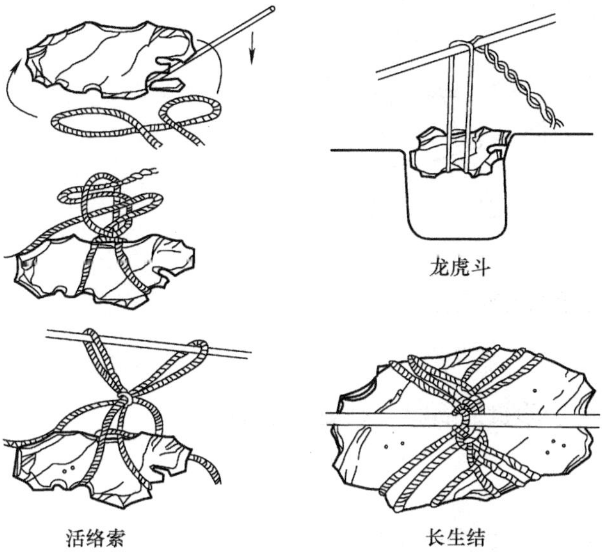

图 4-5　结绳法示意图

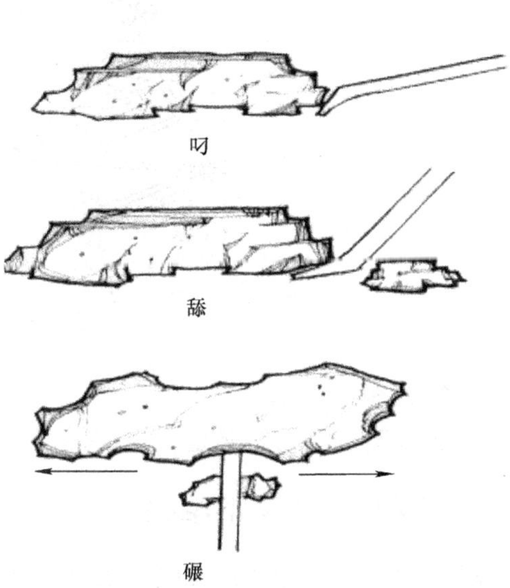

图 4-6　走石示意图

3. 起重

（1）人工起重　山石施工现场大多场地狭窄，因此小石块的起重多用人工抬起或挑起。

（2）小秤起重　用两根径粗约 20cm 的杉篙做成小秤，其主力臂与重力臂的比为 7 ∶ 3 或 8 ∶ 2，如图 4-7 所示。

（3）大秤起重　大秤也用杉篙搭构而成。这种大架秤可放一个或几个秤杆，同时使用，起重量大，其构造如图 4-8 所示。

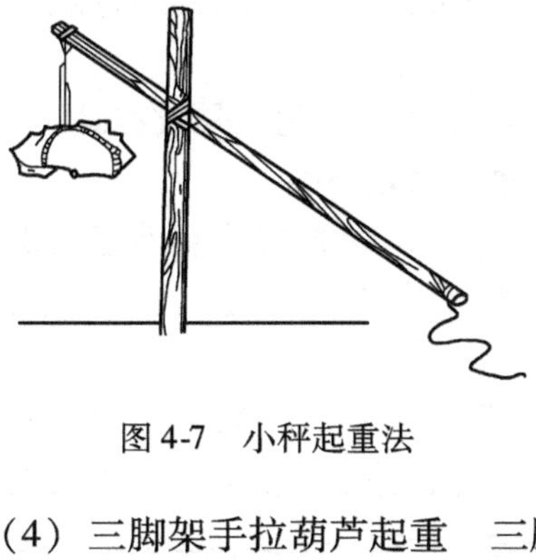

图 4-7　小秤起重法

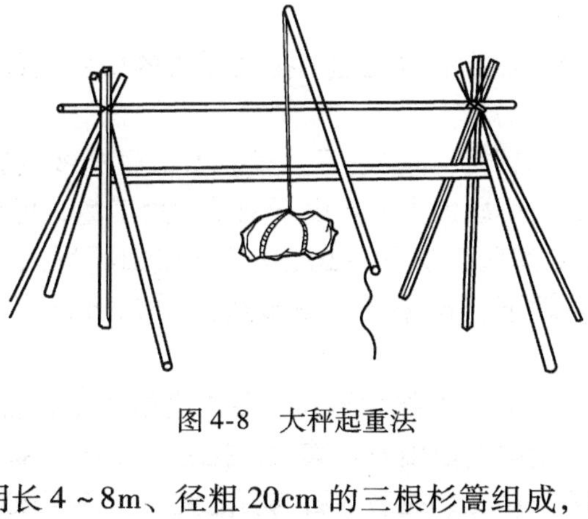

图 4-8　大秤起重法

（4）三脚架手拉葫芦起重　三脚架一般用长 4 ~ 8m、径粗 20cm 的三根杉篙组成，杉篙的头尾各用镀锌钢丝箍牢，在上端 50cm 处用粗 30mm 的黄麻绳将三根杉篙按顺序扎牢、拉起，要求底盘成等边三角形，并与地平面成不小于 60°夹角。起重时，三脚架上系上手拉葫芦（俗称神仙葫芦），并在三根杉篙间横向设架如图 4-9 所示。

（5）机械起重　一般选用 0.5 ~ 3t 的轮式起重机较为合适。它可以在直径 30m 范围内拖运石块，在直径 15m 内起吊石块。

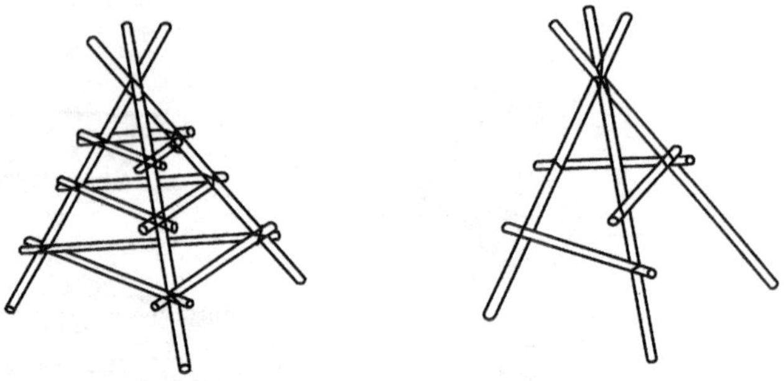

图 4-9　三脚架手拉葫芦起重法

4. 运输

运石最重要的是防止石块破损，特别是对于珍贵的石材，则更为重要。

步骤四：山体的堆叠

一般堆山常分为：拉底、起脚、做脚、中层、收顶五部分。

1. 拉底

拉底，就是在山脚线范围内砌筑第一层山石，即做出垫底的山石层。拉底的方式和拉底山脚线的处理见下面的叙述。

（1）拉底的方式　假山拉底的方式有满拉底和周边拉底两种。

1）满拉底，就是在山脚线的范围内用山石满铺一层。这种拉底的做法适宜规模较小、山底面积也较小的假山，也适用于北方冬季有冻胀破坏地方的假山。

2）周边拉底，则是先用山石在假山山脚沿线砌成一圈垫底石，再用乱石碎砖或泥土将石圈内全部填起来，压实后即成为垫底的假山底层。这一方式适合基底面积较大的大型假山。

（2）山脚线的处理　拉底形成的山脚边线也有两种处理方式，其一是露脚方式，其二是埋脚方式。

1）露脚，即在地面上直接做山底边线的垫脚石圈，使整个假山就像是放在地上似的。这种方式可以减少一点山石用量和用工量，但假山的山脚效果稍差一些。

2）埋脚，就是将山底周边垫底山石埋入土下约 20cm 深。这种方式可使整座假山仿佛像是从地下长出来的。在石边土中栽植花草后，假山与地面的结合就更加紧密，更加自然了。

（3）拉底的技术要求　在拉底施工中，首先要注意选择适合的山石来做山底，不得用风化过度的松散山石。其次，拉底的山石底部一定要垫平垫稳，保证不能摇动，以便向上砌筑山体。第三，拉底的石与石之间要紧连互咬，紧密地扣合在一起。第四，山石之间要不规则地断续相间，有断有连。第五，拉底的边缘部分要错落变化，使山脚线弯曲时有不同的半径，凹进时有不同的凹深和凹陷宽度，要避免山脚的平直和浑圆形状。

2. 起脚

在垫底的山石层上开始砌筑假山，就叫“起脚”。起脚石直接作用于山体底部的垫脚石，它和垫脚石一样，都要选择质地坚硬、形状安稳实在、少有空穴的山石材料，以保证能够承受山体的重压。

除了土山和带石土山之外，假山的起脚安排是宜小不宜大，宜收不宜放。起脚一定要控制在地面山脚线的范围内，宁可向内收一点，也不要向山脚线外突出，这就是说山体的起脚要小，不能大于上部准备拼叠造型的山体。因为即使起脚太小而导致砌筑山体时的结构不稳，还有可能通过补脚来加以弥补，但如果起脚太大，以后砌筑山体时造成山形臃肿、呆笨、没有一点险峻的态势时，就不好挽回了。如出现那种情况，则需要通过打掉一些起脚山石来改变臃肿的山形，这就极易将山体结构震动松散，埋下整座假山倒塌的隐患。所以，假山起脚还是稍小点为好。

起脚时，定点、摆线要准确。先选在山脚突出点的山石，并将其沿着山脚线先砌筑上，待多数主要的凸出点山石都砌筑好了，再选择和砌筑平直线、凹进线处的山石。这样，既保证了山脚线按照设计而成弯曲转折状，避免山脚平直的毛病，又使山脚突出部位具有最佳的形状和最好的皴纹，增加了山脚部分的景观效果。

3. 做脚

做脚，就是用山石砌筑成山脚，它是在假山上面部分的山形山势大体施工完成以后，于紧贴起脚石外缘部分拼叠山脚，以弥补起脚造型不足的一种操作技法。所做的山脚石虽然无需承担山体的重压，但却必须与主山的上部造型相协调，既要表现出山体如同土中自然生长出来的效果，又要特别增强主山的气势和山形的完美。假山山脚的造型与做脚方法如下所述。

（1）山脚的造型　假山山脚的造型应与山体造型结合起来考虑。在做山脚的时候要根据山体的造型而采取相适应的造型处理，以使整个假山的造型形象浑然一体，完整且丰满。在施工中，山脚可以做成如图 4-10 所示的几种形式。

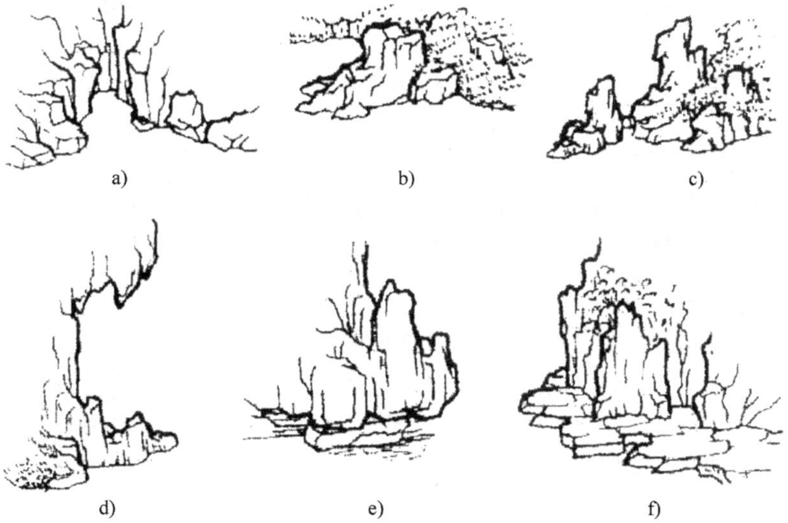

图 4-10　山脚的造型

a）凹进脚　b）凸出脚　c）断连脚　d）承上脚　e）悬底脚　f）平坂脚

1）凹进脚。山脚向山内凹进，随着凹进的深浅宽窄不同，脚坡可做成直立、陡坡或缓坡。

2）凸出脚。山脚向外凸出，其脚坡可做成直立状或坡度较大的陡坡状。

3）断连脚。山脚向外凸出，凸出的端部与山脚本体部分似断似连。

4）承上脚。山脚向外凸出，凸出部分对着其上方的山体悬垂部分，起着均衡上下重量和承托山顶下垂之势的作用。

5）悬底脚。局部地方的山脚底部做成低矮的悬空状，与其他非悬底山脚构成虚实对比，可增强山脚的变化。这种山脚最适于用在水边。

6）平坂脚。片状、板状山石连续地平放山脚，做成如同山边小路一般的造型，突出了假山上下的横竖对比，使景观更为生动。

步骤五：山体的加固与做缝

1. 加固

（1）塞　当安放的石块不稳固时，通常打入质地坚硬的楔形石片，使其垫牢，称为“打塞”，如图 4-11 所示。

（2）戗　为保证立石的稳固，沿石块力的方向的迎面，用石块支撑称为“戗”，如图 4-12 所示。

图 4-11　打塞

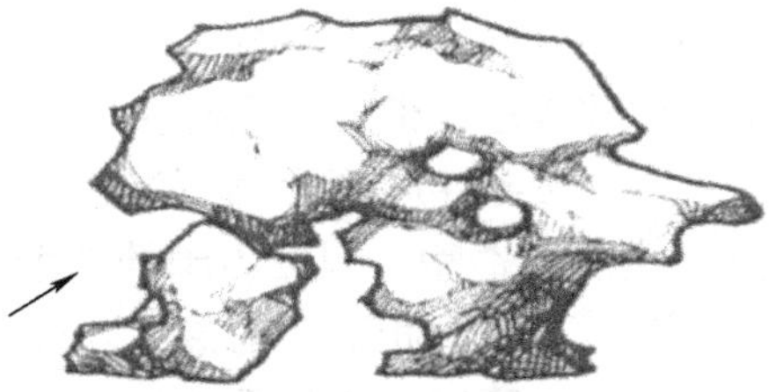

图 4-12　戗

（3）灌筑　每层山石安放稳定后，在其内部缝隙处，一般按 1∶3∶6 的水泥∶沙∶石子的配比灌筑、捣固混凝土，使其与山石结为一体。

（4）铁活　假山工程中的铁活主要有铁爬钉、铁吊链、铁过梁、铁扁担等，其式样如图 4-13 所示。铁制品在自然界中易锈蚀，因此这些铁活都埋于结构内部，而不外露，它们均系加固保护措施，而非受力结构。

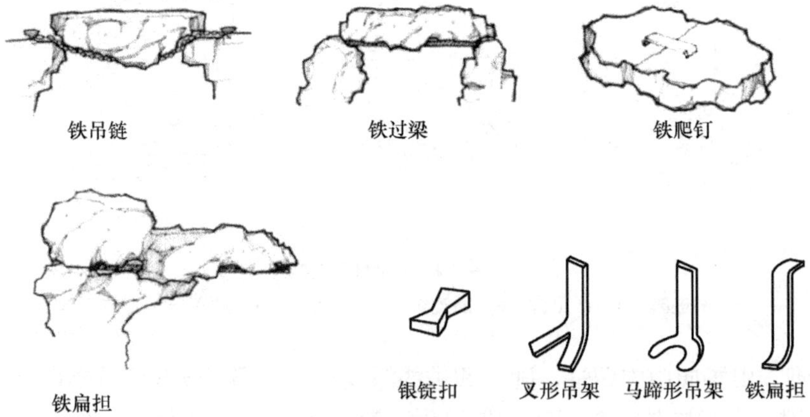

图 4-13　铁活固定

2. 做缝

做缝是把已叠好的假山石块间的缝隙，用水泥砂浆填实或修饰。这一工序从某种意义上讲，是对假山的整容。一般每堆 2 ~3 层，做缝一次。做缝前先用清水将石缝冲洗干净，如石块间缝隙较大，应先用小石块进行补形，再随形做缝。做缝时要努力表现岩石的自然节理，可增加山体的皴纹和真实感。做缝时砂浆的颜色应尽力与山石本身的颜色相统一。现代通常用 M7.5 的水泥砂浆，如堆高在 3m 以上则用 M10 的水泥砂浆。做缝的形式根据需要做成粗缝、光缝、细缝、毛缝等。堆山时还应预留种植穴，做好排水措施从防水土流失。

【知识链接】

一、假山的功能

假山具有多方面的造景功能，可以与园林建筑、园路、场地和园林植物组合出富于变化的景致，借以减少人工雕琢的痕迹，增添自然情趣，使园林建筑融入山水环境中，因此，假山成为表现中国自然山水园的特征之一。根据堆叠的目的各有不同，其功能有如下几方面：

1. 构成主景

在采用主景突出布局方式的园林中，或以山为主景，或以山石为驳岸的水池为主景，整个园子的地形骨架起伏、曲折皆以此为基础进行变化（图 4-14）。例如，北京北海公园的琼华岛（今北海之白塔山），采用土石相间的手法堆叠；扬州个园的“四季假山”以及苏州的环秀山庄等，总体布局都是以山为主，以水为辅，景观独特。

2. 划分和组织园林空间

利用假山划分和组织空间主要是从地形骨架的角度出发，它具有自然灵活的特点，通过障景（图 4-15）、对景、背景、框景、夹景等手法灵活运用，形成峰回路转、步移景异的游览空间。如苏州拙政园中的枇杷园和远香堂，腰门一带用假山结合云墙的方式划分空间，使人在枇杷园内就能通过园洞门北望“雪香云蔚亭”，又以山石作为前置夹景，就是成功的例子。昆明市区最大的叠石瀑布——月牙塘公园大型叠石瀑布，也是对景、障景等划分空间手法的成功运用。

图 4-14 假山构成主景

图 4-15 假山构成障景

3. 点缀和装饰园林景色

运用山石小品作为点缀园林空间、陪衬建筑和植物的手段，在园林中普遍运用，尤其以江南私家园林运用最为广泛。以苏州留园为例，其东部庭园的空间基本上是用山石和植物装点的，或山石花台，或石峰凌空，或粉壁散置，或廊间对景，或窗外漏景。如揖峰轩庭园，在天井中立石峰，天井周围布置山石花台，点缀和装饰了园景。

用山石作护坡、挡土墙，在园林中也很普遍。在坡度较陡的土山坡地常布置山石，以阻挡和分散地表径流，降低其流速，减少水土流失，从而起到护坡作用。如颐和园龙王庙土山上的散点山石就具有护坡效果。坡度更陡的土山往往开辟出自然式的台地，在土山外侧采用自然山石做挡土墙，自然朴实。

利用山石作驳岸（图 4-16）、花台、石阶、踏跺等，还具有装饰作用。例如江南私家园林广泛地利用山石作花台种植牡丹、芍药及其他观赏植物，并用花台来组织庭园中的游览路线，或与壁山、驳岸相结合，在规整的建筑范围中创造出自然、疏密的变化。广州流花湖公园的湖岸小景，结合湖岸地形高差，以塑石、塑树桩和塑树根汀步组成挡土构筑物，极富观赏性。

图 4-16　山石驳岸

4. 作为室内外自然式的家具或器设

利用山石制作诸如石屏风、石桌、石凳、石几、石榻、石栏、石鼓、石灯笼等家具或器设，既为游人提供了方便，又不怕日晒夜露，并为景观的自然美增色添辉。此外，山石还可用作室内外楼梯，园桥、汀步及镶嵌门、窗、墙等。

二、假山布置技巧

假山布置最根本的法则是“因地制宜，有真有假，做假成真”（《园冶》），具体要注意以下几点：

1. 山水依存，相得益彰

水无山不流，山无水不活，山水结合可以取得刚柔共济、动静交呈的效果，避免“枯山”一座，形成山环水抱之势。苏州环秀山庄，山峦起伏，构成主体；弯月形水池环抱山体西、南两面，一条幽谷山涧，贯穿山体，再入池尾，是山水结合成功的佳例。

2. 立地合宜，造山得体

在一个园址上，采用哪些山水地貌组合单元，都必须结合相地、选址，因地制宜，统筹安排。山的体量、石质和造型等均应与自然环境相互协调。例如，一座大中型园林可造游览之山，庭园多造观赏的小山。

3. 巧于因借，混假于真

按照环境条件，因势利导，依境造山。如无锡的寄畅园，借九龙山、惠山于园内，在真山前面造假山，竟如一脉相贯，取得“真假难辨”的效果。

4. 宾主分明，“三远”变化

假山的布局应主次分明，互相呼应。应定主峰的位置，后定次峰和配峰。主峰高耸、浑厚，客山拱伏、奔趋，这是构图的基本规律。宋代郭熙《林泉高致》中说：“山有三远，自山下而仰山巅，谓之高远；自山前而窥山后，谓之深远；自近山而望远山，谓之平远。”苏州环秀山庄的湖石假山，并不是以奇异的峰石取胜，而是从整体着眼，巧妙地运用了“三远”变化，在有限的地盘上，叠出逼似自然的山石林泉。

5. 远观山势，近看石质

这里所说的“势”，是指山水的轮廓、组合和所体现的态势。“质”指的是石质、石性、石纹、石理。叠山所用的石材、石质、石性须一致；叠时对准纹路，要做到理通纹顺。这好比山水画中，要讲究“皴法”一样，使叠成的假山，符合自然之理，做假成真。

6. 树石相生，未山先麓

石为山之骨，树为山之衣。没有树的山缺乏生机，给人以“童山”“枯山”的感觉。叠石造山有句行话“看山先看脚”，意思是看一个叠山作品，不是先看山堆叠如何，而是先看山脚是否处理得当，若要山巍，则需脚远，可见山脚造型处理的重要性。

7. 寓情于石，情景交融

叠山往往运用象形、比拟和联想的手法创造意境，即所谓“片山有致，寸石生情”。扬州个园的“四季假山”，即是寓四时景色于一园的。春色选用石笋与修竹象征“雨后春笋”；夏山选用灰白色太湖石，并结合荷、山洞和树荫，用以体现夏景；秋山选用富于秋色的黄石，以象征“重九登高”的民情风俗；冬山选用宣石和腊梅，石面洁白耀目，如皑皑白雪，加以墙面风洞之寒风呼啸，冬意更浓。冬山与春山，仅一墙之隔，墙开透窗，可望春山，有“冬去春来”之意。可见，该园的叠山耐人寻味，立意不凡。

【拓展训练】

1. 假山施工中材料该如何安放？
2. 天然假山如何挑选材料？
3. 天然假山安装中常用的工具有哪些？
4. 天然假山基础有哪些？试述其施工技术要点。

任务二　塑石假山施工

塑石假山就是用雕塑艺术的手法，以天然山岩为蓝本人工塑造的假山或石块。早在百年前，在广东、福建一带就有传统的灰塑工艺。20 世纪 60 年代，塑山、塑石工艺在广州得到了很大的发展，是我国假山艺术发展的一个新阶段，期间诞生了很多具有时代感的优秀作品。与天然岩石相比，塑山、塑石自重轻，施工灵活，受环境影响较小，可按理想预留种植穴，因此，它为设计创造了广阔的空间。塑山、塑石通常有两种做法，一种为钢筋混凝土塑山，另一种为砖石混凝土塑山，也可以两者混合使用。

【工作流程】

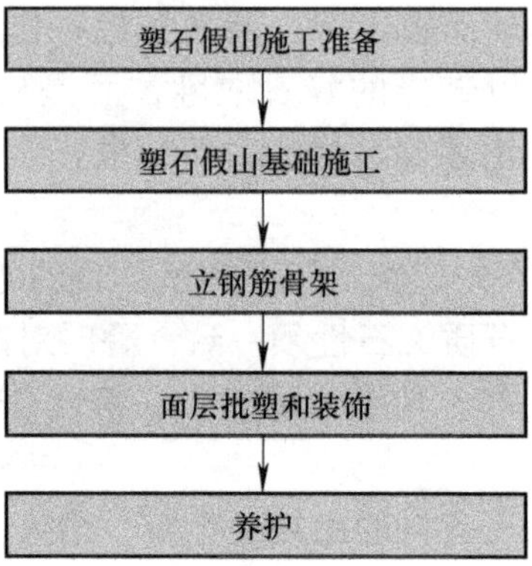

【操作步骤】

步骤一：塑石假山施工准备

1. 技术准备工作

因地制宜地制定科学合理的施工方案，依据工程量大小落实塑石技术人员和机械设备，使整个塑石施工有计划、有步骤地进行。

塑石假山施工对工艺要求较高，塑石技术人员施工前必须先熟悉施工图（图 4-17），并与设计师进行沟通，将设计的整体轮廓和局部细节都领悟透彻。施工中可以采用新技术、新工艺，确保景观的艺术效果。

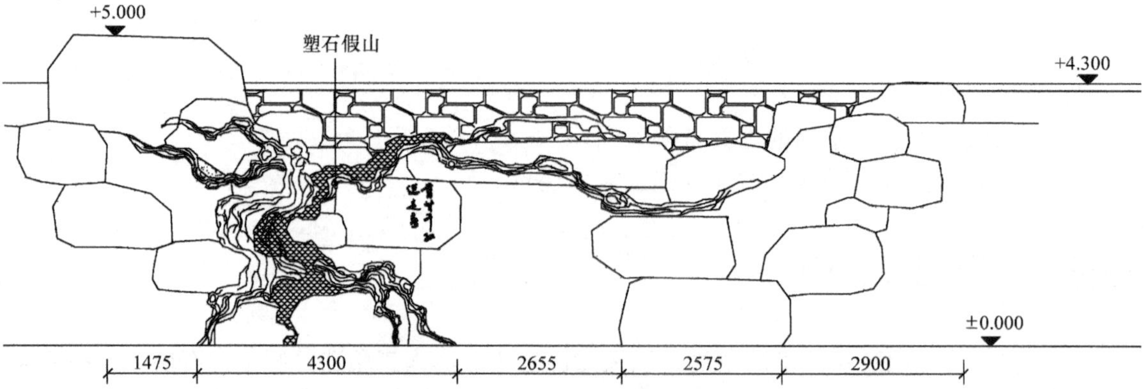

图 4-17　天香会所假山施工图

2. 材料和设备的选择与准备

按照天香会所塑石假山施工图所示，将所需要的材料和设备准备好，如用作骨架的钢筋以及焊接机、钢丝网、麻刀灰浆、石膏、面层颜色涂料等。

除常用的施工机具与工具外，应结合塑石假山施工工艺的需要，配备专用的切割机、钢钎、毛刷、喷浆机等。

步骤二：塑石假山基础施工

根据基地土壤的承载能力和山体的重量，经过计算确定假山基础的尺寸大小。通常是根据山体的轮廓线，每隔1m做一根钢筋混凝土柱基础，如山体形状变化大，局部柱子加密。

天香会所庭院塑石假山的基础采用了混凝土基础。在原有地基上通过夯实、铺垫碎石垫层、浇筑混凝土来加强地基。在一些部位，基础之上堆砌了优选的景观石，以此作为塑石假山的基础山体。

步骤三：立钢筋骨架

塑石假山钢筋骨架施工包括浇注钢筋混凝土柱子，焊接钢骨架，捆扎造型钢筋，盖钢丝网（图4-18）等。其中制作造型钢筋架和盖钢板网是塑山效果的关键之一，目的是为造型和挂泥之用。钢筋要根据山形做出自然凹凸的变化。盖钢板网时一定要与造型钢筋贴紧扎牢，不能有浮动现象。

步骤四：面层批塑和装饰

1. 面层批塑

先搭建脚手架，在钢筋滑架上进行打底，即在钢筋网上抹灰两遍，材料配比为水泥＋黄泥＋麻刀，其中水泥：砂为1∶2，黄泥为总重量的10%，麻刀适量，水胶比1∶0.4，以后各层不加黄泥和麻刀。砂浆拌和必须均匀，随用随拌，存放时间不宜超过1h，初凝后的砂浆不能继续使用。面层批塑施工如图4-19所示。

图4-18 塑石假山盖钢丝网施工

图4-19 面层批塑施工

2. 面层装饰

天香会所的塑石假山，面层装饰模拟天然石材和天然木纹理的质地。在施工中，应领会设计师意图，模拟石材和木纹的颜色，调制涂料，进行装饰。其装饰工作主要有：

（1）皴纹和质感 修饰重点在山脚和山体中部。山脚应表现粗犷，有人为破坏、风化的痕迹，并多有植物生长。山腰部分，一般在1.8～2.5m处，追求皴纹的真实，应做出不同的面，强化力感和楞角，以丰富造型。修饰应注意层次，色彩逼真，主要手法有印、拉、勒等。山顶，一般在2.5m以上，施工时不必做得太细致，可将山顶轮廓线渐收，同时将色彩变浅，以增加山体的高大和真实感。

（2）着色　可直接用彩色配制，此法简单易行，但色彩呆板。另一种方法是选用不同颜色的矿物颜料加白水泥再加适量的建筑胶调配。颜色要仿真，可以有适当的艺术夸张，色彩要明快。着色要有空气感，如上部着色略浅，纹理凹陷部色彩要深。着色常用手法有洒、弹、倒、甩，刷的效果一般不好。

面层装饰效果如图 4-20 所示。

图 4-20　面层装饰效果

3. 其他装饰

（1）光泽　可在石的表面涂过氧树脂或有机硅，重点部位还可打蜡。应注意青苔和滴水痕的表现，时间久了，还会自然地长出真的青苔。

（2）种植池　种植池的大小应根据植物（含塑山施工现场土球）总重量决定，并注意留排水孔。给排水管道最好在塑山时预埋在混凝土中，敷设时一定要做防腐处理。在兽舍外塑山时，最好同时做水池，可便于兽舍降温和冲洗，并方便植物供水。

步骤五：养护

在水泥初凝后开始养护，要用麻袋片、草帘等材料覆盖，避免阳光直射，并每隔 2 ~ 3h 洒水一次。洒水时要注意轻淋，不能冲射。养护期不少于半个月，在气温低于 5℃ 时应停止洒水养护，并采取防冻措施，如遮盖稻草、草帘、草包等。假山内部钢骨架安装前均应涂防锈漆。

【知识链接】

人造塑山即是指用混凝土、玻璃钢、有机树脂等现代材料和石灰、砖、水泥等非石材料经人工塑造而成的假山。塑山与塑石可节省采石运石工序，造型不受石材限制，体量可大可小。塑山具有施工期短和见效快的优点，缺点在于混凝土硬化后表面有细小的裂纹，表面皴纹的变化不如自然山石丰富而且使用期不如石材长。人造塑山一般包括塑山与置石两大类型。

一、人造塑山的特点

塑山在园林中得以广泛运用，与其“便”“活”“快”“真”的特点是密不可分的。

便，指塑山所用的砖、水泥等材料来源广泛，取用方便，可就地解决，无须采石、运石。

活，指塑山在造型上不受石材大小和形态限制，可完全按照设计意图进行造型。

快，指塑山的施工期短，见效快。

真，好的塑山无论是在色彩还是质感上都能取得逼真的石山效果。

当然，由于塑山所用的材料毕竟不是自然山石，因而在神韵上还是不及石质假山，同时使用期限较短，需要经常维护。

二、人造塑山抹面施工中需要注意的问题

人工塑石能不能够仿真，关键在于石面抹面层的材料、颜色和施工工艺水平。要仿真，就要尽可能采用相同的颜色，并通过精心的抹面和石面裂纹、棱角的精心塑造，使石面具有逼真的质感，以达到做假如真的效果。

用于抹面的水泥砂浆，应当根据所仿造山石种类的固有颜色，加进一些颜料调制成有色的水泥砂浆。例如，要仿造灰黑色的岩石，可以在普通灰色水泥砂浆中加炭黑，以灰黑色的水泥砂浆抹面。要仿造紫色砂岩，就要用氧化铁红将水泥砂浆调制成紫砂色。要仿造黄色砂岩，则应在水泥砂浆中加入柠檬铬黄。而氧化铬绿和钴蓝，则可在仿造青石的水泥砂浆中加进。水泥砂浆配制时的颜色应比设计的颜色稍深一些，待塑成山石后其色度会稍稍变得浅淡。

石面不能用铁抹子抹成光滑的表面，而应该用木制的砂板作为抹面工具，将石面抹成稍稍粗糙的磨砂表面，这样才能更加接近天然的石质。石面的皴纹、裂缝、棱角应按所仿造岩石的固有棱缝来塑造。如模仿的是水平的砂岩岩层，那么石面的皴裂及棱纹中，在横向上就多为比较平行的横向线纹或水平层理，而在竖向上，则一般是仿岩层自然纵裂形状，裂缝有垂直的也有倾斜的，变化就多一些。如果是模仿不规则的块状巨石，那么石面的水平或垂直皴纹裂缝就比较少，而更多的是呈不太规则的斜线、曲线、交叉线形状。

三、其他人造塑山的施工工艺

1. 砖石塑山施工工艺

首先在拟塑山石土体外缘清除杂草和松散的土体，按设计要求修饰土体，沿土体外开沟做基础，其宽度和深度视基地土质和塑山高度而定。然后沿土体向上砌砖，要求与挡土墙相同，但砌砖时应根据山体造型的需要而变化，如表现山岩的断层、节理和岩石表面的凹凸变化等。再在表面抹水泥砂浆，进行面层修饰，最后着色。

塑山工艺中存在的主要问题：一是由于山的造型、皴纹等的表现要靠施工者手上功夫，因此对师傅的个人修养和技术的要求高；二是水泥砂浆表面易发生皲裂，影响强度和观瞻；三是易褪色。

2. FRP 塑山、塑石施工工艺

FRP 是纤维强化塑胶（fiber reinforced plastics ）的缩写，它是由不饱和聚酯树脂与玻璃

纤维结合而成的一种重量轻、质地韧的复合材料。不饱和聚酯树脂由不饱和二元羧酸与一定量的饱和二元羧酸、多元醇缩聚而成。在缩聚反应结束后，趁热加入一定量的乙烯基单体所配成的黏稠液体树脂俗称玻璃钢。191 号聚酯树脂玻璃钢的胶液配方为：70% 191 号聚酯树脂，30% 苯乙烯（交联剂）；过氧化环乙酮糊（引发剂），占胶液的 4%；环烷酸钴溶液（促进剂），占胶液的 1%。先将树脂与苯乙烯混合，这时不发生反应，只有加入引发剂后，产生游离基，才能激发交联固化。其中环烷酸钴溶液起促进引发剂的激发作用，达到加速固化的目的。

玻璃钢成型工艺有以下几种：

（1）席状层积法　利用树脂液、毡和数层玻璃纤维布，翻模制成。

（2）喷射法　利用压缩空气将树脂胶液、固化剂（交联剂、引发剂、促进剂）、短切玻纤同时喷射沉积于模具表面，固化成形。通常空压机压力为 200～400kPa，每喷一层用辊筒压实，排除其中气泡，使玻纤渗透胶液，反复喷射直至 2～4mm 厚度。在适当位置做预埋铁，以备组装时固定。最后再敷一层胶底，调配着色可根据需要。喷射时使用的是一种特制的喷枪，在喷枪头上有三个喷嘴，可同时分别喷出树脂液、促进剂和短切 20～60mm 的玻纤树脂液加固剂。

FRP 塑山、塑石的施工程序如下：泥模制作→翻制模具→玻璃钢元件制作→运输或现场搬运→基础和钢骨架制作→玻璃钢元件拼装→焊接点防锈处理→修补打磨→表面处理，最后涂刷玻璃钢油漆。

这种工艺的优点在于成形速度快，薄、质轻，便于长途运输，可直接在工地施工，拼装速度快，制品具有良好的整体性。存在的主要问题是树脂液与玻纤的配比不易控制，对操作者的要求高；劳动条件差，树脂溶剂是易燃品，工厂制作过程中有毒、有气味；玻璃钢在室外强日照下，受紫外线的影响表面易酥化，故其寿命只有 20～30 年。但作为一个新生事物，它会在不断地完善之中发展。

3. GRC 假山造景施工工艺

GRC 是玻璃纤维强化水泥（glass fiber reinforced cement）的缩写，它是将抗碱玻璃纤维加入到低碱水泥砂浆中硬化后产生的高强度的复合物。20 世纪 80 年代在国际上出现了用 GRC 造假山。GRC 假山工艺使用机械化生产制造假山石元件，使其具有重量轻、强度高、抗老化、耐水湿，易于工厂化生产，施工方法简便、快捷，成本低等特点。GRC 制造出的山石质感和皴纹都很逼真，是目前理想的人造山石材料。GRC 为假山艺术创作提供了更广阔的空间和可靠的物质保证，为假山技艺开创了一条新路，使其达到“虽为人作，宛自天开”的艺术境界。

GRC 假山元件的制作主要有两种方法：一种为席状层积式手工生产法；另一种为喷吹式机械生产法。现就喷吹式工艺简介如下：

（1）模具制作　根据生产“石材”的种类、模具使用的次数和野外工作条件等选择制模的材料。常用模具的材料可分为软模（如橡胶模、聚氨酯模、硅模等）和硬模（如钢模、铝模、GRC 模、FRP 模、石膏模等）。制模时应选择天然岩石皴纹好的部位，所制的模具应便于复制操作，一般制成脱制模具。

（2）GRC 假山石块的制作　将低碱水泥与一定规格的抗碱玻璃纤维以二维乱向的方式同时均匀分散地喷射于模具中，凝固成形。喷射时应随吹射随压实，并在适当的位置预埋铁件。

(3) GRC 的组装　将 GRC“石块”元件按设计图进行假山的组装，焊接牢固，修饰，做缝，使其浑然一体。

(4) 表面处理　这主要是使“石块”表面具憎水性，产生防水效果，并具有真石的润泽感。

4. CFRC 塑石施工工艺

CFRC 是碳纤维增强混凝土（carbon fiber reinforced cement or concrete）的缩写。20 世纪 70 年代，英国首先制作了聚丙烯腈基（PAN）碳素纤维增强水泥基材料的板材，并应用于建筑，开创了 CFRC 研究和应用的先例。

在所有元素中，碳元素在构成不同结构的能力方面是独一无二的。这使碳纤维具有极高的强度和拉伸模量，与金属接触电阻低和电磁屏蔽效应良好，而且阻燃高、耐高温，故能制成智能材料，在航空、航天、电子、机械、化工、医学器材、体育娱乐用品等工业领域中广泛应用。

CFRC 人工岩是把碳纤维搅拌在水泥中，制成的碳纤维增强混凝土，并用于造景工程。CFRC 人工岩的抗盐侵蚀、抗水性、抗光照能力等方面均明显优于 GRC 人工岩，并具抗高温、抗冻融干湿变化等优点，因此其长期强度保持力高，是耐久性优异的水泥基材料。CFRC 人工岩适用于河流、港湾等各种自然环境的护岸、护坡。由于其具有的电磁屏蔽功能和可塑性，因此可用于隐蔽工程，以及园林假山造景、彩色路石、浮雕、广告牌等各种景观的再创造。

【拓展训练】

1. 以本节学习内容为例，准备钢丝、细钢丝、细钢丝网、麻绳、石膏灰等，等比例缩放会所假山，按照施工步骤进行操作。
2. 如何进行塑石假山面层批塑的水泥砂浆调色？
3. 现场参观某塑石假山，据此制定合理的施工流程。

项目五

庭院水景工程施工

知识要求：

1. 掌握人造水池及跌水景墙的施工流程；
2. 掌握池塘、驳岸和跌水坝工程的施工工艺；
3. 了解跌水坝的施工工艺；
4. 了解水景管线工程的一般结构。

技能要求：

1. 会进行人造水池及跌水景墙的施工；
2. 会池塘施工及块石驳岸的处理；
3. 知道跌水坝工程的简单施工工艺；
4. 能制定水景各种管线的铺设和安装的方案。

素质要求：

1. 培养学生动手操作水景安装中的细心态度；
2. 培养学生在水景施工中严谨的工作态度；
3. 培养学生解决施工方案的主动性；
4. 培养学生独立思考问题的能力和协调能力；
5. 提高学生在驳岸施工中的安全意识。

项目学习引言

庭院水景的施工范围涉及建筑结构、给水排水、电气等多个领域的专业知识。设计与施工人员必须掌握相关专业知识，才能营造出一个令人满意的水景。而现今技术水平的提高使水景建造由传统的园林建筑的配套工程项目，逐渐发展形成为相对独立的工程。庭院水景中包含了水池、自然池塘、跌水瀑布、溪流、驳岸及护坡、喷泉等要素，合理的搭配能使得整个庭院充满灵气。水景在空间中经常作为园林构图中心，成为视觉的焦点。

根据杭州天香会所庭院工程案例，本项目将水景工程区块分为下沉内庭跌水池水景施工和庭院自然池塘水景施工两方面进行介绍。其中下沉内庭跌水池水景施工包含了规则式水池、景墙跌水瀑布等，展示了现代庭院的魅力。庭院自然池塘水景包括了自然式池塘池底及驳岸、跌水坝等。案例基本涵盖了水景的各要素，具有典型性。水景施工的好坏不仅取决于施工工艺的质量，更取决于施工人员在施工现场用艺术眼光去协调水景与周边环境之间关系的能力。

任务一　跌水池施工

我国现代庭院水池中借鉴西方规则式布局非常多，一般在建筑出入口、庭院后花园和下沉庭院内院形成特色景观。水景的布置元素多样，充分利用各类材料构建，有时根据造景的需要在池内种植花草、养鱼。跌水瀑布景观在灯光的烘托下夜间效果更为美妙。施工质量的好坏直接决定了水景使用寿命的长短和景观效果。水景施工通常根据水景设计的平面图、立面图和剖面图进行施工。跌水池也多为人工挖成，体量小而精致，水源多取人工水源，因此有进出水的管线设施。

【工作流程】

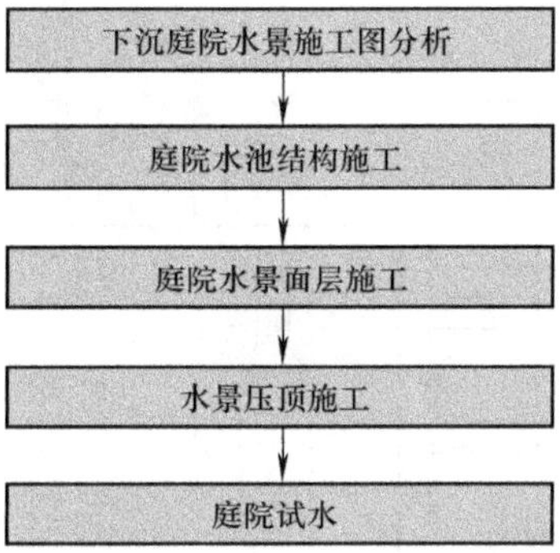

【操作步骤】

步骤一：下沉庭院水景施工图分析

杭州天香会所跌水池位于建筑地下一层出入口外，形式规则，构成视觉上的对景。跌水池高差约 3m。水景施工图主要为平面图、立面图和剖面图，反映水池的结构和要求。图纸中一般情况下标注尺寸以 mm 为单位，标高以 m 为单位。

水景施工平面图是水景施工方案在现场空间上的体现，如图 5-1 所示。首先，分析出施工平面图的尺寸，没有标注尺寸的需要根据图纸标注比例算出尺寸。其次是标高，包括池底标高、水位标高和池顶标高。另外就是主要材料，施工采购时需要核对数量和规格。杭州天香会所跌水池主要采用了千层石、洞石、碎冰梅花岗岩、炭化木、自然整石作为主要材料。施工现场需要对主要材料进行分类管理，标记好并在合理位置堆放，减少二次运输。另外弄清楚台阶、踏步、楼梯栏杆、水池的做法及管线位置等。

下沉庭院水景立面图反映了水景水池、景墙跌水的高程变化及竖向尺寸，如图 5-2 所示。识图时需要注意主要材料的规格数量及拟采用的施工工艺，另外要注意与平面和剖面之间的关系。

剖面图中包含了大样做法，从池壁顶部到池基础各部分的材料、厚度及施工要求，所以剖面图要有足够的代表性，如图 5-3 所示。

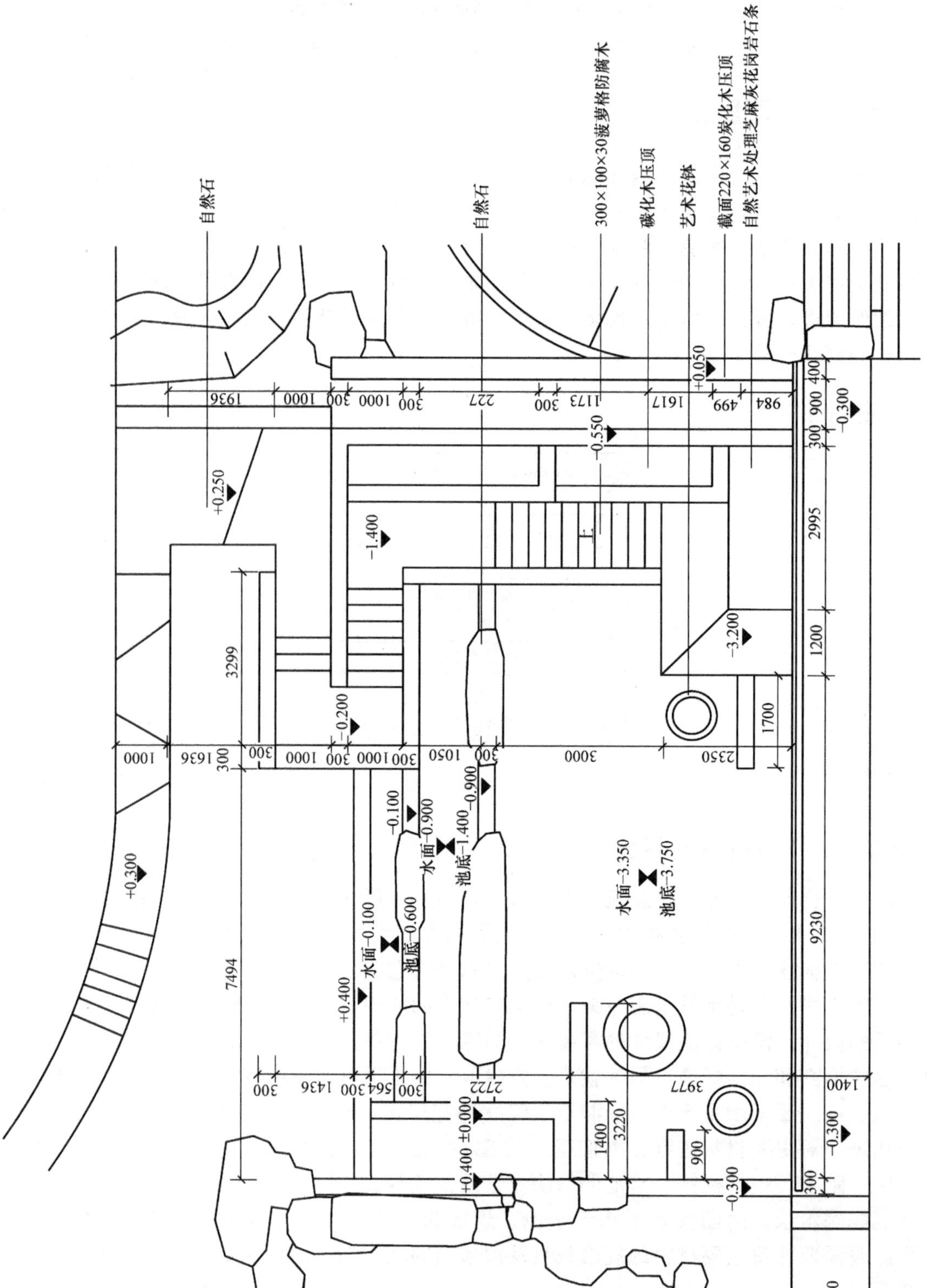

图 5-1 天香会所下沉庭院水景平面图

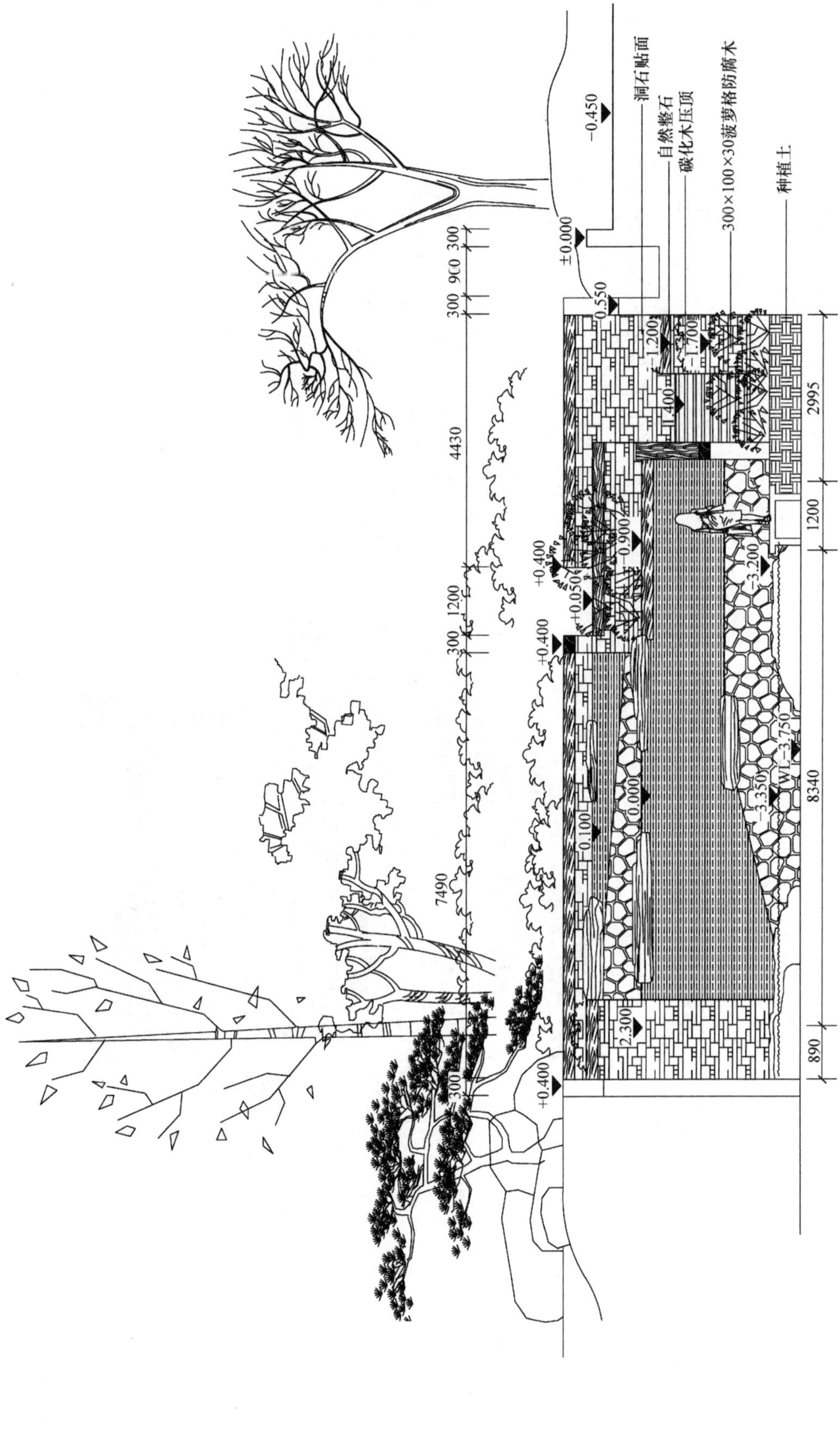

图 5-2　天香会所下沉庭院水景立面图

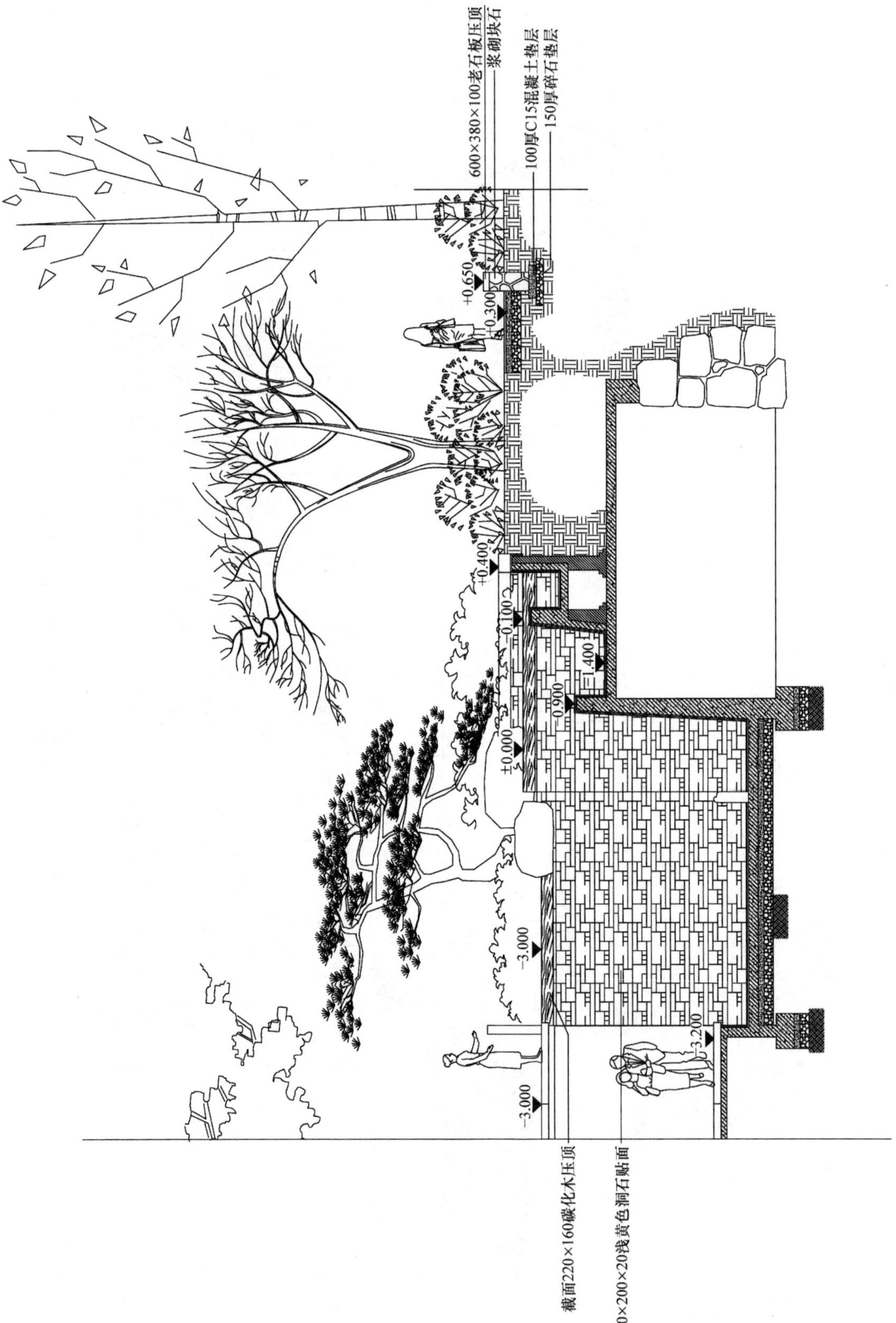

图 5-3　天香会所下沉庭院跌水景墙剖面图

步骤二：庭院水池结构施工

1. 施工放样

杭州天香会所下沉庭院水景施工放样应根据现场先选定方格网的主轴线，然后全面设方格网，再按照设计平面图用石灰、绳子和卷尺放样。根据设计平面图，天香会所下沉庭院水景主要是规则的形状，在施工前将设计水池的控制点一一标到地面上并打桩，桩木上要注明桩号和施工标高。标高点根据现场引测的 ±0.000 测定标高。按照图纸要求测设完成轴线控制桩后，即可以进行基槽开挖的施工工作。在施工过程中，应根据实际需要设置排水沟及集水坑进行施工排水，保证工作面干燥以及基底不被水浸。

2. 池底施工

杭州天香会所下沉庭院水池是长 10.9m，宽 5.35m 的狭长形水池，则池底基础下的排水管应沿水池的长轴埋于池的中心线下。池底基础下的地面，则向中心线作 1% ~2% 倾斜，池下的碎石层厚 10 ~ 20cm，如图 5-4 所示。混凝土池底板施工时依情况不同加以处理，如基土稍湿而松软时，可在其上铺厚 10cm 的砾石层，并加以夯实，然后浇筑混凝土垫层。混凝土垫层浇筑完后 1 ~2 天（应视施工时的温度而定），在垫层面测量以确定底板中心，然后根据设计尺寸进行放线，定出柱基以及底板的边线，画出钢筋布线，依线绑扎钢筋，接着安装柱基和底板外围的模板。上下层钢筋均应用铁撑（铁马凳）加以固定，使之在浇捣过程中不发生变化。底板应一次连续浇筑完，不留施工缝。施工间歇时间不得超过混凝土的初凝时间。如混凝土在运输过程中产生初凝或离析现象，应在现场拌板上进行二次搅拌后方可入模浇捣。底板厚度在 20cm 以内，可采用平板振动器，20cm 以上则采用插入式振动器。池壁为现浇混凝土时，底板与池壁连接处的施工缝可留在基础上口 20cm 处。施工缝可留成台阶形、凹槽形、加金属止水片或遇水膨胀橡胶带。

图 5-4　池底和池壁施工完成图

混凝土浇筑前注意溢水管、供水管和出水管及电源管线的保护，并用堵头将管口堵上，防止杂物进入。按照图纸所示在下沉庭院台阶下方安置一台 QY65—18—5.5 型潜水泵、QDX10—10—0.55 型潜水泵和箱式净水系统。施工时需要做好预留管道的管口保护工作。

3. 池壁施工

天香会所下沉庭院水景的水池采用垂直池壁。垂直池壁的优点是池水降落之后，不至于在池壁淤积泥土，从而使低等水生植物无从寄生，同时易于保持水面洁净。垂直池壁，外用洞石或碎冰梅花岗岩饰面。做水泥池壁，尤其是矩形钢筋混凝土池壁时，应先做模板以固定，池壁厚 15 ~25cm，水泥成分与池底同并加入防水剂。目前采用无撑及有撑支模两种方法，其中有撑支模使用较多。当矩形池壁较厚时，内外模可在钢筋绑扎完毕后一次立好。浇捣混凝土时操作人员可进入模内振捣，并应用串筒将混凝土灌入，分层浇捣。矩形池壁拆模后，应将外露的止水螺栓头割去。

4. 跌水景墙施工

（1）基础施工　跌水景墙基础采用钢筋混凝土结构，现浇钢筋混凝土基础先安装基础钢筋，预埋墙身竖向钢筋，待基础混凝土浇灌完成且混凝土强度达到设计要求后，进行墙身钢筋安装。现浇钢筋混凝土挡土墙的基础钢筋制作与安装应按有关规定进行钢筋复验、见证取样检验，合格后方可使用。钢筋绑扎前应将垫层清理干净，并用粉笔在垫层上画好主筋、分布筋间距。按画好的间距，先摆放受力主筋、后放分布筋。预埋件、预留孔等应及时配合安装。绑扎钢筋时一般用顺扣或八字扣，除外围两根筋的相交点应全部绑扎外，其余各点可交错绑扎。

在钢筋与模板之间垫好垫块，间距不大于1.5m，保护层厚度应符合设计要求。垫块一般采用水泥砂浆制成，垫块厚度应与保护层厚度相同，垫块内预埋火烧丝，或用塑料卡来保证保护层厚度。

在绑扎双层钢筋网片时，应设置足够强度的撑脚，以保证钢筋网片的定位准确。稳定牢固，在浇筑混凝土时不得松动变形。钢筋焊接成型时，焊前不得有水锈、油渍；焊缝处不得咬肉、裂纹、夹渣，焊药皮应清除干净。

支立基础模板应具有足够的强度、刚度和稳定性，能承受灌筑混凝土的冲击力、混凝土的侧压力。模板应保证挡土墙设计形状、尺寸及位置准确，并便于拆卸，模板接缝应严密，不得漏浆、错台。模板脱模剂应涂刷均匀，不得污染钢筋。轴线、模板线放线完毕，应办理好预检手续。模板安装后，应检查预留洞口及预埋件位置，符合设计要求后，方可进行下道工序。模板支撑时，模板下口先做水平支撑，再加斜撑固定。浇筑基础混凝土前，钢筋应隐检验收合格。模板安装牢固，缝隙平整、严密，杂物应清理干净，积水排除，并办理预检手续。

基础混凝土宜采用插入式振捣棒振捣，当振捣棒以直线行列插入时，移动距离不得超过振捣棒作用半径的1.5倍；若以梅花式行列插入，移动距离不得超过作用半径的1.75倍；振捣时振捣器不得直接放在钢筋上。振捣至混凝土不再下沉，无显著气泡，表面平坦一致，开始浮现水泥浆为度。若发现表面呈现水层，应分析原因，予以解决。振捣棒宜与模板保持50～100mm净距。不宜振捣的部位应采用人工振捣。混凝土应分层浇筑，分层厚度不超过300mm。各层混凝土浇筑不得间断；应在前层混凝土振实尚未初凝前，将次层混凝土浇筑、捣实完毕。振捣次层混凝土时振捣棒应插入前层50～100mm。

（2）结合面施工　现浇钢筋混凝土跌水景墙与基础的结合面，应按施工缝处理。即先进行凿毛，将松散部分的混凝土及浮浆凿除，并用水清洗干净，然后架立墙身模板。混凝土开始浇筑时，先在结合面上刷一层水泥浆或垫一层2～3cm厚的1：2水泥砂浆再浇筑墙身混凝土。在墙顶搭设平台，用起重机吊送混凝土至平台进行浇筑。混凝土浇筑从低处开始分层均匀进行，分层厚度一般为30cm。采用插入式振捣器振捣，振捣棒移动距离不应超过其作用半径的1.5倍，并与侧模保持5～10cm的距离，切勿漏振或过振。在混凝土浇筑过程中，如表面泌水过多，应及时将水排走或采取逐层减水措施，以免产生松顶。浇筑到顶面后，应及时抹面，定浆后再二次抹面，使表面平整。

（3）跌水景墙墙体施工　跌水景墙墙体施工时墙身模板采用光面三合板拼装，竖枋截面尺寸8cm×10cm，枋间距为40cm，用钢管作围楞，用8cm×10cm的木枋作斜撑进行支撑，侧模用ϕ16的螺栓对拉定位，螺栓间距为80cm，螺栓穿孔可采用内径为20～25cm的硬塑料管。拆模时，将螺栓拔出，再用1：2水泥砂浆堵塞螺栓孔。墙身模板视高度情况分一次立模到顶和二次立模的办法，一般4m高之内为一次立模，超过4m高的可分二次立模，亦可一次立模。

墙体混凝土浇筑前，在底部接槎处先均匀浇筑15～20mm厚与墙体混凝土强度等级相同的混凝土。混凝土应按规范规定分层浇筑，振捣密实，分层厚度不大于300mm。混凝土下料点应分散布置。墙体应连续进行浇筑，每层间隔时间不超过混凝土初凝时间。墙体混凝土施工缝宜设在设计伸缩缝处。预留洞口两侧混凝土浇筑高度应对称均匀浇筑。振捣棒距洞边300mm以上，防止洞口移位、变形。混凝土浇筑振捣完毕，将上口甩出的钢筋加以整埋，用木抹子按设计标高控制线对墙体上口进行找平。混凝土浇筑完毕后，应在12小时以内加以覆盖和浇水，浇水次数应能保持混凝土有足够的湿润状态，养护期一般不少于7天，可根据空气的湿度、温度和水泥品种及掺用的外加剂的情况，适当延长。

混凝土浇灌过程中应派出木工、钢筋工、电工及试验工在现场值班，发现问题及时处理。混凝土浇筑完进行收浆后，应及时洒水养护，养护时间最少不得小于7天，在常温下一般24小时即可拆除墙身侧模板，拆模时，必须特别小心，切莫损坏墙面。

（4）伸缝缩、沉降缝及泄水孔的处理　在浇筑墙身时要注意伸缝缩、沉降缝及泄水孔的处理。现浇钢筋混凝土挡土墙的伸缩缝和沉降缝宽2cm（施工时缝内夹2cm厚的泡沫板或木板，施工完后抽出木板或泡沫板），从墙顶到基底沿墙的内、外、顶三侧填塞沥青麻丝，深15cm。挡土墙泄水孔为ϕ10cm的硬质空心管，泄水孔进口周围铺设50cm×50cm×50cm碎石，碎石外包土工布，下排泄水孔进口的底部铺设30cm厚的黏土层并夯实。

步骤三：庭院水景面层施工

1. 抹灰施工

面层施工前应进行抹灰。内壁抹灰前2天应将墙面扫清，用水洗刷干净，并用薄钢板将所有灰缝刮一下，要求凹进1～1.5cm。应采用强度等级为42.5的普通硅酸盐水泥配制水泥砂浆，配合比1：2，必须称量准确，可掺适量防水剂，拌和要均匀。在抹第一层底层砂浆时，应用钢板用力将砂浆挤入砖缝内，增加砂浆与砖壁的黏结力。底层灰不宜太厚，一般在5～10mm。第二层将墙面找平，厚度5～12mm。第三层面层进行压光，厚度2～3cm。砖壁与钢筋混凝土底板结合处，要特别注意操作，加强转角抹灰厚度，使呈圆角，防止渗漏。外壁抹灰可采用1：3水泥砂浆。

2. 跌水景墙贴面施工

贴面材料是镶贴到表层上的一种装饰材料。杭州天香会所下沉庭院中水池贴面材料采用的是米黄色人造洞石、千层石和碎冰梅花岗岩，压顶材料是炭化枕木。

（1）基层处理　将地面垫层上的杂物清净，用钢丝刷刷掉黏结在基层上的砂浆，并清扫干净。

（2）试拼　在正式铺设前，根据设计图纸将材料按图案、颜色、纹理试拼，然后放整齐。

（3）面层安装　如图5-5所示，景墙下部主要采用不规则花岗岩板碎拼。板最好采用自然拼接，不要太规则。由于跌水景墙较高，因此需要现场搭建脚手架。面层上部采用千层石。事先先弹线放样好拼接位置。试铺后将干砂和板块移开，清扫干净，用喷壶洒水湿润，刷一层素水泥浆（水胶比为0.4～0.5，涂刷面积不要过大，随铺砂浆随刷）。根据板面水平线确定结合层砂浆厚度，拉控制线，开始铺结合层干硬性水泥砂浆（一般采用1∶2～1∶3的干硬性水泥砂浆，干硬程度以“手捏成团，落地即散”为宜），砂浆厚度控制在放上不规则板时宜高出面层水平线3～4mm为宜。铺好后用大杠刮平，再用抹子拍实找平（铺摊面积不得过大）。依据试拼时的图案及试排时的缝隙（板块之间的缝隙宽度，大于2mm），在控制线交点开始铺砌。先试铺，即搬起板块，对好纵横控制线，再将之铺落在已铺好的水泥砂浆结合层上。

图5-5　面层安装

3. 水池及下沉庭院挡土墙面层施工

挡土墙面层材料主要选择人工米黄洞石。安装检查砂浆表面与板块之间是否相吻合，如发现有空虚之处，应用砂浆填补。底层灰浆凝固后，将已湿润的板块背面均匀地抹上2～3mm厚的素水泥浆，随即将板粘贴在墙面上，并用木锤轻敲，使其粘贴牢固，同时用靠尺找平找直。安放时四角同时往下落，用橡皮锤或木锤轻击木垫板，根据水平线用铁水平尺找平。铺完第一块后，按后退方向顺序铺砌。施工完毕后，用清水将饰面冲洗干净。

步骤四：压顶施工

天香会所下沉庭院水景的压顶材料主要采用天然整石、千层石和炭化枕木。

为了增强跌水景墙的整体感，首先安装天然整石，如图5-6所示。在有条件的情况下，可配备一台起重机，如果不能保证有一台起重机在施工现场随时待用，也应做好用车计划，在需要吊装巨石的时候临时性地租用起重机。其次，拼贴千层石时需要注意平面压顶和竖向墙体贴面交界处的处理，尽量做到缝隙小，使其看上去浑然一体。炭化木是现代庭院装饰的好材料，其耐腐蚀，抗虫蛀，抗变形开裂，耐高温，因此在庭院中越来越应用广泛。炭化木在室外使用时宜采用防紫外线木油，以防长久使用后木材褪色。如果用防腐木做压顶，现场多采用加工处理好的防腐木。在防腐木表面涂刷专用户外防护涂料或油基类涂料后（只需一遍），为了达到最佳效果，48h内应避免人员走动或重物移动，以免破坏防腐木面层已形成的保护膜。如想取得更好的防脏效果，面层可再做两道专用户外清漆处理。

图5-6　压顶施工

步骤五：试水

试水前检查池底潜水泵线路安装是否正确。考虑池的净化，合理利用台阶下空间布置净化设备，检查供水管和出水管及电源是否安装正确。试水时应先封闭管道孔。由池顶放水入池，一般分几次进水，根据具体情况，控制每次进水高度。从四周上下进行外观检查，做好记录，如无特殊情况，可继续灌水到储水设计标高。同时要做好沉降观察。灌水到设计标高后，停 1d，进行外观检查，并做好水面高度标记。连续观察 7d，外表面无渗漏及水位无明显降落方为合格。

施工完成后的水景如图 5-7 所示。

图 5-7　水景施工完成图

【知识链接】

一、水池施工中管线综合

管线的布置可以结合水池的平面图进行，标出给水管、排水管的位置。上水闸门井平面图要标明给水管的位置及安装方式，如果是循环用水，还要标明水泵及电机的位置。上水闸门井剖面图，不仅应标出井的基础及井壁的结构材料，而且应标明水泵电机的位置及进水管的高程。下水闸门井平面图应反映泄水管、溢水管的平面位置。下水闸井剖面图应反映泄水管、溢水管的高程及井底部、壁、盖的结构和材料。水池管线的布置如图 5-8 所示。几种水管的作用如下。

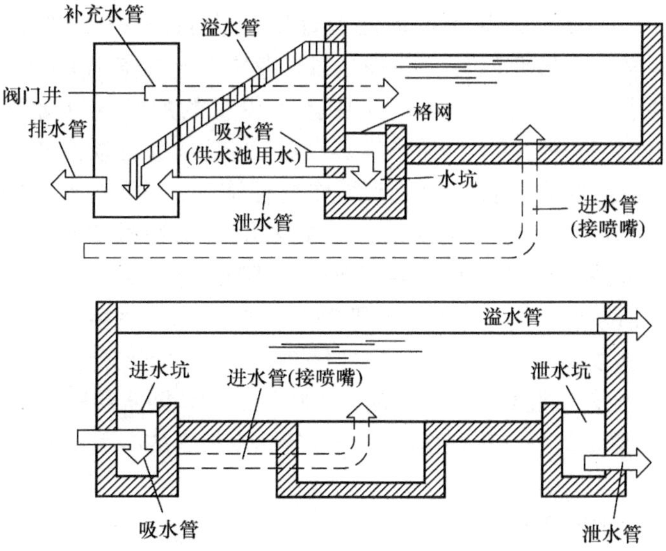

图 5-8　水池管线布置示意图

（1）进水管　供给池中各种喷嘴喷水或水池进水的管道。

（2）溢水管　保持池中的设计水位，在水池已经达到设计水位，而进水管继续使用时，多余的水由溢水管排出。

（3）泄水管　把水池中的水放回闸门井，或当水池需要放干水时（清污，维修等），水从泄水管中排出。

（4）补充水管　补充给水，保持池中水位，补充损失水量。如喷水过程中，水沫漂散、蒸发等，启用补充水管。

（5）回水龙头　在容易冻胀的北方地区，为保护水管，用水完毕后，放尽水管中的存水，此时用回水龙头。

水池的进水管与水泵相接，进入水池中。有人工喷泉时，直接进入喷泉总管道。溢水管的高程与设计水位相一致。进水量超过设计水位时，池中水自溢水口流出，以保证设计水位。溢水管从池壁通往下水闸门井中，其在井中的高程应较高。溢水管的个数按水池的平面形状及进水情况决定。泄水管从水池的底部通出，进入下水闸门井。水经沉淀后，被水泵抽出，循环使用，池中的水有进有出，保持动态平衡，水质不变，而沉淀物由排水管排出。泄水管要求管径较大，否则容易堵塞，造成泄水不畅，同时要求进出两管口要有一定的高差。排水管可用瓦管或水泥管，管径应大于 80cm，以便排污。如果进水管中的进水量不能或不能很快达到设计水位时，可用补充水管。补充水管可由附近可利用的水源通往水池。水管管径的大小，可根据水流量、流速等来确定。

二、水池防止漏水、防冻的技术处理

1. 防水处理方法

（1）防水砂浆　在水池壁及底的基层表面应平整、坚实、粗糙、清洁，涂抹水泥砂浆防水层时要求表面充分湿润，无积水，而且掺添加剂的水泥砂浆防水层不论迎水面或背水面均须分两层铺抹，表面应压光，总厚度不应小于 20mm，水泥砂浆的稠度宜控制在 70～80mm，应随拌随用。水池结构阴阳角处，均应做成圆角，圆弧半径一般阴角为 50mm，阳角为 10mm。

（2）防水混凝土　用防水混凝土在池底及池壁的表面抹 20mm 厚，能极大地提高水池的抗渗漏性。防水混凝土一般有两种，一种是以调整混凝土配合比的办法提高其自身密实度和抗渗性的防水混凝土；另一种是在混凝土中掺入少量的加气剂（如松香酸钠或松香热聚物），使混凝土中产生大量微小而均匀的气泡，以改变毛细管性质来提高混凝土的抗渗漏性能。在施工时只有严格按照有关技术规范和操作规程施工，才能达到防水效果。

（3）油毡卷材防水层　水池外包防水，一般采用油毡卷材防水层。方法是：在池底干燥的素混凝土垫层或水泥砂浆找平层上浇热沥青，随即铺一层油毡，油毡与油毡之间搭接 5cm；然后在第一层油毡上再浇热沥青，随即铺第二层油毡，最后浇一道热沥青。

垂直的池壁，要想做得与底部一样，比较困难，质量得不到保证。设计时，在防水层外面加一层单砖墙，并在水池外壁混凝土浇筑之前，先将五层油毡防水层贴在单砖墙上，在浇筑水池内壁混凝土时将油毡压紧。另外，现在新型的 SBS 等防水材料的应用，极大地提高了防水性能。

2. 水池防冻处理

水池防冻处理法一般有下面两种。

1）在水池外侧填入排水性能较好的轻骨料，如矿渣、焦渣或级配砂石等，既能防冻又能解决地面排水。排水坡度不小于3%。

2）在池壁外增设防冻沟。它既可以防止冻土与池壁接触，又可以排除地面雨水等，还可以用作水池排水。

三、水池中钢筋加工注意事项

1）钢筋加工的形状尺寸必须符合设计和规范要求。钢筋的表面应清洁、无损伤、油渍、漆污和铁锈等，若有，在使用前必须清除干净。带颗粒状老锈的钢筋不得使用。

2）钢筋除锈，采用钢筋调直机在钢筋调直过程中除锈。

3）钢筋必须平直，无局部曲折，必须经调直之后才能使用和加工。

4）钢筋的弯钩或弯折应符合下列规定：

① HPB235 级钢筋末端均应作180°弯钩，其圆弧弯曲半径不小于钢筋直径的2.5倍，平直部分长度不小于钢筋直径的3倍。

② 当设计要求钢筋末端需作135°弯钩时，HRB335 级、HRB400 级钢筋的弯弧内径不应小于钢筋直径的4倍，弯钩的弯后平直部分长度按设计要求确定。

③ 弯起钢筋中间部分弯折处的弯曲半径 D 不小于钢筋直径的5倍。

④ 箍筋的末端作135°弯钩，其弯钩的弯曲直径大于受力钢筋的直径，且不小于箍筋直径的2.5倍，弯钩的平直长度不应小于箍筋直径的10倍。

⑤ 机械断料时，严格按配料单长度进行断料，保证断料正确。钢筋和切断机刀口要成垂线，并严格执行操作规程，确保安全。在切割断料过程中，如发现钢筋有劈裂、缩头或严重的弯头，必须切除。

⑥ 工程钢筋弯曲时，为保证加工质量，要求直径10mm以下加工时，按配料单尺寸在工作台上钉上钉子作为尺寸（弯曲点）的标志。

⑦ 弯曲粗钢筋及形状较复杂的钢筋时，必须在钢筋弯曲前，根据配料单上标明的尺寸，用粉笔画出弯曲点位置，必要时在工作台上画出实样，用钉子在工作台上控制钢筋的弯折点。

⑧ 第一根钢筋弯曲成型后，应根据配料单上标明的形状尺寸进行复核，符合要求后再成批加工。成型钢筋要求形状正确，平面上没有凹曲现象，弯曲点不得有裂纹。

⑨ 圆钢采用调直机调直后，对钢筋有局部弯曲的可采用扳手调直。

四、泵房

泵房是指安装水泵等提水设备的专用构筑物，其空间较小，结构比较简单。水泵是否需要修建专业的泵房应根据需要而定。在喷泉工程中，凡采用清水离心泵循环供水的均不设置泵房。

1. 泵房的作用

1）保护水泵。水泵是用来给喷泉供水的，其应固定且不宜长期暴露在外。修建泵房可避免水泵由于长期的风吹雨淋而生锈，影响运行，同时可以防止泥砂、杂物等侵入水泵，影响转动，降低水泵寿命甚至损坏水泵。

2）安全需要。水泵多采用三相异步电动机驱动，电动机额定电压380V，因此，为了安全起见也应将水泵安装在泵房内。潜水泵虽不需设置泵房，但也要将控制开关设于室内，控制箱应安装在离地面1.6m以上安全的地方。

3）景观需要。喷泉周围环境讲究整洁明快，各种管线不得暴露，因此，应设置泵房或采用其他方法掩饰，否则有碍观瞻。

4）利于管理。泵房内，各种设备可以长期处于配套工作状态，便于操作和检修，给管理带来方便。

2. 水泵选择

喷泉用水泵以离心泵、潜水泵最为普遍。单级悬壁式离心泵特点是依靠泵内的叶轮旋转所产生的离心力将水吸入并压出，它结构简单，使用方便，扬程选择范围大，应用广泛，常用的有 IS 型、DB 型。潜水泵使用方便，安装简单，不需要建造泵房，主要型号有 OY 型、QD 型、B 型等。水泵选择要做到“双满足”，即流量满足、扬程满足。离心泵型号的含义如图 5-9 所示。

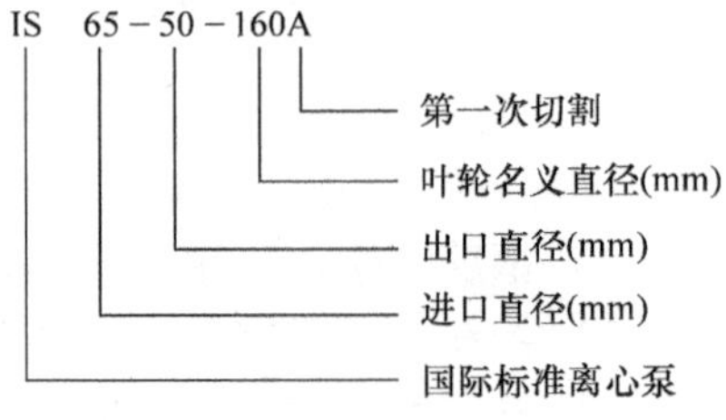

图 5-9 离心泵型号的含义

水泵的性能指标中的流量与扬程应稍微大于设计所需的流量与总扬程。在有多个水泵型号可供选择的情况下选择配套功率小、效率高的水泵。

水泵的出水口水流速度一般都较大，为减少水头损失，管路的直径取用一般应比水泵的口径略大。在水泵出水口安装渐变管，可做成同心式。选择管路，应尽量少用弯头、阀门、止逆阀，以减少水头损失。

3. 泵房的形式

根据泵房与地面的相对位置，泵房的形式可分为地上式、地下式和半地下式三种。

1）地上式泵房。泵房主体建在地面之上，同一般房屋建筑，多为砖混结构。因泵房建在喷泉附近，需占用一定面积，影响喷泉景观，故不宜单独设置，一般常与管理用房结合，便于管理。若需单独设置时，因控制体量，讲究造型和装饰，尽量与喷泉周围环境协调。地上式泵房具有结构简单、造价低、管理方便的优点，适用于中小型喷泉。

2）地下式泵房。泵房主体建在地面之下，同地下室建筑，多为砖混结构或钢筋混凝土结构，需做防水处理，避免地下水浸入。由于泵房建在地下而不占用地上面积，故不影响喷泉景观。但结构复杂，造价高，管理操作不便。地下式泵房适用于大型喷泉。

3）半地下式泵房。泵房主体建在地上与地下之间，兼具地上式和地下式两者的特点。

泵房需注意以下几个问题。

1）水泵进、出水管管径的确定。水泵在运行时，其进、出口处流速较高，可达到 3 ~ 4m/s。由于管道的阻力与流速的平方成正比，流速越高，阻力越大。如果进、出水管的管径与水泵的口径相同，由于流速较高，势必造成较大的阻力，从而降低了供水的稳定性。为此，应将进、出水管的管径加大，一般采用渐扩形式，以降低流速，减少阻力，使水流平稳。

2）当管径大于水泵口径时，需在进、出口处配置渐变管，使水泵与进、出管有过渡连接。渐变管长度可视其大小头直径差确定，一般取差数的 7 倍。

3）泵房用电要注意安全，开关箱和控制板的安装应符合规定。地下式泵房，要注意机房排水、通风。泵房内应配备灭火器等灭火设备。

4. 给水阀门井与排水阀门井

1）给水阀门井

喷泉用水一般由自来水供给。当水源引入喷泉附近时，应在给水管道上设置给水阀门井。给水阀门井内安装截止阀，根据给水需要，可随时开启和关闭，便于操作。给水阀门井一般为砖砌圆形，由井底、井身和井盖组成。井底一般采用 C20 混凝土垫层，井底内径不小于 1.2m（考虑下人操作）。井身采用 MU10 红砖，M5.0 水泥砂浆砌筑，井深不小于 1.8m（考虑人员站立高度）。井壁应逐渐向上收拢，且一侧应为直壁，便于设置铁爬梯上下。

2）排水阀门井

排水阀门的作用是连接由水池引出的泄水管和溢水管，使之在井内交汇，然后将其中的水排入排水管网。为便于控制，在泄水管道上应安装闸阀，溢水管应接于阀后，以确保排水通畅。排水阀门井的构造同给水阀门井。

【拓展训练】

1. 简述跌水景墙施工中伸缩缝、沉降缝及泄水孔的处理方法。
2. 水池施工中如何防漏、防冻？
3. 到现场参观某水景工程，提交施工方案一份。
4. 以小组为单位现场制作安装某水池施工，每组操作面积 3 ~ 5m^2。

1）了解项目基本资料和要求。

2）绘制水池草图。(参考项目一中图 1-3)。

3）施工步骤：水池放样→池底工程施工→池壁施工→压顶施工→试水验收。

任务二　自然池塘施工

自然式水景池岸线以自然曲线为主。在园林中模拟自然的水面，结合置石、地形、花木种植设计成自然式水景。水体多为自然或半自然形体的静水池，强调水际线的自然变化，水面收放有致，有着一种天然野趣的意味。人工修建或经人工改造的自然式水体，由泥土、石头或植物收边，适合自然式庭院。

【工作流程】

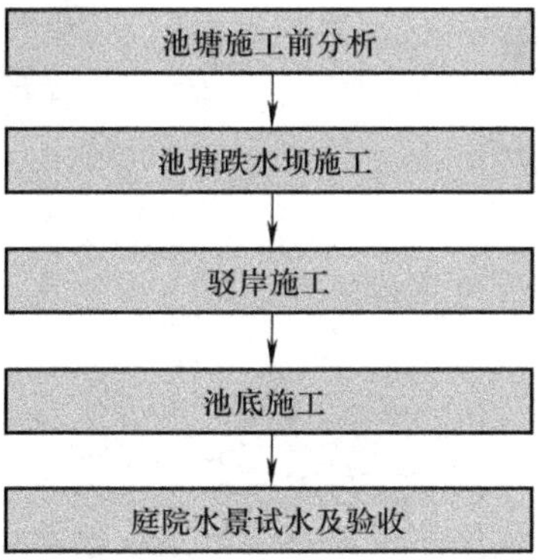

【操作步骤】

步骤一：池塘施工前分析

杭州天香会所池塘位于庭院南侧，采用自然式布局。水源为上游水库，一方面起到造景作用，另外一方面也有泄洪的功能。整体池塘高差较大。本工程通过合理改造，使庭院景观更自然。本水景工程包括了自然式水池、块石驳岸、挡土墙、水景墙、跌水坝等，如图5-10

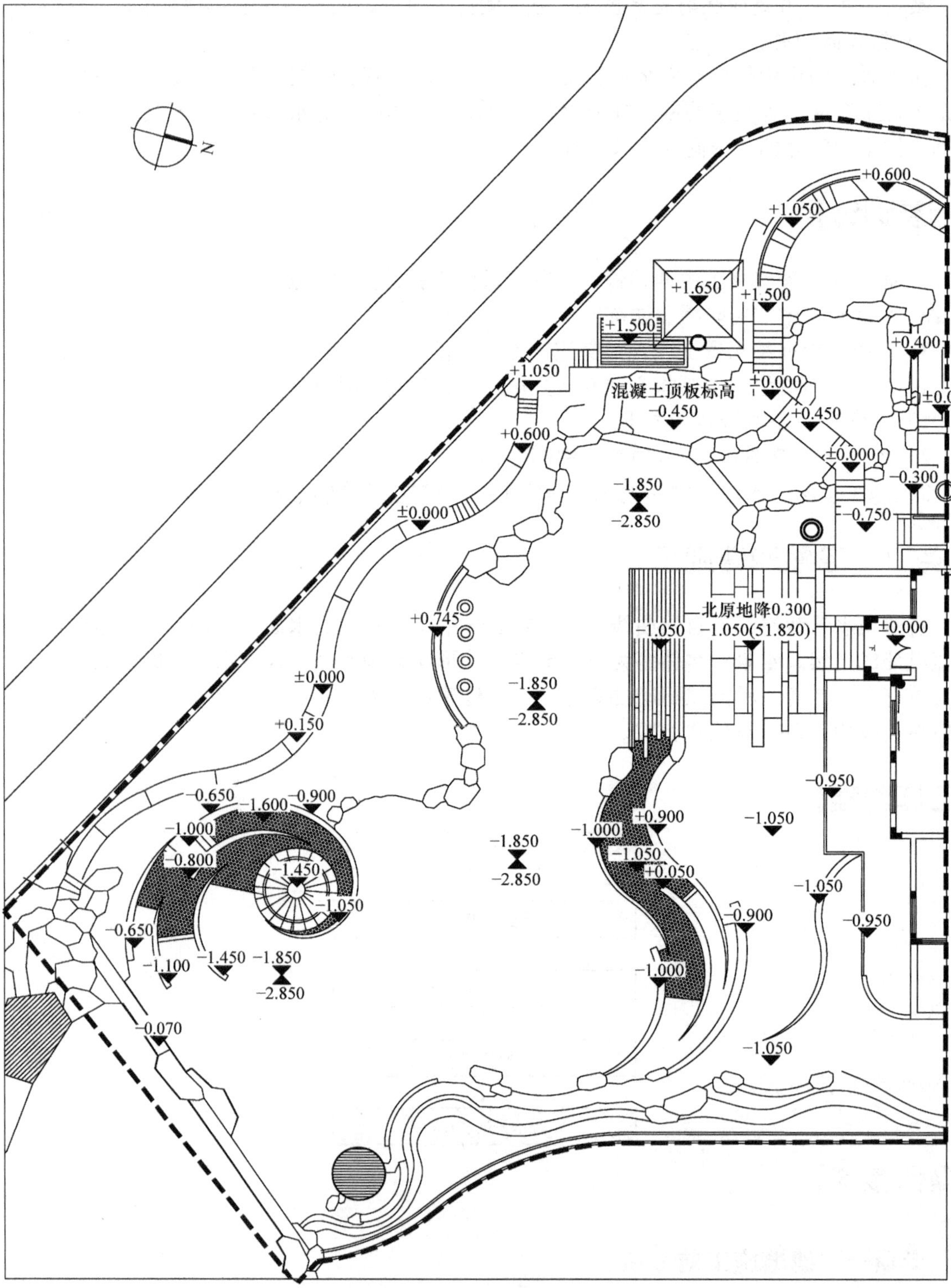

图5-10　天香会所池塘设计平面图

所示。需要根据图纸确定好施工的顺序，在前期土方完成后先进行管线的布置和园林建筑小品施工。水池施工前检查这些设施结构是否安装完毕并进行验收，合格后方可进行池塘施工。池塘施工主要是指驳岸护坡、拦水坝及池底的施工。根据池塘施工图纸选择好施工工艺，并准备好所需要的材料、机械设备及辅助设施。考虑池塘兼有泄洪的功能，因此在施工时考虑在水流主通道的一侧设置三根泄洪管（图 5-11），水量大时便于排水。

图 5-11　泄洪管

步骤二：池塘跌水坝施工

杭州天香会所庭院由于高差大，因此设计上考虑了两个跌水坝，既满足了功能也丰富了景观效果。跌水坝下部挡土墙采用钢筋混凝土结构，上部用块石压顶，标高根据设计图的要求来定，如图 5-12 所示。

庭院与图 5-10 所示粗虚线外湖交接处的跌水坝有部分位于水中，故需要在驳岸外侧筑围堰，一般采用圆木桩围堰。采用挖掘机开挖土方时，尽量将土向池塘外甩，在离驳岸外边线 0.5m 处开始进行围堰。堰边坡采用 1∶1.5，顶高高出现池塘水位 80cm，顶宽 150cm 以上。在机械开挖基坑土方结束后，用人工对驳岸边坡及驳岸顶进行修正，以保证其坡度及不漏水。在土质较差的地段，还需要在驳岸两侧打圆木桩，以防止土方向河中坍塌，影响跌水坝的安全。

1. 基础施工

跌水坝的基础开挖前，用石灰粉撒出基础的开挖边线，并在临近位置打入水平桩，在水平桩上标记出开挖深度。开挖时根据基础地下水位情况处理基础，如无明显出现地下水，将基础按设计要求尺寸平整夯实即可。如预见地下水水位较高将涌入基础，可沿基础两边分别加宽开挖 300mm，作为预留施工工作面和集水井排水明沟布设位置，具体根据施工现场地下水位情况而定。为保证稳定，在基础上铺以厚 10cm 的砾石层，并加以夯实，然后浇筑混凝土垫层。

2. 跌水坝挡土墙施工

跌水坝挡土墙主要采用现浇钢筋混凝土结构，共两层。下层先安装基础钢筋，再包模板现浇基础混凝土，如图 5-13 所示。待基础混凝土浇筑完且强度达到 2.5MPa 后，进行墙身钢筋安装，如图 5-14 所示。预制钢筋混凝土挡土墙的基础钢筋分两次安装，第一次安装最底层的钢筋，基础达到一定强度，安装好预制墙身后，再安装第二阶的基础钢筋，如图 5-13 所示。

施工完毕后将墙抹灰（图 5-15）。抹灰的前两天应将墙面扫清，用水洗刷干净，并用薄钢板将所有灰缝刮一下，要求凹进 1～1.5cm。应采用强度等级为 42.5 的普通水泥配制水泥砂浆，配合比为 1∶2，必须称量准确，可掺适量防水粉，拌和要均匀。在抹第一层底层砂浆时，应用铁板用力将砂浆挤入砖缝内，增加砂浆与砖壁的黏结力。底层灰不宜太厚，一般在 5～10mm；第二层将墙面找平，厚度 5～12mm；第三层面层进行压光，厚度 10～15mm。

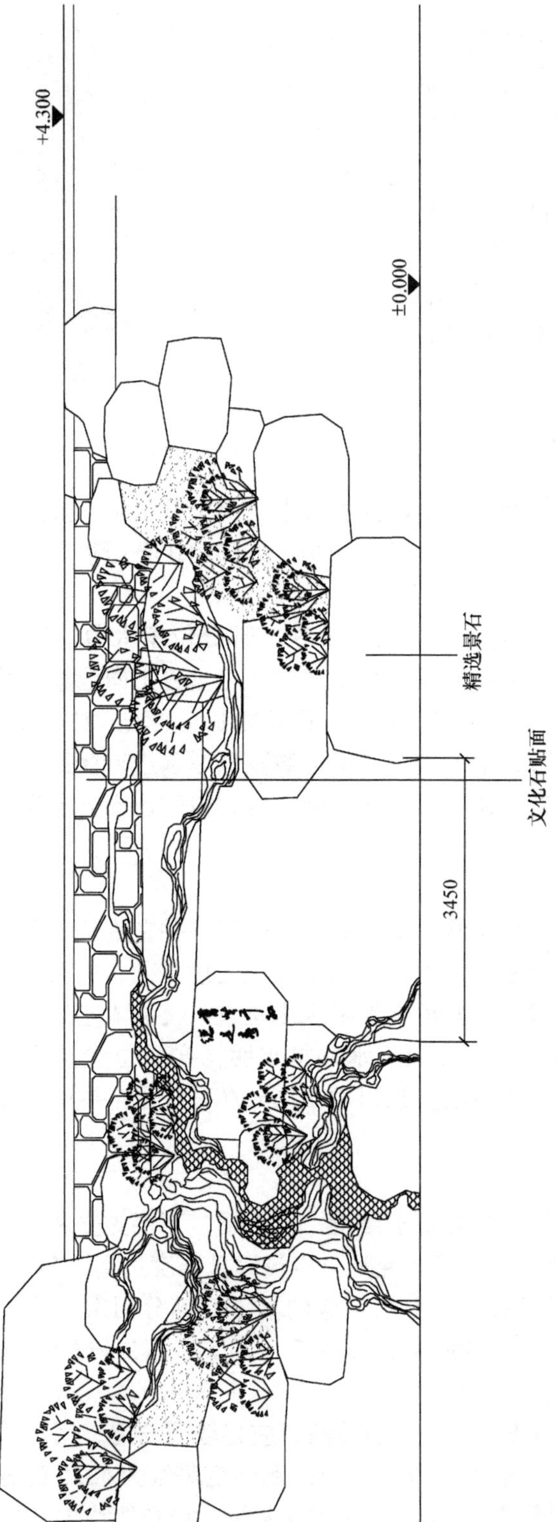

图 5-12 跌水坝立面设计图

图 5-13 跌水坝挡土墙下层施工

图 5-14 跌水坝挡土墙上层施工

3. 防水处理

跌水坝旁防水采用油毡卷材防水层（图 5-16）。铺贴方向采用卷材垂直于水流的方向。铺贴应从低往高，应用力均匀，不存空气为好。铺贴各层油毡搭接宽度：长边不小于 70mm，短边不小于 100mm。

图 5-15 跌水坝挡土墙抹灰

图 5-16 油毡卷材防水处理

4. 安置跌水枕石

施工中可能要吊装一些巨石，因此在有条件的情况下，配备一台起重机。如不能保证有一台起重机在施工现场随时待用，也应做好用车计划，在需要吊装巨石的时候临时性地租用起重机。枕石安放时注意平整面朝下，枕石体量大的安置中间，两侧用小的块石嵌入，并用水泥砂浆黏结（图 5-17）。

图 5-17 安置跌水枕石

步骤三：驳岸施工

图 5-18 所示，驳岸的主体材料为长宽 1 ~ 2m 的大

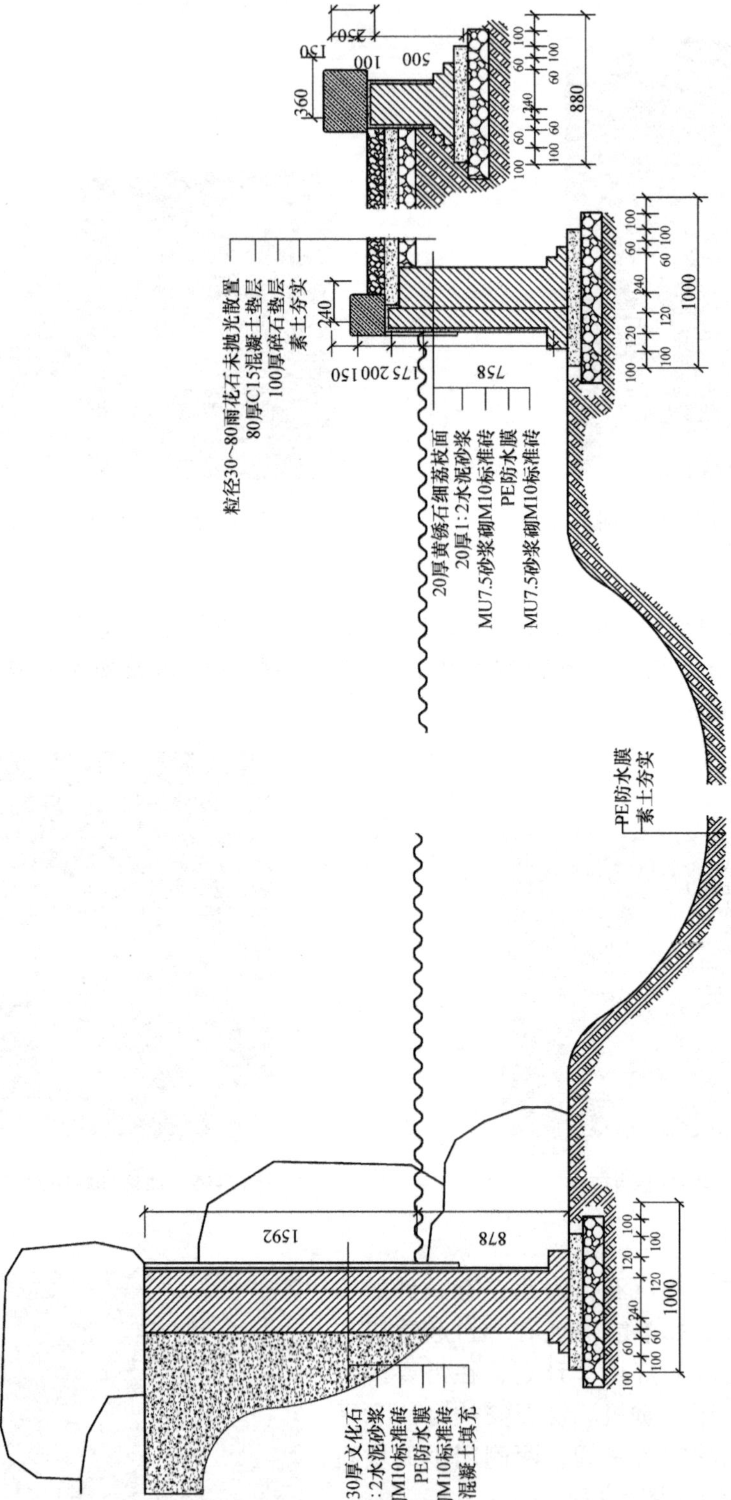
粒径30~80雨花石未抛光散置
80厚C15混凝土垫层
100厚碎石垫层
素土夯实
20厚黄锈石细荔枝面
20厚1:2水泥砂浆
MU7.5砂浆砌M10标准砖
PE防水膜
MU7.5砂浆砌M10标准砖
PE防水膜
素土夯实
30厚文化石
20厚1:2水泥砂浆
MU7.5砂浆砌M10标准砖
PE防水膜
MU7.5砂浆砌M10标准砖
混凝土填充
1592
878
758
1000
880
360
240
500
250
150
100
175 200 150

图 5-18　池塘剖面图

型自然块石。驳岸施工时必须结合所处庭院的自然风格、地形地貌、地质条件、材料特性、种植特色以及施工方法、技术经济要求等来选择其结构形式，在实用、经济的前提下注意外形的美观，使其与周围景色协调。

1. 定点放样

人员及机械进场后，首先按设计平面图进行总体上的放样，用石灰线放出驳岸的土方开挖样线，并按施工规范引测水准测量点，沿线每5～10m即设一临时水准点。布点放线还应根据设计图上的常水位线，确定驳岸的平面位置。放样时需要综合考虑驳岸和已建造好的小品等之间位置。

2. 驳岸基础施工

驳岸施工前要注意避免基础部分积水。由于庭院原有的水池不满足设计图纸要求，因此应对驳岸沿线的地形加以处理。采用人工结合挖掘机的方式开挖基础的槽坑。挖掘范围按地面的基础施工边线，挖槽深度一般为设计的基础层厚度。然后，按照基础设计所要求的配合比，将水泥、砂和卵石搅拌配制成混凝土，浇筑于基槽中并捣实铺平。待混凝土充分凝固硬化后方可放置块石。

3. 安置块石

块石施工的主要工作内容是基础块石、中层块石和顶层块石三部分的施工。基础块石是直接作用于驳岸底部的垫脚石，要选择质地坚硬、形状安稳实在、少有空穴的山石材料，以保证能够承受驳岸的重压。做脚，就是用块石砌筑成山脚，它是在驳岸的上面部分石形石势大体施工完成以后，在紧贴起脚石外缘处拼叠山脚，以弥补起脚造型不足的一种操作技法。所做的山脚石虽然无需承担山体的重压，但却必须与驳岸的上部造型相协调，既要表现出驳岸自然的效果，又要增强驳岸的变化。

驳岸体块石的施工，主要是通过吊装、堆叠、砌筑操作，完成驳岸的造型。块石吊装到天香会所池塘设计平面图所示位置，经过位置、姿态的调整后，就要将块石固定在一定的状态上，注意块石中心的位置，块石之间采用水泥砂浆填缝。在布置中，要注意将最好看的一面向着主要的观赏方向。如有三层以上块石，注意顶层块石一般要比中层块石体量大些或错落布置，切忌大小一样的块石均匀布置。为了尽量自然，部分块石驳岸与挡土墙有些穿插。块石安置过程不仅仅是单纯的施工过程，还是艺术的现场设计搭配过程，需要施工员有一定的艺术水准，如不具备需要请相关设计单位人员现场进行指导，见图5-19。

图5-19　驳岸块石安置

步骤四：池底施工

池底直接承受水的竖向压力，要求坚固耐久。池底多用钢筋混凝土，一般厚度大于20cm。施工前先将现场清理干净，铺设10cm厚碎石垫层（图5-20），可增加稳定性，改善软弱地基，而且可以起到扩散应力的作用，同时加速下部土层的固结和下沉。碎石铺设均匀后，在其表面铺设6号钢丝网，以增强池底混凝土的抗裂性（图5-21）。

图 5-20　池底铺设碎石

图 5-21　池底铺设钢丝网

池底铺设完钢丝网后开始铺设钢筋（图 5-22）。在绑扎钢筋时，应详细检查钢筋的直径、间距、位置、搭接长度、上下层钢筋的间距、保护层及预埋件的位置和数量，看其是否符合设计要求。

浇筑混凝土前，应先施工完成好各种管线，并进行验收。由于池底铺设面积较大，浇筑混凝土时采用机械泵送商品混凝土。泵送混凝土输送管根据场地中水池条件现场进行安装（图 5-23），尽量缩短管线长度，少用弯管和软管。输送管的铺设应保证安全施工，便于清洗管道、排除故障和装拆维修。泵送混凝土时，混凝土泵的支腿应完全伸出，并插好安全销（图 5-24）。开始泵送时，混凝土泵应处于慢速、匀速并随时可反泵的状态。泵送速度应先慢后快，逐步加速。同时，应观察混凝土泵的压力和各系统的工作情况，待各系统运转顺利后，方可以正常速度进行泵送（图 5-25）。

图 5-22　池底铺设钢筋

图 5-23　池底输送管的安装

图 5-24　混凝土泵

图 5-25　泵送混凝土

同一区域的混凝土，应按先竖向结构后水平结构的顺序，分层连续浇筑。当不允许留施工缝时，区域之间、上下层之间的混凝土浇筑间歇时间不得超过混凝土初凝时间。当下层混凝土初凝后，浇筑上层混凝土时，应先按留施工缝的规定处理。振捣泵送混凝土时，振动棒移动间距宜为400mm左右（图5-26），振捣时间宜为15～30s，且隔20～30min后进行第二次复振。混凝土初凝时表面积水需要及时排干（图5-27）。

图5-26　振捣泵送混凝土

图5-27　混凝土初凝

步骤五：庭院水景试水及验收

施工完毕后进行放水试验。检查池体的安全性、平整度、有无渗漏，水形、光色与周边环境是否协调统一。而后封闭排水孔，打开上游水源分几次放水，注意观察水流和岸壁，连续观察7d，做好水面升降记录。外表无渗漏现象及水位无明显降落即达到设计要求，说明施工合格。

【知识链接】

一、自然式水池池底施工技术

目前国内较为常见的池底结构有以下几种（图5-28）。

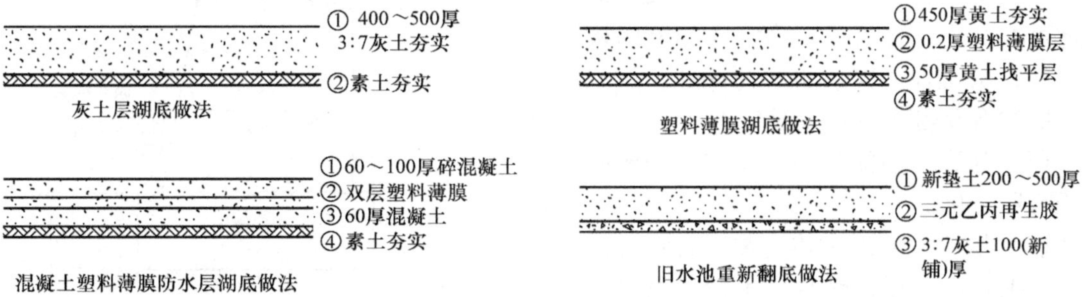

图5-28　常见池底结构

（1）灰土层池底　当池底的基土为黄土时，可在池底做40～50cm厚的3∶7灰土层，并每隔20m留一伸缩缝。

（2）聚乙烯薄膜防水层池底　当基土微漏，可采用聚乙烯防水薄膜池底做法。

（3）混凝土池底　当水面不大，防漏要求又很高时，可以采用混凝土池底结构。这种结构的水池，如其形状比较规整，则50m内可不做伸缩缝。如其形状变化较大，则在其长度约20m并在其断面狭窄处做伸缩缝。一般池底可贴蓝色瓷砖或水泥加入矿物颜料，进行色彩上的变化，增加景观美感。

二、混凝土砖砌池壁施工技术

用混凝土砖砌造池壁大大简化了混凝土施工的程序。但混凝土砖一般只适用于古典风格或设计规整的水池（图5-29）。混凝土砖10cm厚，结实耐用，常用于池塘建造；也有大规格的空心砖，但使用空心砖时，中心必须用混凝土浆填塞。有时也用双层空心砖墙中间填混凝土的方法来增加池壁的强度。

图5-29　混凝土砖砌池

用混凝土砖砌池壁的一个好处是，池壁可以在池底浇筑完工后的第二天再砌。一定要趁池底混凝土未干时将边缘处拉毛，池底与池壁相交处的钢筋要向上弯伸入池壁后或池壁中间，以加强结合部的强度。由于混凝土砖是预制的，所以池壁四周必须保持绝对的水平。砌混凝土砖时要特别注意保持砂浆厚度均匀。

三、驳岸的结构形式

园林中使用的驳岸形式主要以重力式结构为主。重力式驳岸主要依靠墙身自重来保证岸壁稳定，抵抗墙背土压力。重力式驳岸按其墙身结构分为整体式、方块式、扶壁式；按其所用材料分为浆砌块石、混凝土及钢筋混凝土结构等。

由于园林中驳岸高度一般不超过2.5m，因此可以根据经验数据来确定各部分的构造尺寸，从而省去繁杂的结构计算。园林驳岸的构造及名称如下（图5-30）。

（1）压顶　驳岸的顶端结构，一般向水面有所悬挑。

（2）墙身　驳岸主体，常用材料为混凝土、毛石、砖等，有时用木板、毛竹板等作为临时性的驳岸材料。

（3）基础　驳岸的底层结构，作为承重部分，厚度常为400mm，宽度在高度的0.6～0.8倍范围内。

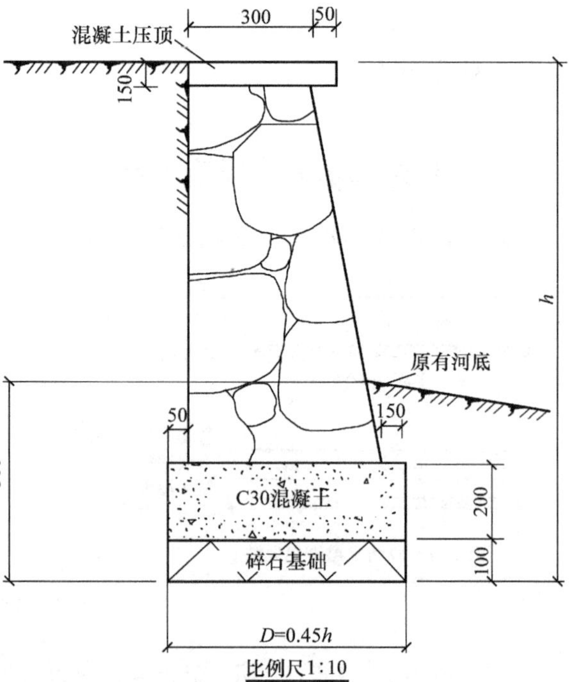

图5-30　驳岸构造示意图

(4) 垫层　基础的下层，常用矿渣、碎石、碎砖等整平地坪，以保证基础与土层均匀接触。

(5) 基础桩　增加驳岸的稳定性，是防止驳岸滑移或倒塌的有效措施，同时也兼起加强土基承载能力的作用。材料可以用木桩、灰土桩等。

(6) 沉降缝　由于墙高不等，墙后土压力不同、地基沉降不均匀等时必须考虑设置的断裂缝。

(7) 伸缩缝　避免因温度等变化引起破裂而设置的缝。一般10～25m设置一道，宽度一般采用10～20mm，有时也兼作沉降缝用。

四、破坏驳岸的主要因素

驳岸可以分成湖底以下基础部分、常水位以下部分、常水位与最高水位之间的部分和不淹没的部分，不同部分其破坏的因素不同。驳岸湖底以下基础部分的破坏原因包括以下几点。

1) 不均匀沉降使驳岸出现纵向裂缝甚至局部塌陷。

2) 在寒冷地区水深不大的情况下，可能由于冻胀而引起基础变形。

3) 木桩做的桩基因受腐蚀或生物性破坏而朽烂。

4) 在地下水位很高的地区会产生浮托力，影响基础的稳定。

常水位以下的部分常年被水淹没，其主要破坏因素是水浸渗。在我国北方寒冷地区，因水渗入驳岸内再冻胀，易使驳岸胀裂或造成驳岸倾斜、位移。不淹没部分的岸壁又是排水管道的出口，如安排不当，亦会影响驳岸的稳固。常水位至最高水位这一部分经受周期性的淹没。如果水位变化频繁，则对驳岸也形成冲刷腐蚀的破坏。

五、园林护坡其他类型

护坡是保护坡面、防止雨水径流冲刷及风浪拍击岸坡造成破坏的一种水工措施。自然的缓坡能产生自然亲水的效果。与驳岸的区别在于护坡没有驳岸那样近乎垂直的岸墙，而是在土坡上采用合适的方式直接铺筑各种材料。

(1) 编柳抛石护坡　这是将块石抛置于绕柳橛十字交叉编织的柳条框格内的护坡方法。柳条发芽后便成为较好的护坡设施，富有自然野趣。

(2) 铺石护坡　当坡岸较陡、风浪较大或因造景需要时可采用铺石护坡，即在整理好的岸坡上密铺块石，最好选用相对密度大、吸水率小的石块。石块的直径为18～25cm，长宽比宜为1∶2。

铺石护坡应有足够的透水性以减少土壤从护坡上面流失。因此，需在块石下面设倒滤层垫底（厚10～25cm），并在护坡坡角设挡板。水的流速较小时，可用砾石或直接用粗砂作倒滤层。若流速较大，则应以碎石作垫层。水深2m以上时，护坡被水淹没部分可考虑采用双层铺石。此外，当护坡块石用砂浆勾缝时（干砌则不用），还需要设置伸缩缝和泻水孔。伸缩缝间距20～25m，泄水孔间距5～20m。

(3) 草皮护坡　适用于坡度在1∶5～1∶20之间的湖岸缓坡，可用假俭草、狗牙根等。

(4) 灌木护坡　适用于大水面平缓的坡岸。可用沼生植物。

(5) 台阶式护坡　在亲水性景观设计中经常运用。水的深浅设计都应满足人的亲水性要求，台阶尽可能贴近水面，以人手能触摸到水为最佳。

（6）石笼护坡　石笼网也叫铅丝笼，是由金属线材编织的角形网（六角网）制成的网箱。在工程现场向石笼网内填充一定规格的、满足一定要求的石料，以形成自透水的、柔性的、生态的防护结构。

六、喷泉施工技术

1. 安装前设备检查

1）设备安装前，每批（同牌号、同规格、同型号）应抽查10%。如有漏裂不合格的，应再抽查20%，如仍有不合格的则须逐个试验。阀门强度和严密性试验压力应以阀门出厂规定的压力为准。做好阀门试验记录。

2）阀门安装时，应仔细核对阀件的型号与规格是否符合设计要求。阀体上标示箭头应与介质流动方向一致。

3）喷泉喷嘴安装，位置应符合设计要求，便于操作。

4）管道试压吹洗。管道试压按系统分段进行，既要满足规范要求，又要考虑管材和阀件因高程静压增加的承受能力。水压强度试验的测试点设在管网的最低点。对管网注水时，应先将管网内的空气排净，并缓缓升压，达到试验压力后，稳压30min，目测管网，应无泄漏和无变形，且压力降不应大于0.05MPa。

2. 管道布置

当喷头位置确定后，就要考虑管网的布置。喷泉管网主要由吸水管，供水管、补给水管、溢水管及供电线等组成，如图5-31所示。以下是管网布置时应注意的几个问题：

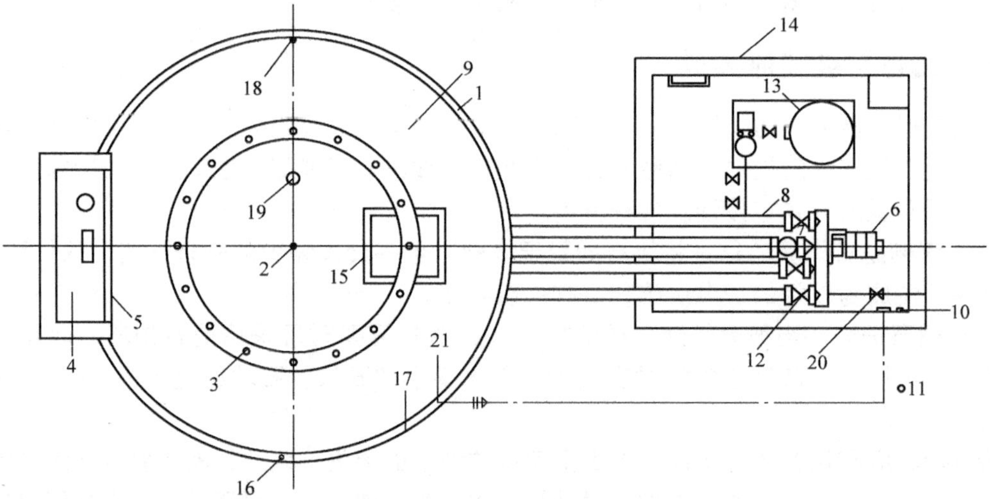

图5-31　喷泉工程的给排水系统

1—喷水池　2—加气喷头　3—装有直射流喷头的环状管　4—高位水池　5—堰　6—水泵　7—吸水滤网　8—吸水关闭阀　9—低位水池　10—风控制盘　11—风传感计　12—平衡阀　13—过滤器　14—泵房　15—阻涡流板　16—除污器　17—真空管线　18—可调眼球状进水装置　19—流排水口　20—制水位的补水阀　21—液位控制器

1）喷泉管道要根据实际情况布置。装饰性小型喷泉，其管道可直接埋入土中，或用山石、矮灌木遮盖。大型喷泉，分主管和次管，主管要敷设在可通行人的地沟中，为了便于维修可设检查井；次管直接置于水池内。管网布置应排列有序，整齐美观。

2）环形管道最好采用十字形供水，组合式配水管宜用分水箱供水，其目的是要获得稳定等高的喷流。

3）为了保持喷水池正常水位，水池要设溢水口。溢水口面积为进水口面积的 2 倍，要在其外侧配备拦污栅，但不得安装阀门。溢水管要有 3% 的顺坡，直接与泄水管连接。

4）补给水管的作用是启动前的注水及弥补池水蒸发和喷射的损耗，以保证水池正常水位。补给水管与城市供水管相连，并安装阀门控制。

5）泄水口要设于池底最低处，用于检修和定期换水时的排水。沟底管径 100mm 或 150mm，也可按计算确定。泄水口管道应安装单向阀门，和公园水体或城市排水管网连接。

6）连接喷头的水管不能有急剧变化，要求连接管至少有 20 倍其管径的长度，若不足时，需安装整流器。

7）喷泉所有的管线都要具有不小于 2% 的坡度，便于停止使用时将水排空。所有管道均要进行防腐处理。管道接头要严密，安装必须牢固。

8）管道安装完毕后，应认真检查并进行水压试验，保证管道安全，一切正常后再安装喷头。为便于水型的调整，每个喷头都应安装阀门控制。

9）喷泉照明多为内侧给光，给光位置为喷高 2/3 处。照明线路采用防水电缆，以保证供电安全。

10）在大型的自控喷泉中，管线布置极为复杂，应安装功能独特的阀门和电器元件，如电磁阀，时间继电器等，并配备中心控制室，用以控制水形的变化。

3. 喷泉电缆敷设

1）电缆敷设前应对电缆进行详细检查。规格、型号、截面电压等级均要符合设计要求，外观无扭曲、坏损现象，并进行绝缘摇测或耐压试验。

2）电缆盘选择时，应考虑实际长度是否与敷设长度相符，并绘制电缆排列图，减少电缆交叉。

3）敷设电缆时，按先大后小、先长后短的原则进行，排列在底层的先敷设。

4）标志牌规格应一致，并有防腐性能。

5）开关箱等低压电气的安装须格外注意观感质量、标高位置要正确可靠。

4. 喷泉的照明安装

喷水的姿态可以用水下彩灯的照射来衬托。尤其是照射水幕、喷水溅落之处和喷射的顶端时，通过水珠的反射使水的姿态更加鲜明艳丽而又朦朦胧胧。照射的方向、位置与喷水姿态有关。喷泉的照明要求比周围环境有更高的亮度。在周围明亮时，喷水的先端应有 100 ~ 200Lx 的照度，在周围暗的场合，需要 50 ~ 100Lx 的照度。喷射的高度不同，需要的灯具的功率也不同。

喷泉照明根据灯具与水面的位置关系可分为水上照明和水下照明两种方式。水上照明，灯具多安装于邻近的水上建筑设备上，此方式可使水面照度分布均匀，但往往使人们眼睛直接或通过水面反射间接地看到光源，产生眩光，故应加调整。水下照明，灯具多置于水中，导致照明范围有限。灯具为隐蔽和发光正常，宜安装于水面以下 100 ~ 300mm。水下照明可以欣赏水面波纹，并且由于光是由喷水下面照射的，因此当水花下落时，可以映出闪烁的光。水下照明采用光源以金属卤化物灯、白炽灯为佳，而水下光的颜色以黄、蓝色系统易识别，也传得较远。

水下照明应注意以下事项。

1）照明灯具应密封防水并具有一定的机械强度，以抵抗水浪和意外的冲击。

2）水下布线应满足水下电气设备施工相关技术规程规定。为防止线路破损漏电，需常检验。严格遵守“先通水浸没灯具，后开灯；再先关灯，后断水”的操作规程。

3）灯具要易于清扫和检验，防止异物和浮游生物的附着积淤。宜定期清扫换水，添加灭藻剂。

4）灯光的配色，要防止多种色彩叠加后得到白色光，造成局部消失彩色。当喷头四周配置各种彩灯时，喷头背后色灯的颜色要比游客身边灯的色彩鲜艳。要将透射比高的色灯（黄色、透明色）安放到水池边近游客的一侧，同时也相应调整灯对光柱照射部位，以加强表达效果。

5）电源输入方式

电源线用水下电缆，其中一根应接地，并要求有漏电保护。当电源线通过镀锌钢管在水池底接到需要装灯的地方时，将管子端部与水下接线盒输入端直接连接，再将灯的电缆穿入接线盒的输出孔中密封即可。

5. 喷泉验收质量检查

施工单位验收时，除结构构造要求外，喷泉要能正常工作。检查水、电管线的安装情况。通过试水，主要针对其水形、水的动态及声响等检查技术、艺术是否达到设计要求。

【拓展训练】

1. 简述破坏驳岸的因素。
2. 池底泵送混凝土浇筑时的注意事项？
3. 论述钢筋混凝土水池池底施工的工艺流程。
4. 根据图5-32所示庭院，提出自然水池主要施工技术要点及注意事项。

图5-32　×××庭院效果图

项目六

园林建筑及小品施工

知识要求：

1. 了解景观亭的施工流程和施工工艺；
2. 了解廊架结构和施工方法；
3. 理解景墙施工工艺，掌握景墙的施工方法；
4. 了解园桥的基础施工特点，并能制定施工方案以及施工顺序的安排；
5. 掌握不同材料园林小品的施工工艺及步骤。

技能要求：

1. 会查找和搜索砌体材料相关的文献资料；
2. 能识读园林建筑及小品的剖面图及结构图；
3. 会景观亭施工方法；
4. 会廊架的安装施工；
5. 会园桥安装时的施工工艺；
6. 能进行简单园林建筑的放样；
7. 会园林小品工程的施工和装饰方法。

素质要求：

1. 培养对园桥材料分类整理的能力；
2. 培养学生独立思考问题的能力；
3. 培养学生对廊及廊架的审美意识；
4. 培养学生现场发现问题及解决问题的能力；
5. 培养学生完成廊架施工方案的团队合作能力；
6. 养成学生现场仔细观察细部材料的习惯；
7. 养成外出考察自觉遵守纪律的态度。

项目学习引言

庭院中涉及的园林建筑及小品种类繁多，它们的功能简明，体量小巧，富于神韵，立意有章，精巧多彩，有高度的艺术性。庭院中的园林建筑及小品是讲究适得其所，经常成为庭院中视线的焦点和功能的核心，其与环境相结合使得庭院景观更为丰富，富有变化。园林建筑及小品对活跃庭院空间环境，点缀环境景观起到十分重要的作用。

本项目重点介绍了景观亭施工、花架施工、景墙施工、园桥施工及小品类施工。根据杭州天香会所庭院工程案例，本项目将涵盖的园林建筑小品施工工艺流程进行分析，并通过图片更为明显地展示施工过程。在施工园林建筑及小品时经常穿插其他项目，如水电等项目，但为了突出重点，本部分将其他项目的施工工艺重点放在其他相关项目章节中阐述。园林建筑及小品具有很强的装饰性，因此在施工中除了要关注本身的结构，还要合理利用现场的条件进行适当的调整，优化设计方案，使施工的工艺更为细腻，从而使得园林建筑及小品更为精致，成为庭院中的画龙点睛之物。

任务一　景观亭施工

庭院中的景观亭是一种供人休息和观景用的园林建筑，其风格根据整体庭院和建筑来定，如现代简欧、中式或东南亚等风格形式。庭院中景观亭具有体积不大、用料较少、设计灵活、建筑方便等特点，很适合园林布局的需要，可在半山上建造亭、临水建亭、平地建亭。布局中结合庭院的池塘、山石、溪涧、平地以及苍松翠柏等林地，使亭成为庭院园林景观空间的重要点缀建筑物。亭的特点是周围开敞，在造型上相对小而集中。

【工作流程】

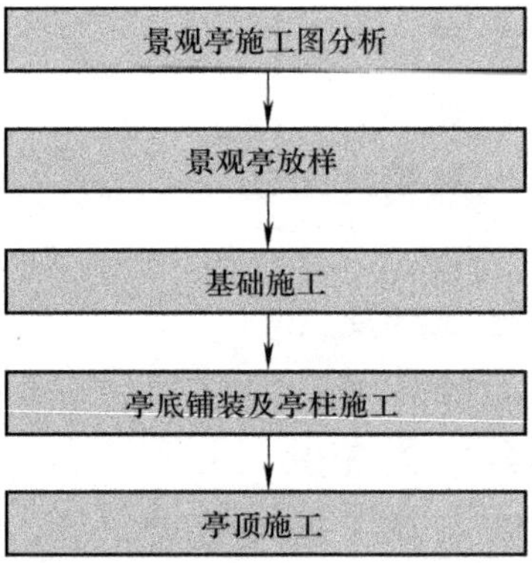

【操作步骤】

步骤一：景观亭施工图分析

杭州天香会所景观亭位于建筑西北侧庭院中地势较高的地段，是庭院休闲观景的好去处。主体采用木结构，亭顶采用草顶。景观亭施工图主要包括平面、立面和剖面，反映景观亭的结构，如图 6-1 所示。

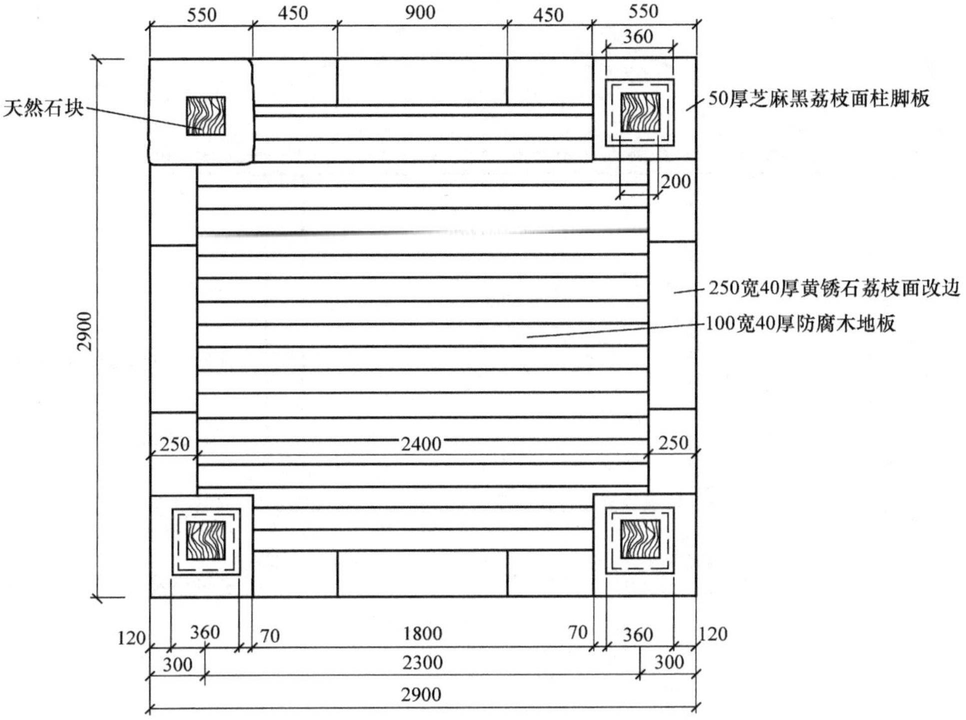

亭底平面图

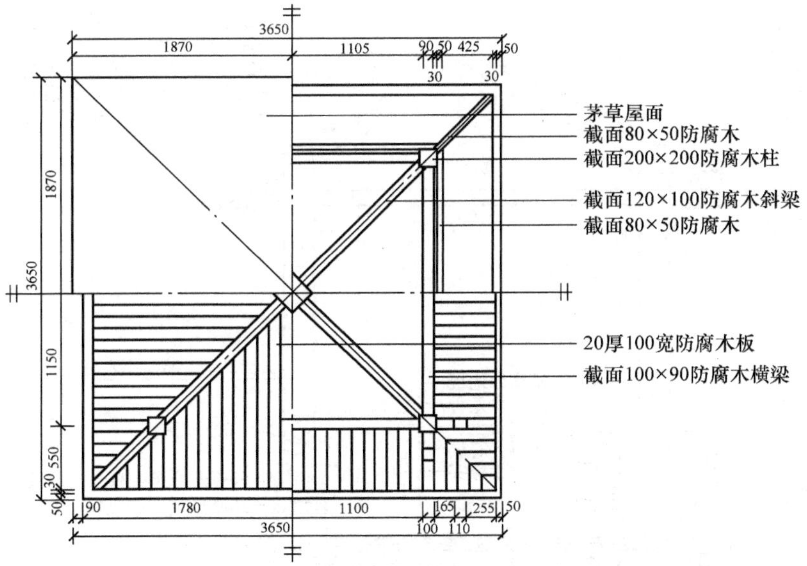

亭顶平面图

图 6-1　景观亭施工图

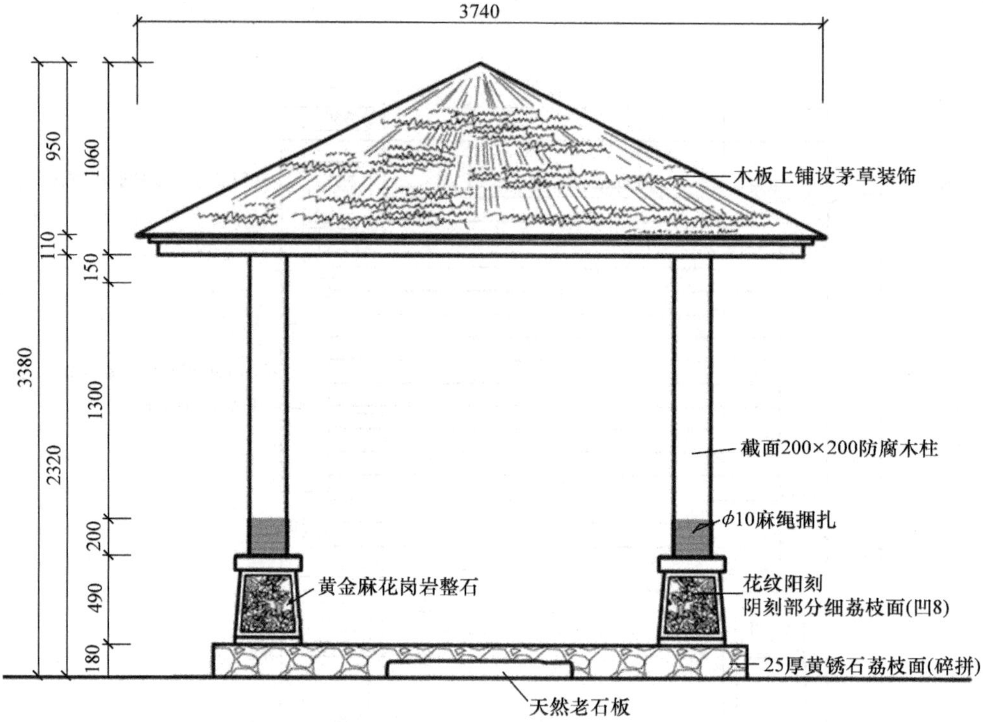

亭立面图

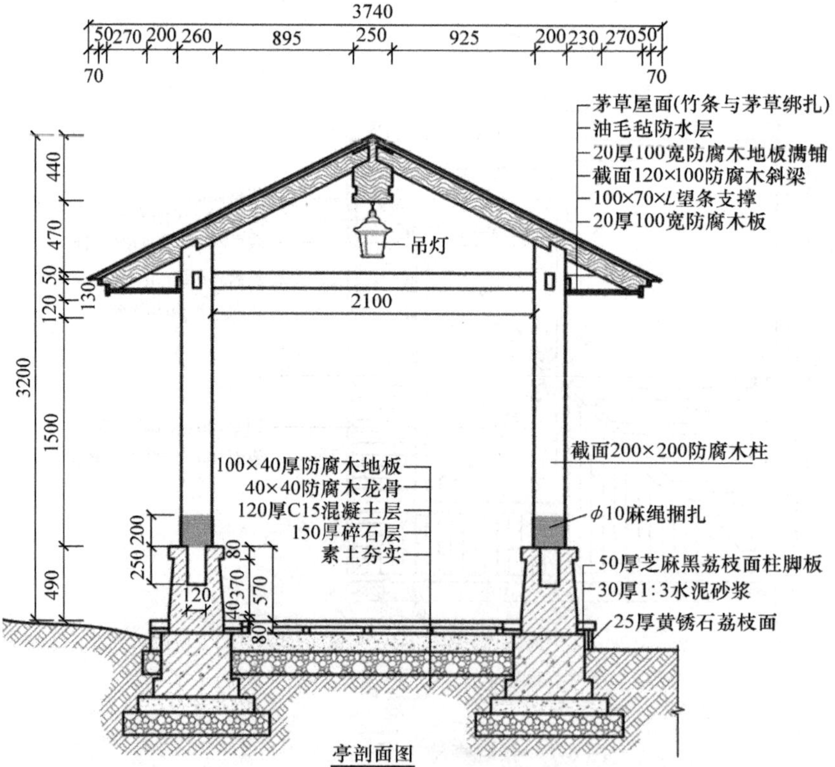

亭剖面图

图 6-1　景观亭施工图（续）

认真分析施工图，对施工现场进行详细踏勘，做好施工准备。从景观亭施工图上反映出施工对象的尺寸及主要材料。亭底铺装采用木栈平台，亲和力较强；亭柱基座采用花岗岩雕刻板；柱体和亭顶采用木结构，顶部茅草覆盖。根据图纸和现场分析，其中一根柱立于场地中的置石上不加修饰，彰显场地精神，设计更为巧妙。应根据图纸和施工方案配备好施工技术人员、施工机械及施工工具，按计划购入施工材料。

步骤二：景观亭放样

在施工现场引进高程标准点后，撒石灰粉控制出景观亭基面界线，然后按照基面界线向外放宽后进行地形的平整。放线时注意区别桩的标志，如角桩、台阶起点桩、柱桩等。应用全站仪可实现自动测角、自动测距、自动计算和自动记录。

步骤三：基础施工

根据现场施工条件确定挖方方法，采用人工平整场地。场地平整时要注意基础厚度及加宽的要求。平整至设计标高后，将土夯实再在亭底周围铺设碎石垫层，如图6-2所示。景观亭采用钢筋混凝土条形基础，先在夯实的碎石层上浇灌混凝土垫层，浇完1~2天后在垫层面测定底板中心，再根据设计尺寸进行放线，定出柱基以及底板的边界线，画出钢筋布线，依线绑扎钢筋，接着安装柱基和底板的模板。在绑扎钢筋时，检查钢筋是否符合设计要求，上下钢筋应以铁撑加以固定，使之在浇捣过程中不发生变位，如图6-3所示。底板要一次浇完，不留施工缝。混凝土浇捣可用平板浇捣，也可用插入式振动。混凝土浇筑后要做好混凝土的养护工作。基础保养3~4天后，方可进行亭柱施工。

图6-2 基础碎石垫层施工

图6-3 亭柱钢筋施工

用插入式振捣器应快插慢拔，插点应均匀排列，逐点移动，顺序进行，不得遗漏，做到振捣密实。移动间距不大于振捣棒作用半径的1.5倍。振捣上一层时应插入下层5cm，以清除两层间的接缝。平板振捣器的移动间距，应能保证振动器的平板覆盖已振捣的边缘。浇筑混凝土时，应经常注意预埋件有无移动情况。当发现有变形、位移时，应立即停止浇筑，并及时处理好，再继续浇筑（图6-4）。

由于基础底座中间需要设置中心休闲座椅的基础，因此在施工时将其一并施工完成（图 6-5）。根据设计标高完成基础施工后，应进行基础中间土方的回填并夯实，然后铺设碎石垫层，要求摊铺应均匀、平整。再在其上方布置单层双向钢筋混凝土结构，间距 200mm，然后浇筑混凝土并抹平（图 6-6、图 6-7）。

图 6-4　亭浇筑混凝土基础

图 6-5　亭中型休闲座椅基础施工

图 6-6　亭底平面基础钢筋布置

图 6-7　亭底平面基础浇筑混凝土

步骤四：亭底铺装及亭柱施工

1. 亭底木铺装施工

木铺装施工如图 6-8、图 6-9 和图 6-10 所示。安装前要预先检查木地板制作的尺寸，对成品加以检查，进行校正规方。如有问题，应事先修理好。预先检查固定木龙骨和木地板的预埋件，数量、位置和高程必须准确，埋设牢固。安装木龙骨时先在素混凝土上垫层弹出各木龙骨的安装位置线及标高。将木龙骨放平、放稳，并找好标高，按设计要求方法固定。其间距和稳固方法必须符合设计要求。木龙骨的安装必须牢固，平直。考虑以后景观亭晚上照明，应将管线先预埋在木龙骨之间。钉木地板时，将制作好的木地板逐块排紧，用钉钉入木龙骨上，钉长为板厚的 2 ~ 2.5 倍。安装完木板后将板切割整齐应达到设计要求。木材的材质和铺设时的含水率必须符合 GB 50206—2002《木结构工程施工质量验

图 6-8　铺设木龙骨

收规范》的有关规定。木铺装四周采用5cm厚花岗岩收边。

图6-9 面层切割

图6-10 木铺装下预留管线

2. 亭柱施工

亭柱基部采用天然花岗岩石材（图6-11），亭柱主体采用户外防腐木。防腐木施工前应在户外阴干到与外界环境的湿度大体相同的程度，这是因为使用含水量很大的木材施工安装后会出现较大的变形和开裂。应尽可能使用防腐木材现有尺寸，如需现场加工，应使用相应的防腐剂充分涂刷所有切口及孔洞，以保证防腐木材的防腐性。所有的连接应使用镀锌连接件或不锈钢连接件，以抗腐蚀，绝对不能使用其他未经防锈处理的金属件，否则很快会生锈。柱安装时用托线板测垂直校正标高，使柱的垂直度、水平度、标高符合设计要求，然后插入亭柱花岗岩石材基部（图6-12）。由于场地较小，应事先搭设好脚手架。一般施工时已采用的防腐木应完成画线、弹线、去荒、刨光等工序。檐梁通过木榫结构并用膨胀螺栓与亭柱固定。虽然采用处理后的木材可以防菌、防霉变及白蚁侵蚀，但在工程完工，待木材干燥或风干后，还应在其表面上使用木材防护漆进行涂刷，以使防腐木更经久耐用。使用户外木材专用漆时应注意充分摇匀，涂饰后需24小时的晴天条件，以确保涂料在木材表面成膜。

图6-11 花岗岩石材亭柱基

图6-12 亭柱施工

步骤五：亭顶施工

亭顶采用攒尖式木结构作顶部基层（图6-13）。木结构安装施工注意事项同木亭柱和梁。亭顶宜用厚50～100mm木方作桁椽和戗，构成亭顶骨架。木方要大小一致以保障安装时受力均匀。骨架搭建后，再以木桁椽打底，铺一层油毡防水，最上层可用茅草覆盖，竹篾绑扎（图6-14）。

图 6-13　亭顶施工

图 6-14　亭施工后效果

【知识链接】

一、亭的类型

亭的平面形式有正方形、长方形、五角形、六角形、八角形、圆形、梅花形、扇形等。在众多类型的亭中，方亭简单大方，最为常见。圆亭更秀丽，但额坊挂落和亭顶都是圆的，施工要比方亭复杂。亭顶除攒尖式顶以外，歇山顶也相当普遍。现代亭中根据材料又可分为木亭、钢亭、草亭、石亭等。

二、亭的基本构造

景亭一般由亭顶、亭柱和亭身、台基（亭基）三部分组成。

1. 亭顶

亭的顶部梁架可用木材制作，也可用钢筋混凝土或金属铁架等制作。亭顶一般分为平顶和尖顶两类。形状有方形、圆形、多角形、仿生形、十字形和不规则形等。顶盖的材料则可用瓦片、稻草、茅草、树皮、木板、树叶、竹片、柏油纸、石棉瓦、塑胶片、铝片、铁皮等。

2. 亭柱和亭身

亭柱的结构因材料而异。制作亭柱的材料有钢筋混凝土、石料、砖、木材、竹竿、钢木等。亭一般无墙壁，故亭柱在支撑顶部重量及美观要求上都极为重要。柱的形式有方柱（海藻柱、长方柱、下方柱等）、圆柱、多角柱、梅花柱、瓜楞柱等。柱可采用多段合成或雕成各种花纹以增加美观。亭身大多开敞通透，置身其间有良好的视野，便于眺望、观赏。

3. 台基

台基（亭基）多以混凝土为材料。若地上部分的负荷较重，则需加钢筋、地梁；若地上部分负荷较轻，如用竹柱、木柱盖以稻草的亭，则仅在亭柱部分掘穴以混凝土作基础即可。

三、其他类型亭的施工注意事项

（一）混凝土亭施工

1. 施工准备工作

根据施工方案配备好施工技术人员、施工机械及施工工具，按计划购入施工材料。认真分析施工图，对施工现场进行详细勘察，做好施工准备。

2. 施工放线

在施工现场引进高程标准点后，用方格网控制出建筑基面界线，然后按照基面界线外边各加1～2m放出施工土方开挖线。放线时注意区别桩的标志，如角桩、台阶起点桩、柱桩等。

3. 地基、基础施工

根据现场施工条件确定挖方方法，可用人工挖方，也可用人工结合机械挖方。开挖时要注意基础厚度及加宽的要求。景亭一般用混凝土基础较多，做混凝土基础时先在夯实的碎石层上浇筑混凝土垫层，浇完1～2天后在垫层面测定底板中心，再根据设计尺寸进行放线，定出柱基以及底板的边界线，画出钢筋布线，依线绑扎钢筋，接着安装柱基和底板的模板。

4. 柱身的施工

亭柱一般为方柱和圆柱。方柱一般采用木模法，先按设计规格将模板钉好，然后现浇混凝土，一次性浇完。浇筑时要将模板内全部浇满。圆柱目前一般采用油毛毡施工法，即先按设计直径用钢筋预制圆圈，一般每20cm放一个，然后将钢筋圆圈与柱配筋绑扎好或焊接好，将已绑扎好的柱筋立起和基础欲留的钢筋接口焊接固定，再用单层油毛毡绕柱包被，用玻璃胶或粘贴胶固定好，最后再包一层油毛毡，拉紧后封死并绑牢，即可浇筑混凝土。无论哪种方法施工，固定模板前都要在内侧涂刷脱模剂。混凝土保养5～7天后可脱模。

5. 亭顶的施工方法

亭顶可分预制和现浇两种。亭顶梁架构成多用仿抹角梁法、井字交叉梁法和框圈法。由于亭顶采用了以钢板代替木模板的做法，不使用起重设备，节约了大量木材和人工，还增加了亭顶的刚性。亭顶多采用琉璃瓦或油毡瓦屋面。顶部采用水泥混合砂浆（掺合料为黏土膏，因黏土膏材质与琉璃瓦相同，更能减少由收缩引起琉璃瓦龟裂的现象）作为卧瓦层。30°以下坡屋面直接采用水泥：砂：黏土膏＝1：6.83：0.659的水泥混合砂浆卧瓦；30°以上坡屋面在基层施工时预埋铜丝挂瓦条与瓦件绑扎，然后再用水泥混合砂浆卧瓦。施工完后的琉璃瓦屋面拼接紧凑，搭接严密，屋脊、檐沟顺直，屋面防水效果好，成型后的观感质量很好。

（二）钢亭施工（图6-15）

1. 工艺流程

清场→基坑开挖→基础工程→成型钢构件焊接→除锈→金属饰面。

2. 各分部分项工程施工要点

该工程与木质构件有些相同，在此只介绍与前不同的部分。

（1）焊接的工艺流程　作业准备→电弧焊接（平焊、立焊、横焊、仰焊）→焊缝检查。

1）选择合适的焊接工艺，焊条直径，焊接电流，焊接速度，焊接电弧长度等，通过焊接工艺试验验证。

2）焊前检查坡口、组装间隙是否符合要求，定位焊是否牢固，焊缝周围不得有油污、

图 6-15　钢亭

锈物。

3）烘焙焊条应符合规定的温度与时间，从烘箱中取出的焊条，放在焊条保温桶内，随用随取。

4）根据焊件厚度、焊接层次、焊条型号、直径、焊工熟练程度等因素，选择适宜的焊接电流。

（2）涂装工艺　钢结构亭工程的油漆涂装应在钢结构安装验收合格后进行。油漆涂刷前，应将需涂装部位的铁锈、焊缝药皮、焊接飞溅物、油污、尘土等杂物清理干净。为了保证涂装质量，根据不同需要进行除锈工艺。

1）底漆涂装。调和红丹防锈漆，控制油漆的黏度、稠度，兑制时应充分的搅拌，使油漆色泽、黏度均匀一致。

刷第一层底漆时，涂刷方向应该一致，接槎整齐。刷漆时应采用勤沾、短刷的原则，防止刷子带漆太多而流坠。待第一遍刷完后，应保持一定的时间间隙，防止第一遍未干就上第二遍，这样会使漆液流坠发皱，质量下降。待第一遍干燥后，再刷第二遍。第二遍涂刷方向应与第一遍涂刷方向垂直，这样会使漆膜厚度均匀一致。底漆涂装后至少需 4 ~ 8 小时才能达到表干，表干前不应涂装面漆。

2）面漆涂装。建筑钢结构涂装底漆与面漆一般中间间隙时间较长。钢构件涂装防锈漆后送到工地去组装，组装结束后才统一涂装面漆。这样在涂装面漆前需对钢结构表面进行清理，清除安装焊缝焊药，对烧去或碰去漆的构件，还应事先补漆。面漆的喷涂应选择颜色完全一致的面漆，兑制的稀料应合适。面漆使用前应充分搅拌，保持色泽均匀，其工作黏度、稠度应保证涂装时不流坠，不显刷纹。

面漆在使用过程中应不断搅和，涂刷的方法和方向与上述底漆工艺相同。涂装工艺采用喷涂施工时，应调整好喷嘴口径、喷涂压力。喷枪胶管能自由拉伸到作业区域，空气压缩机气压应在 0.4 ~ 0.7N/mm^2。喷涂时应保持好喷嘴与涂层的距离，一般喷枪与作业面距离在100mm 左右，喷枪与钢结构基面角度应该保持垂直，或喷嘴略为上倾。喷涂时喷嘴应该平行移动，移动时应平稳，速度一致，以保持涂层均匀。但是采用喷涂时，一般涂层厚度较薄，故应多喷几遍，每层喷涂时应待上层漆膜已经干燥后进行。

3）涂层检查与验收。表面涂装施工时和施工后，应对涂装过的工件进行保护，防止飞扬尘土和其他杂物。涂装后的检查标准，应该是涂层颜色一致，色泽鲜明光亮，不起皱皮，不起疙瘩。涂装漆膜厚度，用触点式漆膜测厚仪测定，漆膜测厚仪一般测定三点厚度，取其平均值。

3. 成品保护

1）焊后不准撞砸接头，不准往刚焊完的钢材上浇水。

2）不准随意在焊缝外母材上引弧。

3）各种构件校正好之后方可施焊，并不得随意移动垫铁和卡具，以防造成构件尺寸偏差。隐蔽部位的焊缝必须办理完隐蔽验收手续后，方可进行下道隐蔽工序。

4）钢构件涂装后应加以临时围护隔离，防止损伤涂层。

5）钢构件涂装后，在4小时之内如有大风或下雨，应加以覆盖，防止粘染尘土和水气、影响涂层的附着力。

6）涂装后的钢构件勿接触酸类液体，防止咬伤涂层。

4. 应注意的质量问题

1）尺寸超出允许偏差。对焊缝长宽、宽度、厚度不足，中心线偏移，弯折等偏差，应严格控制焊接部位的相对位置尺寸，合格后方准焊接，焊接时精心操作。

2）焊缝裂纹。为防止裂纹产生，应选择适合的焊接工艺参数和施焊程序，避免用大电流，不要突然熄火，焊缝接头应搭10～15mm，焊接中不允许搬动、敲击焊件。

3）表面气孔。焊条按规定的温度和时间进行烘焙，焊接区域必须清理干净，焊接过程中选择适当的焊接电流，降低焊接速度，使熔池中的气体完全逸出。

4）焊缝夹渣。多层施焊应层层将焊渣清除干净，操作中应运条正确，弧长适当。注意熔渣的流动方向，采用碱性焊条时，必须使熔渣留在熔渣后面。

5）涂层作业气温应在5～38℃之间为宜，当气温高于40℃时，应停止涂层作业。因构件温度超过40℃时，在钢材表面涂刷油漆会产生气泡，降低漆膜的附着力。

6）当空气湿度大于85%，或构件表面有结露时，不宜进行涂层作业。

7）钢构件制作前，应对构件隐蔽部位、结构夹层等难以除锈的部位提前除锈、提前涂刷。

（三）竹亭施工

竹亭多为仿木结构，但结构更纤巧，选用毛竹作为受力构件，直径60～100mm。在搭接头处，内填直径相当的圆木，以免受力时产生应力集中而破裂。非受力构件中竹子直径多取20～50mm。

竹亭亭顶构造有两种：一是仿木结构中的伞法或大梁法；二是门式构架法，梁柱相连，一气呵成，主要受力构件用直径100mm毛竹弯成。

在木、竹亭施工中通常要注意以下事项。

1）木结构亭的显著特点是具有榫节，柱须以榫结入，柱下端一般加须弥座处理。

2）柱间可以以园椅（美人椅）、挂落相连接。

3）少数有底板的亭子柱间以梁板处理。

4）木结构的处理：木材要蒸（浸）去皮；木材成料以桐油处理两遍，亮漆（光漆）处理两遍。

5）竹料在使用过程中，尽量不要用铁钉，因为铁钉弯易生锈。

6）由于木结构自身受材料的影响和限制，其成品的体量一般较小。

7）木结构易受白蚁等虫害，在后期的养护中要增加油漆工序，也可以石灰水多次防腐，但应用较少。

8）木、竹结构亭易燃，对消防有特殊的要求。

9）竹材必须选用节短、肉厚、质坚，表面光滑的竹材制作，且要符合设计要求。

10）榫眼应选在竹节处。

【拓展训练】

1. 亭基础施工如何进行钢筋的绑扎和混凝土的浇筑？
2. 木亭中木构件采用何种措施进行保护？
3. 钢构件焊接时应该注意的事项有哪些？
4. 亭的基本构造包含哪些，你认为在其施工流程中不同结构亭的施工区别在哪里？
5. 在施工现场或实训场地进行木亭的施工操作。

任务二　廊架施工

廊架是庭院中供游人休息、景观点缀之用的建筑，与自然生态环境搭配非常和谐。它既具有廊的功能，又比廊更接近自然、更能融于环境之中。廊架布局灵活多样，形式有条形、圆形、转角形、多边形、弧形、复柱形等。常用的建筑材料有竹木材、钢筋混凝土、石材和金属材料等多种。竹材朴实，自然，廉价，易于加工，但耐久性差。竹材限于强度及断面尺寸，梁柱间距不宜过大。钢筋混凝土可根据设计要求浇筑成各种形状，也可做成预制构件，现场安装，灵活多样，且经久耐用，故使用最为广泛。石材厚实耐用，但运输不便，常用块料作廊架柱。金属材料轻巧易制，构件断面及自重均小，运用时要注意使用地区和所选择的攀援植物种类，以免炙伤嫩叶枝，并应经常油漆养护，以防落漆后腐蚀。

【工作流程】

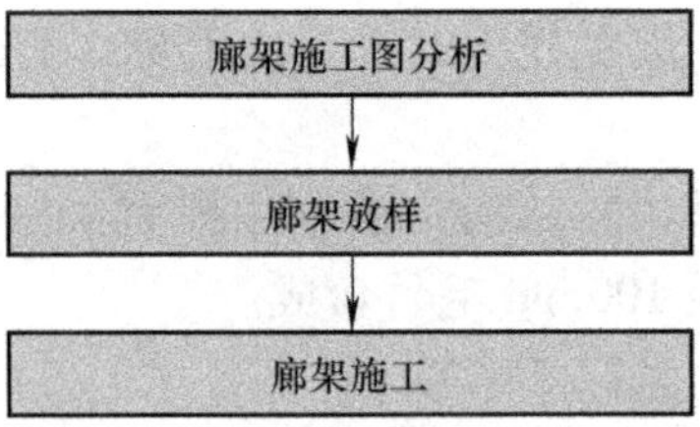

【操作步骤】

步骤一：廊架施工图分析

廊架位于杭州天香会所中建筑地下一层出入口处，起到遮风挡雨的功能且达到与建筑有机结合的景观效果。根据廊架施工图（图 6-16），由于廊架架于建筑墙体上，因此与一般有柱和基础的廊架不同，主要是靠与墙体之间连接。廊架主要取材为防腐木，顶部木梁自身通过膨胀螺栓与墙体固定，挑出木梁部分采用钢拉索通过膨胀螺栓与建筑物墙体固定。靠墙体的木梁和木格栅事先要依据图纸尺寸进行开槽。木格栅顶部采用的是 6mm + 6mm 夹胶玻璃，

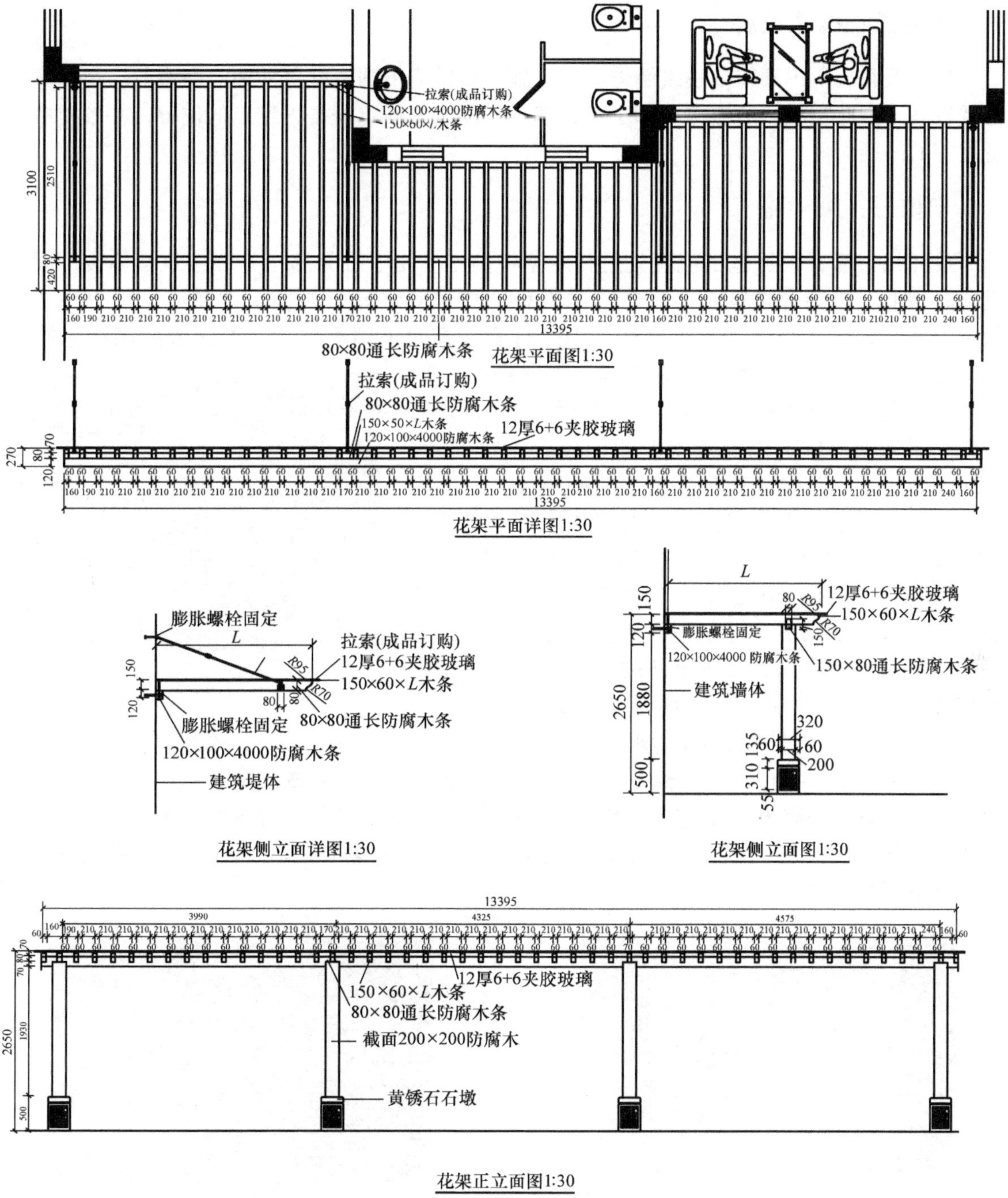

图 6-16　廊架施工图

规格不宜过大，玻璃与玻璃之间采用黑色玻璃胶粘结。玻璃与木格栅连接采用接驳器固定。通过图纸了解主要材料及规格，开工前应及时做好相应机械设备和劳动力准备，同时了解建筑体与廊架连接位置墙体的结构是否影响墙体的主梁和承重柱，如有不妥则会影响建筑物的安全。

步骤二：廊架放样

杭州天香会所中廊架依建筑墙体而建，施工放样应依据图纸尺寸和标高进行。由于廊架位置较高，因此在放样前应搭建脚手架，然后弹墨线，确定好各固定点的位置，并校对各位置之间的间距。

步骤三：廊架施工

放样结束后，根据施工流程先进行木格栅施工。由于廊架施工是和建筑墙体装饰同步进行，因此可以结合建筑墙体装饰的木格板的位置安装好木格栅下面的梁。其中一个梁依建筑安装，另一个梁挑出建筑外，为平行梁。廊架采用木结构，事先根据图纸木格栅的间隔开槽并通过膨胀螺栓与墙体固定牢（图6-17）。木梁两头与下沉庭院挡墙卡牢，也可分散上部材料的重量。梁依据放样出固定点钢拉索的位置进行安装，安装前依据尺寸规格复查与挑出木梁的角度，以防安装后位置不符合要求。钢拉索与墙体和木梁通过膨胀螺栓固定。固定好钢拉索后进行廊架挑出木梁的固定。检查钢拉索是否固定牢固，合格后方可进行木格栅的安装（图6-18）。木格栅通过事先安装好的木梁和木格栅的开槽卡牢。廊架顶部玻璃安装前先进行接驳器爪件与木格栅固定。驳接爪的受力孔要事先打好，并用水平尺校准两横向孔的水平度（两水平孔偏差小于0.5mm），安装定位销。玻璃安装调整结束后进行打胶，使玻璃的缝隙密封。打胶时应先清洗玻璃，特别是玻璃边部与胶连接处的污垢要清洗擦干。打胶时采用双人里外同步对打的方法，以保证胶缝填实。在刮胶过程中必须保证接口处平滑，如有凸起，则必须在胶表面固化前修整好。图6-19所示是廊架施工完成后的效果。

图6-17　廊架木梁施工

图6-18　廊架木格栅施工

图6-19　廊架施工完成后效果

【知识链接】

一、廊架的基本构造

廊架的造型丰富，其造型变化多体现在顶架的形式上，可采用传统的屋架造型，更可采用各种新结构造型，以体现新结构千姿百态之美。廊架一般由柱子和格子条构成。柱子按材料可分为木柱、铁柱、砖柱、石柱、水泥柱、钢木柱等。柱子一般可用混凝土做基础。柱顶端加着格子条，其材料一般为木条（也可用竹竿、铁条）。格子条主要由横梁、椽、横木组成。

二、廊架的分类

廊架常用的分类方式：一是按结构形式分，二是按平面形式分，三是按施工材料分，四是按上部结构受力分。

1. 按结构形式分

（1）单柱廊架　即在廊架的中央布置柱，在柱的周围或两柱之间设置休息椅凳，供游人休息、聊天、赏景。

（2）双柱廊架　又称两面柱廊架，即在廊架的两边用柱子来支撑，并且布置休息椅凳，游人可在廊架内漫步游览，也可坐在其间休息。

2. 按平面形式分

有直线形、曲线形、三角形，四边形、五边形、六边形，七边形、八边形、圆形，扇形以及它们的变形图案。

3. 按施工材料分

一般有木制廊架、竹制廊架、仿竹制廊架、混凝土廊架、砖石廊架、钢质廊架等。木制、竹制与仿竹制廊架整体比较轻，适用于屋顶花园，也可用于营造自然灵活、生活气息浓厚的园林小景。钢质廊架富有时代感，且空间感强，适于与现代建筑搭配，在某些规划水景平台上的应用效果也很好。混凝土廊架寿命长，且能有多种色彩，样式丰富，可用于多种设计环境。

4. 按上部结构受力分

（1）简支式　多由两根支柱、一根横梁组成悬臂式，又分为单挑和双挑。

（2）拱门钢架式　多用钢筋、轻钢、混凝土制成。

三、廊架的功能特点

廊架既然是攀援植物的支架，那么使植物得到充分的光照及提供良好的通风条件，保证植物的正常生长，就是廊架本身最重要的功能。因为植物所提供的生态效益比起廊架体的造型美对提高城市环境的质量具有更重要的意义。

廊架是一个空透的游憩空间，尤其在植物生长季节，廊架可以提供一个理想的休息及观赏周围景物的场所。廊架虽能较好地解决了遮阳问题，但不能避风雨，门架及篱架也不能完全代替门及实体墙的安全保护作用，所以廊架的建筑功能具有一定的局限性。

廊架可以用来引导交通或阻止车行，在园林中可以构成一个绿色步廊式的导游线。

廊架可以作景框使用，将园中最佳景色收入画面。廊架也可以遮挡陋景，用廊架的墙体或基础可把园内既不美观又不能拆除的构筑物如车棚、人防工事的顶盖等隐蔽起来。廊架还可以用作划分空间和增加景深、层次，是传统造园艺术手法中的一种较理想的素材。

四、其他类型廊架施工技术

（一）单柱木廊架的施工

1. 施工流程

木材成型加工→芬兰木定型处理→施工现场放线→基础施工→现场安装→饰面工程。

2. 各分部分项工程的施工要点

木廊架由柱、梁、格子条等构件组成。

（1）制作方法　选用含水率不大于25%的原木，按设计尺寸预留干缩量（约6mm），画线、弹线、去荒料、刨光。加工完毕后，合理堆垛并加遮盖，进行自然干燥。待一段时间后，对木材进行防腐定型。

制作中应注意：画线一定要准确，锯削一定要谨慎、细心。因为柱、梁是木廊架中主要承重构件，截面虽然不大，但如果锯截不慎，刮削过量，则会破坏承重能力，无形中降低了建筑物的寿命。

（2）放线　场地初平，按施工图纸测设放线，撒好基槽灰线。这项工作精度要求很高，并要防止差错，以免日后构件安装不成。在经自检合格后，要提请有关部门和建设单位验线。验线合格才可正式开挖。

（3）混凝土基础施工　沿灰线直边切出槽边的轮廓线，然后自上而下分层开挖。挖至糟底标高后，由两端轴线引桩拉通线，检查距槽边尺寸，然后修槽、清底。雨期开挖必须做好坑内排水和地面截水、降水、排洪工作。最简易的截水方法是利用挖出的土沿基坑四周或迎水面筑高500~800mm土堤截水，同时将地面水通过场地排水沟排泄。做好抄平放线工作，弹好水平标高线，准确安置预埋构件。

在地基或基土上清除淤泥和杂物，并应有防水和排水措施。对于干燥土应用水润湿，表面不得留有积水。混凝土的浇筑应分层连续进行，一般分层厚度为振捣器作用部分长度的1.25倍，最大不超过50cm。用插入式振捣器应快插慢拔，插点应均匀排列，逐点移动，顺序进行，不得遗漏，做到振捣密实。插入式振捣器的移动间距不大于振捣棒作用半径的1.5倍。振捣上一层时应插入下层5cm，以清除两层间的接缝。平板振捣器的移动间距，应能保证振动器的平板覆盖已振捣的边缘。

浇筑混凝土时，应注意预埋件有无移动情况。当发现变形、位移时，应立即停止浇筑，并及时处理，处理好后再继续浇筑。

混凝土振捣密实后，表面应用木抹子搓平。混凝土浇筑完毕后，应在12小时内加以覆盖和浇水，浇水次数应能保持混凝土处于足够的润湿状态。养护期一般不少于7昼夜。

（4）木构件安装

1）柱的安装。用托线板测垂直，校正标高，使柱的垂直度、水平度和标高符合设计要求。校正后立即点焊固定，然后焊接整条焊缝。

2）梁的安装。利用经纬仪准确定位，然后用承口螺栓连接梁柱。

（5）油漆工程

1）在室外高于3.6m处作业时，应事先搭设好脚手架，并以不妨碍操作为准。

2）作业前首先将木料表面基层面上的灰尘、油污、斑点、胶迹等用刮刀或碎玻璃片刮除干净。注意不要刮出毛刺。然后用1号以上砂纸顺木纹打磨，先磨线角，后磨四口平面，直到光滑为止。

3）成色油粉（颜色同样板颜色）盛在小油桶内，用棉丝蘸油粉反复涂于木料表面。油粉应擦过木料鬃眼内，而后用麻布或木丝擦净，线角余粉应用竹片除去。注意构件的连接铁件上不得沾染油粉。待油粉干后，用1号砂纸轻轻顺木纹打磨，先磨线角和裁口，后磨四口平面，直到光滑为止。注意保护棱角，不要将鬃眼内油粉磨掉。磨光后用潮布将磨下的粉末和灰尘擦净。

4）满刮油腻子。抹腻子的质量配合比为石膏粉20，熟桐油7，水50，并加颜料调成油色腻子（颜色浅于样板1~2色）。要注意腻子油性不可过大或过小。如油性大，则刷时不易浸入木质内；如油性小，则易钻入木质内，这样刷的油色不易均匀、颜色不能一致。用开刀或牛角板将腻子刮入钉孔、裂纹、鬃眼内。刮抹时要横抹竖起，当遇接缝或节疤较大时，应用开刀、牛角板将腻子挤入缝内，然后抹平。腻子一定要刮光，不留野腻子。待腻子干透后，用1号砂纸轻轻顺木纹打磨，先磨线角、裁口，后磨四口平面，注意保护棱角，来回打磨至光滑为止。磨完后用潮布将磨下的粉末擦净。

5）刷油色。先将铅油（或调和漆）、汽油、光油、清油等混合在一起过箩（颜色同样板颜色），然后倒在小油桶内，使用时经常搅拌，以免沉淀造成颜色不一致。刷油色时，应从外至内、从左至右、从上至下进行，顺着木纹涂刷。因油色干燥较快，所以刷油色时动作应敏捷，要求无缕无节，横平竖直。刷油时刷子要轻飘，避免出现刷绺。

油色涂刷后，要求木材色泽一致，而又不盖住木纹，所以每一个刷面一定要一次刷好，不留接头，两个刷面交接棱口不要互相沾油，沾油后要及时擦掉，以达到颜色一致。

6）刷第一遍清漆。刷法与刷油色相同，但刷第一遍用的清漆应略加一些稀料，便于快干。因清漆黏性较大，最好使用已用出刷口的旧刷子。刷时要注意不流、不坠，涂刷均匀。待清漆完全干透后，用1号或旧砂纸彻底打磨一遍，将头遍清漆面上的光亮基本打磨掉，再用潮布将粉尘擦净。

7）刷第二遍清漆。刷漆时应使用原桶清漆不加稀释剂。刷油操作同前，但刷油动作要敏捷，多刷多理。清漆应涂刷得饱满一致，不流不坠，光亮均匀。刷完后再仔细检查一遍，有缺陷要及时纠正。刷此遍清漆时，周围环境要整洁，宜暂时禁止通行。

8）刷第三遍清漆：待第二遍清漆干透后，首先要进行磨光，然后过水布，最后刷第三遍清漆；刷法同前。

9）修补腻子。一般要求刷油色后不抹腻子，特殊情况下，可以使用油性略大的带色石膏腻子，修补残缺不全之处。操作时必须使用牛角板刮抹，不得损伤漆膜，腻子要收刮干净，光滑无腻子疤（有腻子疤必须点漆片处理）。

10）修色。木料表面上的黑斑、节疤、腻子疤和材色不一致处，应用漆片、酒精加色调配（颜色同样板颜色），或用由浅到深的清漆调和漆和稀释剂调配，进行修色；材色深的应修浅，浅的提深，将深浅色的木料拼成一色，并绘出木纹。

11）磨砂纸。使用细砂纸轻轻往返打磨，然后用潮布擦净粉末。

（二）双柱廊架的施工

1. 施工准备工作

安装前要按设计图纸翻出样图和节点大样，进行材料准备，合理安排好廊架施工操作面。基层表面应平整、光洁、干燥、不起灰。安装前应清扫干净，同时柱子间距严格按设计图纸。

2. 施工放样

根据基础平面图及开挖深度等计算开挖坡度，定出开挖边线位置。用水准仪把相应的标高引测到水平桩或轴线桩上，并作标记。基坑开挖后，基坑开挖宽度应通线校核，坑底水平标高校核无误后，再把轴线和标高引至基坑，在垫层面上放出基础平面尺寸及地梁位置。基础模板完成后，应按设计图纸校核模板安装的几何尺寸及预留孔洞、管道埋件等位置，在模板的周边放出基础面的标高线，并用钉子或红漆表示。柱的轴线和边线标在延长基础边线外，以方便复核。基础完成后，应把轴线引测至基础面，并按施工图放出有关柱的截面尺寸线。

3. 柱子基础施工

对采用现浇混凝土的廊架或廊架式长廊，如施工环境多风、地基不良或这些环境要种瓜果类植物，因其承重力加大，容易产生地基破坏。因此，施工时多用“地龙”，以提高抗风抗压力。

“地龙”是基础施工时加固基础的方法。施工时，柱基坑不是单个挖方，而是所有柱基均挖方，成一坑沟，深度一般为 60cm，宽度为 60 ~ 100cm。打夯后，先在沟底铺一层素混凝土，厚 15cm，稍干后配钢筋（需连续配筋），然后按柱所在位置，焊接柱配钢筋，再在沟内填入大块石，用素混凝土填充空隙，最后在其上再浇一遍混凝土。养护 4 ~ 5 天后可进行下道工序。

4. 柱子施工

柱基部分采用 C25 钢筋混凝土基础，采用 Φ10@150 钢筋网绑扎，四周两行钢筋交叉点应每点扎牢。浇筑混凝土前应对模板浇水湿润，柱模板的清扫口在清扫后封闭。混凝土的自由倾落高度不宜超过 2m，因此浇柱时应在中部开设门洞。使用插入式振动器应快插慢拔，插点要均匀排列，逐点移动，按顺序进行，不得遗漏，做到均匀振实。混凝土浇筑时应派专人经常检查钢筋、预留洞、预埋件、插筋等有无移位、堵塞情况，发现问题应及时修整。待混凝土浇筑后加入 320mm × 320mm 预埋铁件（8mm 厚）。保养 3 ~ 4 天后将 100mm × 100mm 方钢管（5mm 厚）焊接在预埋铁件上，要注意检查方钢管的垂直度。方钢管涂刷带颜色的涂料时，配料要合适，保证整个廊架都用同一批涂料，并宜一次用完，以确保颜色一致。柱基根据设计图采用花岗岩贴面，注意转角处接缝处理。最后根据设计图将防腐木条用螺栓固定在方钢管上。油漆工程严禁出现脱皮、漏刷、斑迹问题。

5. 格子条安装

对于竹木廊架、钢廊架可在放线且夯实柱基后，直接将竹、木、钢管等正确安放在定位点上，并用水泥砂浆浇筑。水泥砂浆凝固达到强度后，再沿着柱子排列的方向布置梁，进行格子条施工，修整清洁后，最后进行装修刷色。对于混凝土廊架，现浇装配均可。

花格架子条断面、间距、两端外挑、内跨径根据设计规格选用。廊架上部格子条断面常为 50mm ×（100 ~ 160）mm，间距为 200mm，两端外挑 400 ~ 450mm，内跨径多数为 2700mm、3000mm 或 3300mm。为减少构件的尺寸及节约粉刷，可用高强度等级混凝土浇捣，一次成型后刷色即可。修正清理后，最后按要求进行装修。有时廊架上部不搁置小横梁而改用平板或开孔斜板，此时孔口开洞处应配置洞口附加钢筋。装修时，格子条可采用已进行防腐处理的菠萝格。

6. 成品保护

1）混凝土未达到规范规定拆模强度时，不得提前拆模，否则影响混凝土质量。

2）预制的构件在运输、保管和施工过程中，必须采取措施防止损坏。

3）拆除架子时注意不要碰坏柱子和格子条。

4）廊架刷色前首先应清理好周围环境，防止尘土飞扬，影响刷色质量。

5）刷色完成后应派专人负责看管，禁止摸碰。

6）对已完工工程应进行保护，若施工时出现污染，则应立即清理干净。

【拓展训练】

1. 廊架柱基施工浇筑混凝土需要注意的问题有哪些？
2. 简述双柱廊架的施工工艺。
3. “地龙”的常见处理施工工艺中需要注意哪些环节？
4. 在施工现场或实训场地进行木廊架的施工操作，写出其施工工艺方案及要点。

任务三　景墙施工

景墙指园内划分空间、组织景色、安排导游而布置的围墙，能够反映文化，兼有美观、隔断、通透作用的景观墙体。庭院中的景墙因自身优美的造型和变化丰富的组合形式，而具有很强的景观性，是园林空间不可缺少的景观要素。在园林中经常巧妙地利用景墙将园林空间划分为许多的小单元，利用景墙的延续性和方向性，引导观赏者沿着景墙的走向有秩序地观赏园内不同空间的景观。

【工作流程】

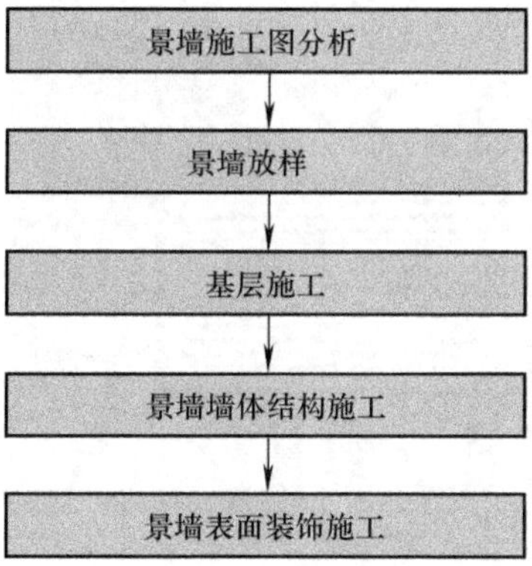

【操作步骤】

步骤一：景墙施工图分析

庭院中弧形景墙位于中心池塘南侧，与建筑物出入口形成对景。如图6-20所示，立面图

图 6-20　景墙立面及剖面图

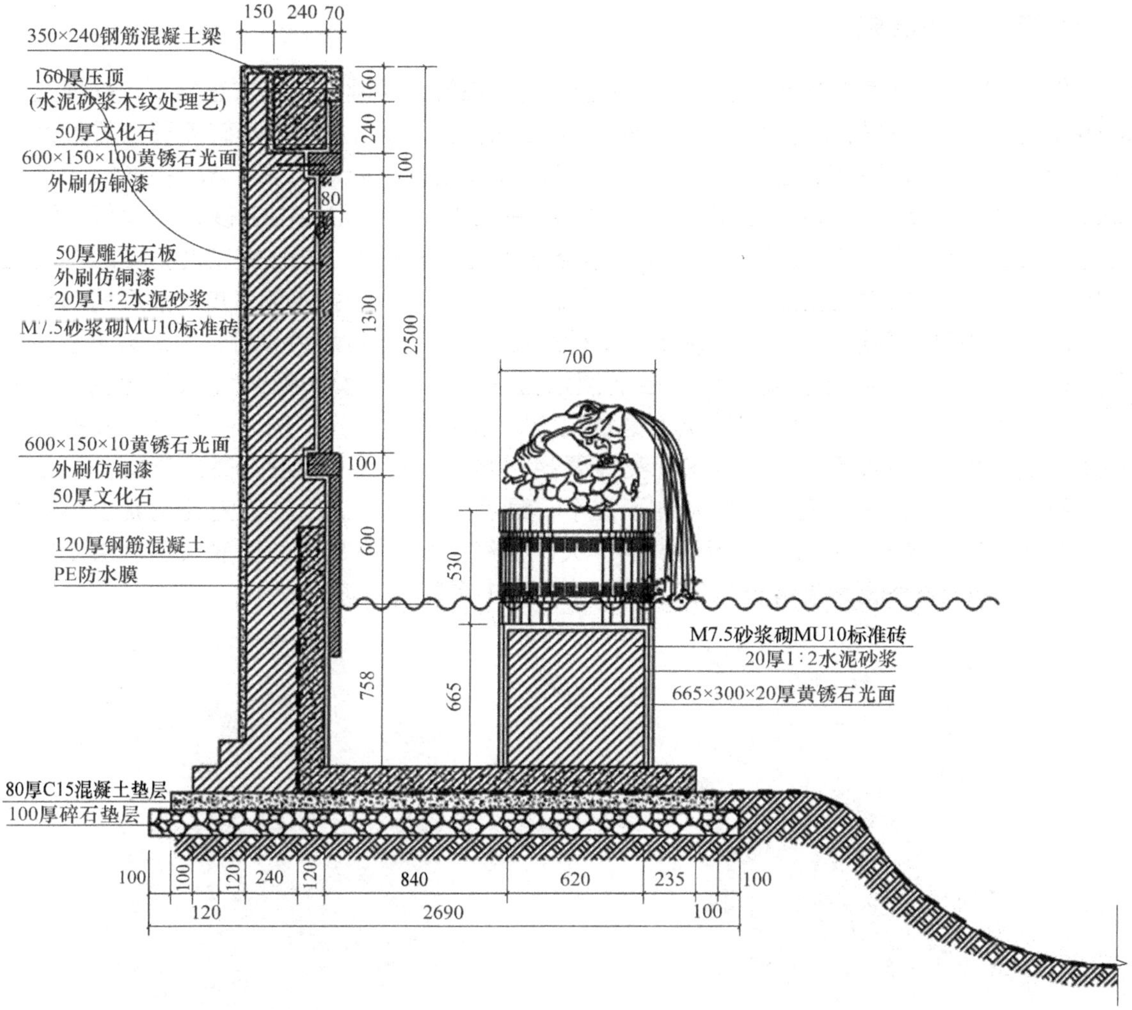

图 6-20　景墙立面及剖面图（续）

主要反映景墙表面装饰材料，施工剖面图中反映景墙基层，包括 100mm 厚的碎石垫层，然后是约 100mm 厚的素混凝土层和配筋 $\phi8\sim12@200\sim300$ 的钢筋混凝土层。弧形景墙主体采用砖砌结构，外用花岗岩雕刻板装饰。景墙前面是蟾蜍雕塑水景喷水，基座采用砖砌结构。由于蟾蜍雕塑位于水中，基层采用钢筋混凝土结构。根据图纸要求，花岗岩雕刻板和蟾蜍雕塑需要施工前加工好再在施工现场进行安装，并外涂仿古铜漆。蟾蜍雕塑具有喷水功能，因此需要预留管线。

步骤二：景墙放样

按照设计平面图用石灰、绳子和卷尺放样。由设计平面图可看出施工对象主要是规则的形状，为了施工方便，一般距景墙外 50cm 左右开挖。在施工前将设计景墙的控制点一一标到地面上并打桩，桩木上要注明桩号和施工标高。标高点根据现场引测的 ±0.000 测定标高。

步骤三：基层施工

当基土为排水不良的黏土，或地下水位较高时，在池底基础下，应放置碎石，并埋直径10cm的排水管，管线的倾斜度为1%～2%，以便将地下水导出。景墙基础碎石垫层最大粒径视厚度而定，一般不宜超过厚度的0.7倍，50mm以上的大粒料约占70%～80%，0.5～20mm的粒料约占5%～15%，其余为中等粒料。一般用M7.5水泥混合砂浆。砂浆摊铺宽度应大于结合面约5～10cm，已拌好的砂浆应当日用完。素混凝土垫层施工时把粘结在混凝土基层上的浮浆、松动混凝土、砂浆等用錾子剔掉，用钢丝刷刷掉水泥浆皮，然后用扫帚扫净。混凝土搅拌时根据配合比（其强度等级不宜低于C10）核对后台原材料，混凝土垫层厚度为100mm。铺设混凝土前应先在基层上洒水湿润，刷一层素水泥浆（水胶比为0.4～0.5），然后从一端开始铺设。用铁锹摊铺混凝土，厚度略高于找平堆，随即用平板振捣器振捣。混凝土振捣密实后，应以水平标高线及找平堆为准检查平整度，高的铲掉，凹处补平。用水平木刮杠刮平，表面再用木抹子搓平，最后进行养护。已浇筑完的混凝土垫层在12小时后覆盖和浇水，一般养护不得少于7天。钢筋混凝土稳定层的钢筋采用单层双向铺设，混凝土施工方法同素混凝土施工工艺，如图6-21和图6-22所示。

图6-21　基层绑扎钢筋施工

图6-22　基层钢筋混凝土施工

步骤四：景墙墙体结构施工

景墙墙体采用砖砌体结构，由于景墙有一定弧度（图6-23），第一层砖砌时需要严格确定好砖块放样位置。方法是通过找准弧形圆心，放好标桩，引线放样时根据弧度半径和弧长确定好位置并做好标记。标桩施工时注意避免施工时移位。砌体的排砖应上下错缝，内外搭砌，以达到拉结及整体性好的目的。实心砖体常用一顺一丁、梅花丁或三顺一丁的砌筑形式。砖砌体的竖向灰缝宜采用挤浆或加浆方法，使其砂浆饱满，严禁用水冲浆灌缝。实心砖砌体水平灰缝砂浆饱满度不得低于

图6-23　景墙墙体结构施工

80%。砌体施工时应搭建脚手架。砖砌体施工过程中应随时检查墙体结构的水平度和垂直度。墙体抹灰前应清除表面杂物、残留灰浆、舌头灰、尘土等。一般在抹灰前一天，用软管或胶皮管或喷壶顺墙自上而下浇水润湿，每天宜浇两次。抹灰厚度不大于10mm。当墙面凹度较大时应分层衬平。

步骤五：景墙表面装饰施工

1. 景墙花岗岩雕刻板施工（图6-24）

先将墙体清理干净，以水润湿，刷水泥砂浆，在花岗岩背面也用清水洗净。基体根据U形钉斜度量好尺寸，钻斜孔。用手电钻在石板上钻孔，用合金斩在板面方向剔槽，孔槽位置和尺寸要正确。板位安装就位，U形钉应用硬木楔楔紧，校准平整度和垂直度，最后紧固U形钉于墙体。灌浆时层板灌细石混凝土，下料要轻而均匀，轻捣至无气泡，不得移动石板，最后擦缝、清理表面。养护7天后喷仿古铜漆。首先将花岗岩表面扫净，刷上褐色底漆。根据不同需要逐块和逐步在底漆面上刷上作旧水，以制作出效果理想的古铜色（图6-25），最后以清漆照面保护所制作的漆面。

图6-24 景墙表面花岗岩雕刻板施工

图6-25 涂仿古铜漆效果

2. 蟾蜍雕塑小品施工

蟾蜍雕塑小品基座采用砖砌体结构，根据设计尺寸在基础垫层上进行砌筑。砌筑前放线调整水平度，同时需要保护好预留管线，管口应密封防止渣子进入。每层砌筑时砖交叉叠放，以便稳定（图6-26）。基座外贴花岗岩，要求表面洁净、平整、颜色一致，无起碱、污痕，无空鼓，接缝平直、填嵌密实、宽窄一致，阴阳角处板的压向正确。

蟾蜍雕塑小品吊运过程中采用滑轮铁铰链（图6-27）。使用这种工具时，要先搭设起重钢管杆架，使杆架构成一个三脚架。然后在杆架上端拴铁铰链，从前后两个方向拉住并固定杆架。铁铰链端可临时拴在地面的基座上。将滑轮铁铰链挂在杆顶，就可用来起重基座。起吊基座的时候，可以通过拉紧或松动大绳和移动三脚架的柱脚，来移动和调整基座的平面位置，使基座准确地吊装到手推车上。安装时事先在基座表面抹少许水泥砂浆，同样采用滑轮铰链将基座放至准确位置（图6-28）。基座最好上仿古铜漆，施工方法同景墙花岗岩雕刻板。

图6-26　蟾蜍基座结构施工

图6-27　雕塑基座起运

图6-28　雕塑基座安装

【知识链接】

一、庭院景墙作用及类型

景墙是庭院的一个有机组成部分。中国庭院善于运用将藏与露、分与合进行对比的艺术手法，营造不同个性的庭院空间，使景墙与隔断得到了极大的发展。无论是古典庭院还是现代庭院，景墙的应用都极其广泛。景墙最初的主要功能是防护作用，然后逐渐成为分隔空间和组织空间的一个有效的手段，即隔断。园林中的“通而不透、隔而不漏”就是隔断作用的最好说明。目前景墙演化成园林环境中包括室内和室外的功能性和装饰性的小品设施，在园林中起到造景的作用，其丰富的造型和多变的色彩使之成为园林中不可缺少的静景观之一。

景墙按其构景形式可以分为：

（1）独立式景墙　以一面墙独立安放在景区中，成为视觉焦点。

（2）连续式景墙　以一面墙为基本单位，通过排列组合，使景墙形成一定的序列感。

（3）生态式景墙　将藤蔓植物进行合理种植，利用植物的抗污染、杀菌、滞尘、降温、隔声等功能，形成既有生态效益，又有景观效果的绿色景墙。

也有的将景墙分为景观墙、划分空间墙、标识墙、文化墙、挡土墙、围墙、设施墙等。

二、景墙砌体材料的种类

大多数砌体系指将块材用砂浆砌筑而成的整体。砌体结构所用的块材有：烧结普通砖、非烧结硅酸盐砖、黏土空心砖、混凝土空心砖、小型砌块、粉煤灰实心中型砌块、料石、毛石和卵石等。景墙砌体材料常用的有：烧结普通砖、料石、毛石、卵石和砂浆等。

1. 烧结普通砖

烧结普通砖是以黏土、页岩、煤矸石、粉煤灰为主要原料，经焙烧而成的，其尺寸为240mm×115mm×53mm。因其尺寸全国统一，故也称标准砖。烧结普通砖分烧结黏土砖和其他烧结普通砖。

（1）烧结黏土砖　以黏土为原料，经配料调制、制坯、干燥、焙烧而成，保温、隔热及耐久性能良好，强度能满足一般要求。烧结黏土砖又分为实心砖、空心砖（大孔砖）和多孔砖。无孔洞或孔洞率小于15%的砖通称实心砖，也有比标准尺寸略小些的实心黏土砖，其尺寸为220mm×105mm×43mm。实心黏土砖按生产方法不同，分为手工砖和机制砖，按砖的颜色可分红砖和青砖。一般来说青砖较红砖结实、耐碱、耐久性好。

为了节省用土和减轻墙体自重，在实心砖的基础上还进行了改造，做成空心砖（大孔砖）和多孔砖，即孔洞率等于或大于15%。

黏土砖的强度等级用MU××表示，例如，过去称为100号砖的强度等级用MU10表示。它的强度等级是以它的试块受压能力的大小而定的。根据国家标准GB 5101—2003《烧结普通砖》，抗压强度分为：MU30、MU25、MU20、MU15、MU10、MU7.5六个强度等级。一般常用的为MU10和MU7.5。

（2）其他烧结普通砖　包括烧结煤矸石砖和烧结粉煤灰砖等。烧结煤矸石砖以煤矸石为原料；烧结粉煤灰砖的原料是粉煤灰加部分黏土。它们是利用工业废料制成的，优点是化废为宝、节约土地资源、节约能源。其他烧结普通砖的强度等级与烧结黏土砖相同。

除烧结普通砖外，还有硅酸盐类砖，简称不烧砖。它们是由硅酸盐材料压制成型并经高压釜蒸压而成的。其种类有灰砂砖、粉煤灰砖、矿渣硅酸盐砖等。其强度等级为MU7.5和MU10，尺寸与标准砖相同。与烧结普通砖相比，硅酸盐类砖耐久性较差。受化学稳定性等因素影响，硅酸盐类砖的使用没有黏土砖广。

园林中的景墙、挡土墙等砌体所用的砖须经受雨水、地下水等侵蚀，故采用烧结黏土实心砖、烧结煤矸石砖等，而灰砂砖、粉煤灰砖、矿渣硅酸盐砖等则不宜使用。

2. 石材

石材的抗压强度高，耐久性好。石材的强度等级可分为MU200、MU150、MU100、MU80、MU60、MU50等。石材抗压强度是把石块做成边长70mm立方体，经压力机压至破坏后，得出的平均极限抗压强度值。石材按其加工后的外形规则程度可分为料石和毛石。

（1）料石　亦称条石，系由人工或机械开采的较规则的六面体石块，经人工略加凿琢而成。依其表面加工的平整程度分为毛料石、粗料石、半细料石和细料石四种。毛料石一般仅稍加修整，厚度不小于20cm，长度为厚度的1.5～3倍；粗料石表面凸凹深度要求不大于2cm，厚度和宽度均不小于20cm，长度不大于厚度的3倍；半细料石除表面凸凹深度要求不大于1cm外，其余同粗料石；细料石经细加工，表面凸凹深度要求不大于0.2cm，其余同粗料石。料石常由砂岩、花岗石、大理石等质地比较均匀的岩石开采琢制，至少有一面的边角整齐，以便互相合缝，主要用于墙身、踏步、地坪、挡土墙等。部分粗料石可选来用于毛石砌体的转角部位，控制两面毛石墙的平直度。

（2）毛石　由人工采用撬凿法和爆破法开采出来的不规则石块。由于岩石层理的关系，往往可以获得相对平整的和基本平行的两个面。它适用于基础、勒脚、一层墙体。

三、景墙表面装饰材料

景墙贴面材料是镶贴到表层上的一种装饰材料。景墙贴面材料的种类很多，常用的有饰面砖、花岗石饰面板、水磨石饰面板和青石板等，园林中还常用一些不同颜色、不同大小的卵石来贴面。

1. 饰面砖

适合于景墙饰面的砖有：

（1）外墙面砖（墙面砖）　一般规格为200mm×100mm×12mm、150mm×75mm×12mm、75mm×75mm×8mm、108mm×108mm×8mm等，表面分有釉和无釉两种。

（2）陶瓷锦砖（马赛克）　以优质瓷土烧制的片状小瓷砖，可拼成各种图案贴在墙上的饰面材料。

（3）玻璃锦砖（玻璃马赛克）　以玻璃烧制而成的小块贴于墙上的饰面材料，有金属透明和乳白色、灰色、蓝色、紫色等多种花色。

2. 饰面板

用于景墙的饰面板有花岗石饰面板，它是用花岗岩荒料经锯切、研磨、抛光及切割而成。因加工方法及加工程序的差异，分为下列四种：

（1）剁斧板　表面粗糙，具有规则的条状斧纹。

（2）机刨板　表面平整，具有相互平行的刨纹。

（3）粗磨板　表面光滑、无光。

（4）磨光板　表面光亮、色泽鲜明、晶体裸露。

不论采用上述哪一种面板，装饰效果都好。

3. 青石板

青石板系沉积岩，材质软，较易风化，其材性纹理构造使青石板易于劈裂成面积不大的薄片。使用规格一般为长宽300~500mm不等的矩形块，边缘不要求很直。青石板有暗红、灰、绿、蓝、紫等不同颜色，加上其劈裂后的自然形状，可掺杂使用，形成色彩富有变化而又具有一定自然风格的装饰效果。

4. 水磨石饰面板

水磨石饰面板用水泥（或其他胶结材料）、石屑、石粉、颜料加水，经过搅拌、成型、养护、研磨等工序所制成，色泽品种较多，表面光滑，美观耐用。

四、砖砌体的方法

普通砖墙厚度有半砖、一砖、四分之三砖、一砖半、二砖等，常用砌筑方法有一顺一丁、全顺式、顺丁相间式等，如图6-29所示。一顺一丁式的特点是整体性好，但墙体交接处砍砖较多；全顺式是每皮均以顺砖组砌，上下皮左右搭接为半砖，适用于模数型多孔砖的砌合。全顺式只适用于半砖厚墙体。顺丁相间式的特点是砌筑较难，墙体整体性较好，外形美观，常用于清水砖墙。

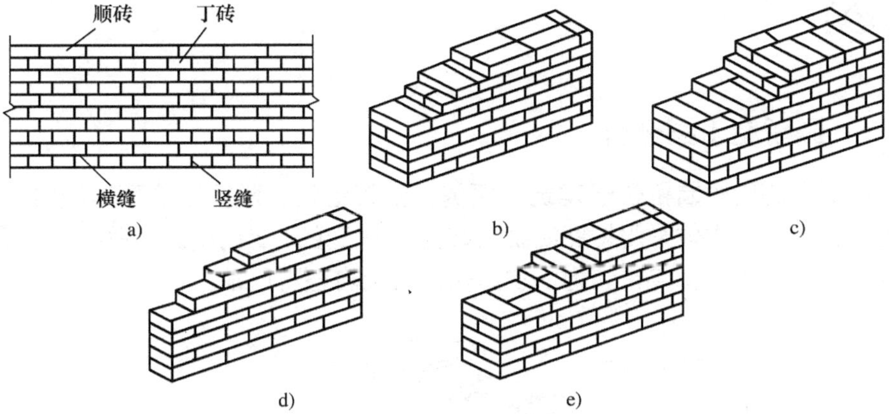

图 6-29　砖砌方法

a）砖缝形式　b）、c）一顺一丁式

d）全顺式　e）顺丁相间式

【拓展训练】

1. 景墙砌体的材料有哪些，如何进行景墙砖墙砌体的砌筑？
2. 简述弧形景墙墙体的放样方法。
3. 景墙外表装饰途径和方法有哪些？
4. 试制定某石材雕塑小品安装吊运过程的施工方案。
5. 编制景墙施工方案，在庭院实训场地进行景墙的施工。

任务四　园桥施工

庭院中水面一般占有相当大的比重，而组织与水有关的景观时，大多与桥的布局有关。庭院中设置桥梁可以联系两岸交通，变换观赏视线，点缀水景，增加水面层次，兼有交通和艺术欣赏的双重作用。园桥在造园艺术上的价值，往往超过交通功能，所以园桥形式非常丰富，制作也极为讲究。

【工作流程】

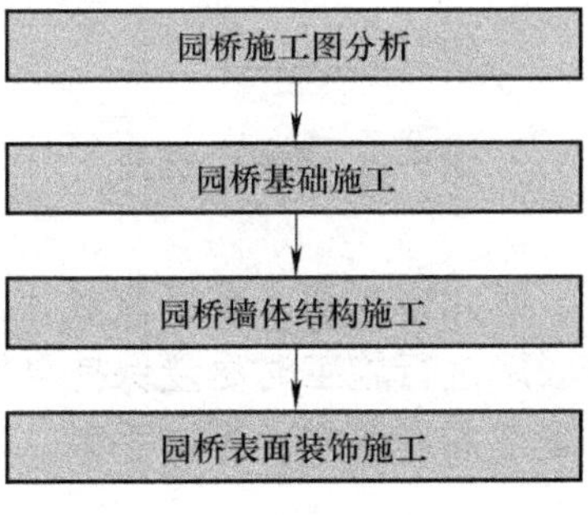

【操作步骤】

步骤一：园桥施工图分析

杭州天香会所庭院中园桥位于建筑物西侧，横跨池塘，联系庭院两岸线路（图 6-30）。根据设计施工图，园桥主体采用钢筋混凝土结构，平面形式变化曲折，桥身栏杆采用砖墙作挡墙，立面采用花岗岩冰梅碎拼装饰，顶部采用花岗岩整石压顶。

拱桥东立面图1:50

拱桥西立面图1:50

图 6-30　园桥立面图

园桥施工前应熟悉设计文件、研究施工图，现场核对后，尽量创造有利的施工条件保证施工能如期完成。结合现场池塘驳岸进行施工时尽量保持自然风格，使之与周围环境浑然一体。另外，由于园桥高差较大，施工前需要搭建好脚手架，以便施工。

步骤二：园桥基础施工

基础施工前根据图纸和现场进行清理，要注意地下如果有电缆、管道或构筑物靠近开挖桥涵基础，则应与业主和监理单位及时沟通。

根据施工图上园桥的定位现场进行测量，找到桥涵的中线并设置位置桩、水准点桩及必要的护桩。基坑的各定位点的标高及开挖过程中标高检查应按一般水准测量方法进行。应根据土质、开挖深度和施工方式确定坑底工作面，从而放出开挖线。

园桥基础采用混凝土砌块。混凝土砌块采用挤浆法分层、分段进行砌筑。严禁采用灌浆法施工。分段位置宜设在沉降缝或伸缩缝处。砌块不得无砂浆直接接触，表面砌缝宽度不得大于2cm，两层间竖向错缝不得小于10cm。砌体表面砂浆要饱满，砌缝要整齐。沉降缝应整齐垂直，上下贯通，用沥青麻筋填塞密实后用沥青灌缝。如需设泄水孔，应严格按设计要求位置和泄水孔规格设置泄水孔，确保泄水孔畅通。

混凝土砌体表面采用与砌体砂浆同标号的砂浆进行勾缝。勾缝采用凹缝，缝宽为1.5～2.0cm（同一区段砌体的缝宽必须一致），缝深为0.8～1.0cm。严禁使用低于砌体砂浆强度的砂浆进行勾缝。砌筑完毕后要及时进行覆盖，并经常洒水保持湿润，常温下养护期不得少于7天。特别是夏季，严禁新砌筑砌体在高温下无覆盖暴晒，即使未砌筑完毕，当中午休息时间过长时，也要覆盖洒水养护，以免砂浆瞬间失去水分，影响强度。冬季严禁洒水养生，应采用保温膜、草袋等覆盖养护。

步骤三：园桥墙体结构施工

园桥墙体的施工有安装墩台模板和混凝土浇筑两道工序。先根据设计要求选择相应的模板安装类型并安装好模板。在墩台施工前，应将基础顶面冲洗干净，除去表面浮浆，在基础顶面放出墩台中线和墩台内外轮廓线的准确位置。浇筑时应经常检查模板，钢筋及预埋件的位置和保护层尺寸，确保位置正确，不发生变形。现浇钢筋基础应先安装基础钢筋，预埋墙身竖向钢筋，待基础混凝土浇筑完且强度达到2.5MPa后，再进行墙身钢筋安装。钢筋混凝土墙浇筑混凝土要连续操作，如中途停止，应按施工缝处理。脱模后表面不平整或有其他缺陷要予以修补。

天香会所中的桥台采用拱座式结构建造，如图6-31。现场需搭脚手架，脚手架应环绕墩台搭建。石砌墩台在砌筑前，应按设计实样挂线砌筑。形状比较复杂的墩，应先做出配料设计图，注明砌块尺寸；形状比较简单的墩，也要根据砌体高度、尺寸、错缝等，先行放样配好材料。墩台石块在使用前要湿润，应清洗干净，混凝土预制块均以砂浆粘结。所有砌缝要求砂浆饱满。若用小块碎石填塞砌缝，则要求碎石周围都有砂浆。砌石顺序先为角石，再镶面，后填腹，填腹石的分层高度应与镶面相等。变形缝在拱桥边墙的两端各设置一道，缝宽为15～20mm。缝内要填充，并在缝隙上加做防水层，要求完全不透水，以防雨水浸入或异物阻塞。

墙体的上部两侧挡墙采用砖砌体，施工时需要及时检查垂直度和平整度，同时在有竖向变化的衔接处需要设置砖台阶以解决高差问题（图6-32）。台阶的标准构造是踢面高度为8～15cm，台阶的踏面宽度不宜小于28cm。施工时需要随时检查放样线位置是否偏移。

图 6-31　拱座式园桥结构施工

图 6-32　园桥台阶施工

步骤四：园桥表面装饰施工

园桥墙体采用花岗岩冰梅碎拼（图 6-33），用配比为 1∶3 的水泥砂浆找平，厚度为 10 ~ 12mm。打底前应清扫基层，然后分几遍抹灰找平，在底层抹灰未干透前抹 1∶2 水泥砂浆 10 ~ 15mm 作结合层，再镶贴碎拼花岗岩。贴完石块后，用同色水泥浆嵌缝，可嵌成凸缝、平缝，也可嵌凹缝。粘贴时要注意构图和色彩搭配，避免呆板。板缝之间的填缝砂浆要饱满。缝宽可以不规则，因为缝隙也是构图的一部分，但收边要整齐。拱券石可选用上宽下窄的楔形石块，优先选用花岗石料。拱圈石用 1∶2 水泥砂浆砌筑，拱上墙身和边墙用的石料要求可稍低于拱桥券石，但也不能相差悬殊（图 6-34）。最后进行园桥顶部挡墙压顶的安装，压顶石材选择时颜色应保持一致，保证施工后统一的效果（图 6-35）。施工时先抹 1∶2 水泥砂浆 10 ~ 15mm 作结合层，再用橡皮锤轻轻敲打，使之保持在同一水平线上，并用水准尺校正。

图 6-33　园桥墙面施工

图 6-34　园桥拱券石装饰施工

图 6-35　园桥施工后效果

【知识链接】

一、庭院园桥的形式

1. 平桥

平桥按材料有木桥、石桥、钢筋混凝土桥等。桥面平整，结构简单，平面形状为一字形。桥边常不做栏杆或只做矮护栏。桥体的主要结构部分是石梁、钢筋混凝上直梁或木梁，也常见直接用平整石板、钢筋混凝土板作桥面而不用直梁的。

2. 平曲桥

平曲桥基本情况和一般平桥相同。桥的平面形状是左右转折的折线形。根据转折数，可分为三曲桥、五曲桥，七曲桥、九曲桥等。桥面转折多为 90°直角，但也可采用 120°钝角，偶尔还可用 150°转角。平曲桥桥面设计以低而平的效果最好。

3. 拱桥

常见的拱桥有石拱桥和砖拱桥，也少有钢筋混凝土拱桥。拱桥是园林中造景用桥的主要形式。其材料易得，价格便宜，施工方便；桥体的立面形象比较突出，造型可有很大变化；圆形桥孔在水面的投影也十分好看。因此，拱桥在园林中应用极为广泛。

4. 亭桥

在桥面较高的平桥或拱桥上，修建亭子，就做成亭桥。亭桥是园林水景中常用的一种景物，它既是供游人观赏的景物点，又是可停留其中向外观景的观赏点。

5. 廊桥

这种园桥与亭桥相似，也是在平桥或平曲桥上修建风景建筑，只不过其建筑是采用长廊的形式罢了。廊桥的造景作用和观景作用与亭桥一样。

6. 吊桥

吊桥是以钢索、铁链为主要结构材料（较早有用竹索或麻绳的），将桥面悬吊在水面上的一种园桥形式。吊桥吊起桥面的方式又有两种：一种是全用钢索铁链吊起桥面，并作为桥边扶手；另一种是在上部用大直径钢管做成拱形支架，从拱形钢管上等距地垂下钢制缆索，吊起桥面。吊桥主要用在风景区的河面上或山沟上面。

7. 栈桥与栈道

架长桥为道路，是栈桥和栈道的根本特点。严格地讲，这两种园桥并没有本质上的区别，只不过栈桥更多的是独立设置在水面上或地面上，而栈道则更多地依傍于山壁或岸壁。

8. 浮桥

将桥面架在整齐排列的浮筒（或舟船）上，可构成浮桥。浮桥适用于水位常有涨落而又不便人为控制的水体。

二、园桥的基本构造

园桥由上部结构和下部支撑结构两大部分组成。上部结构包括梁（或拱）、栏杆等，是园桥的主体部分，要求既坚固耐用，又美观。下部结构包括桥台、桥墩等支撑部分，是园桥的基础部分，要求坚固耐用，耐水流的冲刷。桥台和桥墩要有深入地基的基础，上面应采用耐水流冲刷材料，还应尽量减少对水流的阻力。

三、其他类型园桥施工要点

1. 石板平板桥

常用石板宽度为0.7~1.5m，以1m左右为多，长度为1~3m。石料不加修琢，仿真自然，不设或只在单侧设栏杆。若游客流量较大，则并列加拼一块石板，使总宽度在1.5~2.5m之间，甚至更大可至3~4m。此种情况下，为安全起见，一般都加设石栏杆。栏杆不宜过高，应在450~650mm之间。石板厚度宜为200~220mm。

2. 石拱桥

园林桥多用石料，统称石桥。以石砌筑拱券成桥，称石拱桥。石拱桥在结构上分为无铰拱与多铰拱。拱桥主要受力构件是拱券，拱券有细料石榫卯拼接构成。拱券石能否在外荷载作用下共同工作，不但取决于榫卯方式还有赖于拱券石的砌置方式。

（1）无铰拱的砌筑方式

1）并列砌筑：将若干个独立拱券栉比并列，逐一砌筑合龙的砌筑法。一圈合龙，即能单独受力，并有助于毗邻拱券的施工。

2）横联砌筑：指拱券在横向交错排列砌筑。拱券横向联系紧密，从而使全桥拱石整体性大大加强。由于园桥建筑立面处理和用料上的需要，横联拱券又发展出镶边和框式两种。

拱券石镶边横联砌筑法，是在拱桥的两侧最外券各用高级石料（如大理石、汉白玉精琢的花岗石等）镶嵌砌成一独立拱券（又称券脸石），宽度不小于400mm，厚度不小于300mm，长度不小于600mm。内券之拱石采用横联纵列错缝嵌砌，拱石间紧密层重叠砌筑。

框式横联拱券吸取了镶边横联拱券的优点，又避免了前者边券单独受力与中间诸拱无联系的缺点，使得拱桥内外券材料选用可以有差异。外券材料高级些，而内券材料降低些，也不影响拱桥相连成整体。两者共同的缺点是施工时需要搭设满堂脚手架。

（2）多铰拱的砌筑方式

1）有长铰石：每节拱券石的两端接头用可转动的铰来联系。具体做法是将宽600~700mm、厚300~400mm、每节长大约为1m的内弯的拱石板（即拱券石）上下两端凿成榫头，上端嵌入长铰石之卯眼（300~400mm）中，下端嵌入台石卯眼中。靠近拱脚处的拱板石较长些，顶部则短些。

2）无长铰石：即两端直接琢制卯接以代替有长铰石的榫头。榫头要紧密吻合，接连面必须严紧合缝，外表看不出有榫头。

多铰拱的砌置，不论有无长铰石，实际上都应该使拱背以上的拱上建筑与拱券一起成为整体工作。

在多铰拱券砌筑完成之后，在拱背肩两端各筑一道间壁，即在桥台上垒砌一条长石作为间壁基石，再于其中一基石上竖立一排长石板，下端插入基石，上端嵌入长条石底面的卯槽中。间壁和拱顶之间另用一对长条石（300~400mm的长方形或正方形），叠置平放于肩墙之上。长条石两端各露出250~400mm于肩墙之外，端部琢花纹，回填三合土（碎石、泥沙、石灰土）。最后，在其上铺砌桥面石板、栏杆柱、栏板石、抱鼓石等。

3. 毛石（卵石）拱桥

完全用不规则的毛石（花岗石、黄石）或卵砾石干砌的拱桥，是中国石拱桥中大胆杰出之作，江南尤多。跨径多在6~7m，截面多为变截面的圆弧拱。施工多采用满堂脚架，或采用推土成胎模、桥建成挖去桥孔径内的胎模土的方法。目前，有些地方由于施工质量水平所限，乱石拱底也灌入少量砂浆，以求稳定。

【拓展训练】

1. 园桥的造型类型有哪些？桥体的结构形式有哪些？
2. 园桥基础施工时有哪些注意事项？
3. 简述桥身花岗岩冰梅碎拼的施工工艺。
4. 现场调查某庭院的园桥，制定出施工工艺方案。

任务五　园林小品施工

园林小品是园林中供休息、装饰、照明、展示和为园林管理等用的小型建筑设施。一般没有内部空间，体量小巧，造型别致。园林小品既能美化环境，丰富园趣，为游人提供文化休息和公共活动的方便，又能使游人从中获得美的感受和良好的教育。庭院中园林小品不仅提升了景观的实用功能，也从装饰上使得庭院丰富起来，起到画龙点睛的作用。

【工作流程】

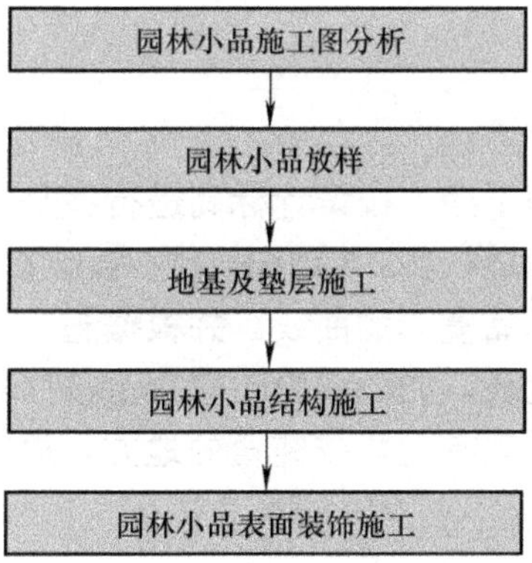

【操作步骤】

步骤一：园林小品施工图分析

杭州天香会所庭院中涉及的园林小品组合有两组（图6-36）。一处位于庭院池塘西南侧靠近跌水坝位置，中心设计水纹漩涡状景墙，以独特的水纹漩涡形式呼应庭院的设计主题。另一处位于庭院池塘东北角，景墙以水的波纹曲线形式，与周边环境相互衬托。

园林小品的主体构成为下部砖砌体外贴文化石和上部花岗岩整石组成的水纹景墙。景墙墙体呈自然曲线，对施工要求较高，而且上部花岗岩整石厚度不均，需要在施工前根据图纸对花岗岩进行切割加工，再将之运输到现场以便安装。由于紧靠庭院池塘，地下水位较高，因此需要在墙体与墙体之间设计防水油毡或钢筋混凝土加固。景墙组合之间采用雨花石铺地，形成水纹的肌理。

a)

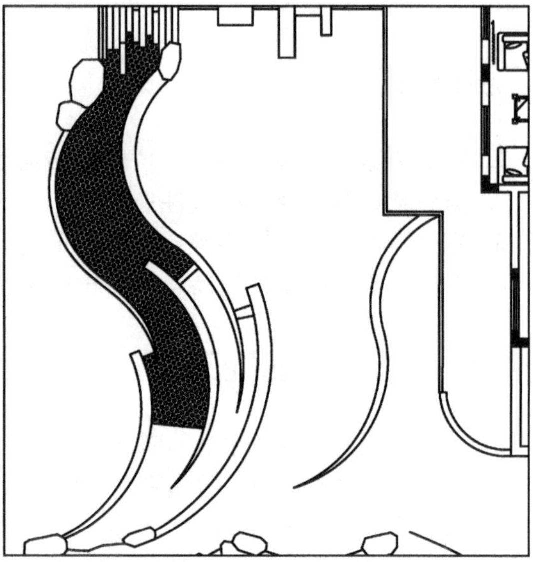

b)

图 6-36 园林小品施工平面图

a）小品一平面图 b）小品二平面图

步骤二：园林小品放样

施工放样前，应将基层清理干净，按设计标高进行找平，同时设计中坡度、高度、开挖或回填区域等数据须进行现场测量核实，标识出开挖和填埋区并在桩上标明高程，以便土方挖填。景墙小品放样时应注意小品整体的曲线，并根据施工图的方格网及砌体规格放出墙体的轴线、外边线、洞口线等位置线。曲线放样时应尽量按照圆心半径放样，并使得内切圆和外接圆相交处尽量平滑，不得出现有锐角或钝角的地方。放线结束后应及时组织监理或设计人员复核，无误后方可施工。

步骤三：地基及垫层施工

根据施工放样的边线和坡度进行开挖，应尽量避免超挖，并确保开挖后的安全坡度。开挖时对于自重比较大的景墙工程，施工时应考虑不造成对周围建筑物地基承载力的影响。地基需按设计宽度和深度开挖。在开挖过程中应检查地基土是否满足设计中对土质的要求。对那些不满足要求的地基土应进行换土，所换入的土应满足设计要求。

对于地基土承载力较弱、地下水位接近地基土或淹没地基土等情形，应使用防水油毡等材料作特殊处理（图 6-37）。景墙与景墙小品之间的垫层采用单层双向钢筋混凝土结构（图 6-38）。混凝土浇筑完进行收浆后，应及时洒水养护，养护时间不得小于 7 天（图 6-39）。

图 6-37　小品基础施工

图 6-38　小品铺地混凝土稳定层施工

步骤四：园林小品结构施工

园林小品墙体下半部用砖砌筑，根据放样曲线调整砖砌体位置。下部高 45cm，其基础和墙体可用 1∶2 水泥砂浆或 M5 混合砂浆砌 μU10 标准砖做成（图 6-40）。墙砌筑好之后，回填泥土将基础埋上，并夯实泥土，再用水泥和粗砂配成 1∶2.5 的水泥砂浆对墙抹面，抹平即可，不要抹光。

图 6-39　小品铺地混凝土养护

图 6-40　小品砖砌体施工

砖砌筑时，弧度较大相对平缓的平曲线砖采用一顺一丁式砌筑，弧度较小相对弯曲的砖采用全顺式砌筑，应提前 1 ~2 天浇水湿润。现场施工时需要注意景墙采用间隔 2m 一段设置伸缩缝，注意泄水孔的位置预留处理。

步骤五：园林小品表面装饰施工

园林小品挡墙下部采用文化石装饰。首先采用 1∶3 水泥砂浆打底，厚度为 12mm，底层灰浆要刮平、找出规矩并表面划毛。振实砂浆至铺设高度后，将文化石板块掀起移至一旁，检查砂浆表面与文化石板块之间是否相吻合，如发现有空虚之处，应用砂浆填补。底层灰浆凝固后，将已湿润的板块背面均匀地抹上2～3mm厚的素水泥浆，随即四角同时往下落，将板粘贴在墙面上，并用木锤轻敲，使其粘贴牢固，同时用靠尺找平找直。铺完第一块后，按后退方向顺序铺砌。施工完毕后，应用清水将饰面冲洗干净。

园林小品上部采用加工好的白麻花岗岩整石进行安装，高出地面20～45cm（图6-41）。由于每块花岗岩的规格不一，安装前需要将材料合理堆放。安装时需要注意轻拿轻放避免材料浪费。安装前在下部砖墙顶部倒入混凝土作为结合层，安装时应对齐花岗岩，同时采用防护措施防止花岗岩移位。最后在景墙与景墙之间倒入雨花石进行散铺。雨花石倒入前如有污垢，则需要用水先洗净。整体效果如图6-42和图6-43所示。

图6-41　小品面层施工

图6-42　小品一效果

图6-43　小品二效果

【知识链接】

一、园林小品的分类

一般按其功能分为如下五类。

（1）供休息的小品　包括各种造型的靠背园椅、凳、桌和遮阳的伞、罩等。常结合环境，用自然块石或用混凝土做成仿石、仿树墩的凳、桌；或利用花坛、花台边缘的矮墙来作椅、凳等。围绕大树基部设椅凳，既可休息，又能纳荫。

（2）装饰性小品　各种固定的和可移动的花钵、饰瓶，可以经常更换花卉。装饰性的日晷、香炉、水缸，各种景墙（如九龙壁）、景窗等，在园林中起点缀作用。

（3）结合照明的小品　园灯的基座、灯柱、灯头、灯具都有很强的装饰作用。

（4）展示性小品　各种布告板、导游图板、指路标牌以及动物园、植物园和文物古建筑的说明牌、阅报栏、图片画廊等，都对游人有宣传、教育的作用。

（5）服务性小品　如为游人服务的饮水泉、洗手池、公用电话亭、时钟塔等；为保护园林设施的栏杆、竹墙、花坛绿地的边缘装饰等；为保持环境卫生的废物箱等。

园林小品具有精美、灵巧和多样化的特点，设计创作时可以做到“景到随机，不拘一格”。

二、园林小品的创作要求

（1）立其意趣　根据自然景观和人文风情，进行景点中小品的设计构思。

（2）合其体宜　选择合理的位置和布局，做到巧而得体、精而合宜。

（3）取其特色　充分反映建筑小品的特色，把它巧妙地熔铸在园林造型之中。

（4）顺其自然　不破坏原有风貌，做到涉门成趣，得景随形。

（5）求其因借　通过对自然景物形象的取舍，使造型简练的小品获得景象丰满充实的效应。

（6）饰其空间　充分利用建筑小品的灵活性和多样性以丰富园林空间。

（7）巧其点缀　把需要突出表现的景物强化起来，把影响景物的角落巧妙地转化成为游赏的对象。

（8）寻其对比　把两种明显差异的素材巧妙地结合起来，相互烘托，显出双方的特点。

三、其他类型园林小品施工技术

1. 花坛施工技术

天香会所花坛均为砖砌，一种高度为50cm，宽度为30cm，基础深20cm，花岗岩贴面装饰；另一种高度为60cm，宽度为30cm，基础深20cm，雨花石贴面装饰。

（1）定点放线　可根据设计图纸，应用几何原理，直接用皮尺量好尺寸，并用石灰线作出明显标记。较为复杂的花坛，要求线条准确无误，必须用方格法放线。

（2）花坛墙体的砌筑　放线完成后，开挖墙体基槽，槽底土面要整齐、夯实。在砌基础之前，槽底做一个3cm厚的粗砂垫层。用砖砌筑墙体。墙砌筑好之后，回填泥土将基础埋上，并夯实泥土。再用水泥和粗砂配成1：2.5的水泥砂浆对墙抹面，抹平即可，不要抹光。

（3）花坛饰面　花坛砌体材料主要是砖、文化石、蘑菇石、卵石等，通过选择砖和石的颜色和质感，以及砌块的组合变化、砌块之间勾缝的变化，形成美的外观。花坛表面装饰种类较多，应根据设计图纸选择不同板材。有些石材表面通过拉丝、火烧等方式可以得到不同的表面效果。

由于花坛贴面材料较重，因此需要相关辅助材料固定支撑，这些支撑应待水泥砂浆干后1～2天后再进行拆除。有些花坛边缘还有可能设计有金属矮栏花饰，这些矮栏应在饰面之前安装好。矮栏的柱脚要埋入墙内，并用水泥砂浆浇筑固定。

2. 木扶手制作与安装

（1）找位与画线　安装扶手的固定件，位置、标高、坡度校正后弹出扶手纵向中心线。按设计扶手构造，根据折弯位置和角度画出折弯或割角线。楼梯栏板和栏杆顶面，画出扶手直线段与弯、折弯段的起点和终点的位置。

（2）弯头配置　按栏板或栏杆顶面的斜度，配好起步弯头。一般木扶手，可用扶手料割配弯头。采用割角对缝粘结，在断块割配区段内最少要用三个螺钉与支撑固定件连接固定。大于70mm断面的扶手接头配置时，除粘结外，还应在下面作暗榫或用铁件结合。

（3）连接预装　预制木扶手须经预装。预装木扶手由下往上进行，先预装起步弯头及连接第一跑扶手的折弯弯头，再配上折弯之间的直线扶手料，进行分段预装粘结，粘结时操作环境温度不得低于5℃。

（4）固定　分段预装检查无误，进行扶手与栏杆（栏板）的固定。用木螺栓拧紧固定，固定间距控制在400mm以内。操作时，应在固定点处先将扶手料钻孔，再将木螺栓拧入。

（5）整修　扶手折弯处如有不平顺，应用细木锉锉平，找顺磨光，使其折角线清晰，坡角合适，弯曲自然，断面一致。最后用木砂纸打光。

3. 玻璃栏板安装

（1）扶手　扶手两端的紧固点应该是不发生变形的牢固部位，如墙体、柱体或金属附加柱体等。对于墙体或结构柱体，可预先在主体结构上埋设铁件，然后将扶手与预埋件焊接或用螺栓连接；也可采用膨胀螺栓铆固铁件或用射钉打入连接件，再将扶手与连接件紧固。扶手应是通长的，如要接长时，可以拼接，但应不显接槎痕迹。金属扶手的接长均应采用焊接，焊接后，须将焊口处打磨修平而后抛光。扶手与玻璃的连接，在不锈钢或黄铜圆管扶手内加设型钢，既可提高扶手的刚度，又便于玻璃栏板的安装。型钢与金属圆管相焊接。有的金属圆管扶手不采用加设型钢的做法，其型材在生产成型时一次做好。

（2）栏板玻璃　栏板玻璃的块与块之间，宜留出8mm的间隙，间隙内注入硅酮胶系列密封胶。栏板玻璃与金属扶手、金属立柱及基座饰面等相交的缝隙处，均应注入密封胶。

（3）玻璃栏板的底座　固定玻璃时，多采用角钢焊成的连接固定件，可以使用两条角钢，也可只用一条角钢。当底座部位设两角钢时，留出间隙以安装固定玻璃，间隙的宽度为玻璃的厚度再加上每侧3～5mm的填缝间距。固定玻璃的铁件高度不宜小于100mm，铁件的布置中距不宜大于450mm。当栏板底座固定铁件只在一侧设角钢时，另一侧则是采用钢板，安装玻璃时，利用螺栓加橡胶垫或利用填充料将玻璃挤紧。玻璃的下部不得直接落在金属板上，应使用氯丁橡胶将其垫起。玻璃两侧的间隙也应用橡胶条塞紧，缝隙外边注胶密封。

【拓展训练】

1. 主要砌体的材料有哪些，如何进行花坛砖墙砌体的砌筑？
2. 调查某公园绿地园林小品并进行归类。
3. 园林小品外表装饰途径和方法有哪些？
4. 试述景墙小品曲线放样的方法。
5. 选择一园林小品进行现场安装施工，并写出施工方案。

项目七

庭院绿化施工

知识要求：

1. 熟悉庭荫树选择要求，种植地点要求；
2. 了解大树移植特点和过程；
3. 了解灌木植物的选择要求，熟悉其用途、功能；
4. 熟悉不同用途灌木的施工特点、栽植程序；
5. 了解草坪建植工程的施工流程。

技能要求：

1. 能正确选择庭荫树，完成对其树冠、树干和根系的处理后，能进行定植并按要求在适宜场地栽植；
2. 能对大树（常绿、落叶）进行移植；
3. 会选择灌木并完成苗木处理、运输和假植；
4. 能根据设计要求和灌木生长特点，进行灌木的种植；
5. 会进行草坪的铺设施工。

素质要求：

1. 养成整理工具的好习惯；
2. 能够团队协作完成植物的种植施工；
3. 注重施工过程中安全意识的养成；
4. 养成施工完成清理现场的习惯。

项目学习引言

作为室内空间的延伸，室外植物景观不仅在造景、改善环境上有着重要的意义，而且使得住户更贴近自然。绿化施工过程包含了施工准备工作、栽植乔灌草和绿化养护等工作。在施工前应合理进行施工组织设计，安排好施工周期和进度。

本项目重点介绍了庭院中庭荫树、灌木及地被草坪的种植施工过程。根据杭州天香会所庭院工程案例，本项目对涵盖的园林植物施工过程进行分析。施工前要选择好适宜的种植期，并清理好前期土方工程等硬质景观施工现场，以保障苗木的种植施工，同时检查好土壤是否符合植物栽植要求。绿化施工单位在工程开工前需要从工程主管单位和设计单位了解工程范围和工程量，包括每个工程项目的范围和要求。根据工程的施工期限和工程投资及设计预算、设计意图，并根据施工现场地上、地下情况，在施工过程中及时调整施工方案。施工前还要确定绿化工程的材料来源以及准备施工机械和运输。

任务一　庭荫树种植施工

在庭院中庭荫树枝干苍劲、荫浓冠茂，无论孤植或丛栽，都可形成美丽的景观。其作用主要在于形成绿荫以降低气温，遮蔽烈日，创造舒适、凉爽的环境，并提供良好的休息和娱乐环境。在庭院绿化中树的高度富有变化，能形成良好的天际线，起到空间层次骨架作用。庭荫树可选择的树种较多，可选用庭院造景的名贵树种和观花观果类乔木进行点缀。栽植形式一般有孤植、对植或3～5株丛植，具体配植方式可根据庭院面积大小，建筑物的高度、色彩等确定。

【工作流程】

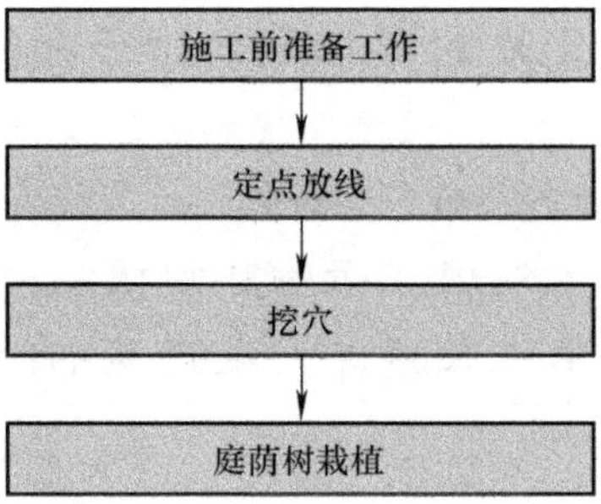

【操作步骤】

步骤一：施工前准备工作

首先，施工技术人员进场前必须阅读杭州天香会所庭院绿化施工图纸，对发现的问题应作出标记，做好记录，以便在图纸会审时提出。在踏勘现场过程中，由工程负责人组织施工技术人员进行，并了解以下情况。

1）施工现场的土质情况。针对庭院中心池塘周围土壤情况确定是否换土，并估计客土量及客土来源。了解规格较大苗木土壤厚度是否符合种植要求。

2）庭院内外是否便于机械车辆通行。如果交通不便，要考虑苗木运输路线。庭院内部的苗木运输一般以人力车和人工为主。

3）施工前要考虑地下管线位置，苗木种植坑开挖时防止管线遭受破坏。

4）了解苗木种类、规格和数量，考虑是否就近选择乡土树种或选择已驯化成功的外来树种。根据设计施工图纸，杭州天香会所主要庭荫树有沙朴、香樟、桂花、樱花、黑松、红豆杉、杨梅、银杏、羽毛枫、红枫、鸡爪槭和龙爪槐等，都是适宜浙江气候生长的苗木。

其次，充分理解图纸内容。图纸说明是否完整、完全、清楚，图中的尺寸、标高是否准确，图中植物表所列数量与图中种植物符号数量是否一致，图纸之间是否有矛盾。如发现不妥，应及时与设计师和业主进行沟通。应充分考虑施工技术有无困难，能否准保施工质量和安全，植物材料在数量质量方面能否满足设计要求，地上与地下、建筑施工与种植施工之间是否有矛盾，各种管道、架空电线对植物是否有影响。

最后，植物准备。考虑庭院中庭荫树种不同于一般公园绿地，设计要求选择生长健壮、树势恢复能力强、树造型变化丰富、树条分布均匀、枝干生长发育良好、树皮无破损的苗木。落叶乔木应有一定的分枝高度，常绿苗木应该树冠丰满匀称、枝叶色泽正常、顶芽充实饱满，无徒长枝、病虫枝、枯死枝、下垂枝。应选择根系发育良好的苗木，裸根苗木主侧根应达到足够的数量。一般常绿树的病虫害和机械损伤不能损坏中央主枝。

施工时应对庭荫树进行编号，使施工有计划地顺利进行。方法是把栽植坑及要移栽的大树均编上一一对应的号码，使其移植时可对号入座，以减少现场混乱及事故。定向是在树干上标出南北方向，使其在移植时仍能保持它按原方位栽下，以满足它对蔽荫及阳光的要求。

步骤二：定点放线

1. 徒手定点放线

庭院中大部分庭荫树采用这种方式。放线时应选取图纸上已标明的固定物体（建筑或园林硬质小品）作为参照物，并在图纸和实地上量出它们与将要栽植植物之间的距离，然后用白灰或标桩在场地上加以标明，依此方法逐步确定植物栽植的具体位置。此法误差较大，只能用在要求不高、绿地面积较小的场所。

2. 网放线法

该法适用于范围大而地势平坦的绿地。先在图纸上以一定比例画出方格网，把方格网按比例测设到施工现场去（多用经纬仪），再在每个方格内按照图纸上的相应位置进行绳尺法定点。

3. 标杆放线法

标杆放线法是利用三点成一直线的原理进行，多在测定地形较规则的栽植点时应用。

不论何种放线法都应力求准确，其与图纸比例的误差不得大于以下规定：1∶200 者不得大于 0.2m；1∶500 者不得大于 0.5m；1∶1000 者不得大于 1m。

对于成片整齐式种植或行道树，也可用仪器和皮尺定点放线。定点的方法是先将绿地的边界、园路广场和建筑物等的平面位置作为依据，量出每株树木的位置，钉上木桩，上写明树种名称。

步骤三：挖穴

严格按定点放线标定的位置、规格挖掘树穴。在栽苗木之前挖掘树穴时，以定点标记为圆心，按规定的尺寸先画一圆圈，然后沿边线垂直向下挖掘。穴底平，切忌挖成锅底形。树穴的规格应按移栽树木的规格、栽植方法、栽植地段的土壤条件来确定。裸根栽植的树苗，树穴直径应比裸根根幅放大 1/2，树穴的深度为穴坑直径的 3/4。带土球栽植的树苗，树穴直径应比土球直径大40～50cm，树穴的深度为穴坑直径的3/4。土壤黏、重板结地段，树穴尺寸按规定再增加20%。树穴达到规定深度后，还需再向下翻松约20cm深，为根系生长创造条件。种植穴挖好后，可在坑内填些表土，如果坑内土质差或瓦砾多，则要求清除瓦砾垃圾，最好是换新土。施工地段如挖方或遇土壤特别黏重坚硬时，穴与穴之间应挖沟互相连通（抽槽或就近挖盲沟以利排水），在填土上挖掘树穴时应考虑到土壤下沉深度。挖掘树穴时，应将表土放置一侧以栽植时备用，而挖掘出来的建筑垃圾、废土杂物放置另一侧集中运出施工现场，并回填适量的种植土。挖掘树穴时如遇到各种地下管道、构筑物，应立即停止操作，报主管部门妥善解决。

步骤四：庭荫树修剪

栽植前应进行庭荫树苗木根系修剪，宜将劈裂根、病虫根、过长根剪掉，并对树冠进行修剪，保持地上地下平衡（图7-1）。

1. 落叶乔木的修剪

1）对树形高大，具明显中央领导干、主轴的树种（银杏、乌桕、石榴、池杉等），应以疏枝为主，保护主轴的顶芽，使中央领导干直立生长。对保留的主侧枝应在健壮芽上短截，可剪去枝条1/5—1/3。对干径为5～10cm的苗木，可选留主干上的几个侧枝，保持原有树形进行短截。

2）对主轴不明显的落叶树种（槭树类），应通过修剪控制与主枝竞争的侧枝，使领导枝直立生长。对干径10cm以上树木，可疏枝保持原树形。

图7-1　修剪保持原有树形

3）对易萌发枝条的树种（龙爪槐、鸡爪槭等），栽植时注意不要造成下部枝干劈断。定干的高度根据环境条件来定，一般为1～2m。

2. 常绿树的修剪

1）中、小规格的常绿树移栽前一般不剪或轻剪。

2）栽植前只剪除病虫枝、枯死枝、生长衰弱枝、下垂枝等。

3）常绿针叶类树只能疏枝、疏侧芽，不得短截和疏顶芽。

4）高大乔木宜于移栽前修剪，乔木疏枝应与树干齐平、不留桩。

5）具有明显主干的高大常绿乔木，应保持原有树形，适当疏枝。枝条茂密具圆头形树冠的常绿乔木可适量疏枝，枝叶集生树干顶部的苗木可不修剪。

步骤五：庭荫树栽植

庭荫树栽植时要保持树体端正，上下垂直，不得倾斜，并尽可能照顾到原生长地时所处的阴阳面。置放苗木要做到轻拿轻放，裸根苗直接放入树穴，带土球苗暂时放树穴一边，但不得影响交通。

1. 栽植方式

（1）规则式栽植

1）树干定位必须横平竖直，树干应在一条直线上。

2）相邻近苗木规格（干径、高度、冠幅、分枝点）应要求一致，或相邻树高度差不超过50cm，胸径差不超过1cm。

3）栽植时最好先选定标杆树，然后以标杆树为瞄准的依据，三点连成一线，全面开展定植工作。

（2）丛植苗木定植

1）树木高矮、干径及体量大小要搭配合理，合乎自然要求。

2）从四面观赏的树丛，要将高的苗木定植中间或根据需要偏于一隅，矮的苗木定植四周。

3）从三面观赏的树丛，高的苗木定植在后，矮的苗木定植在前。

（3）孤植树定植

1）应将最好的观赏面迎着主要方向（图7-2）。

2）孤植的大树若树干有弯，其干凹的一面应尽量朝西北方向。

图7-2　庭荫树观赏面的方向

2. 栽植方法

（1）栽植深浅程度

1）一般栽植裸根苗，根径部位易生不定根的树种时，或遇栽植地为排水良好的砂壤土，均可适当栽深些，其根茎（原土痕）处低于地面5～10cm。

2）带土球苗木、灌木或栽植地为排水不良的黏性土壤均不得深栽，根径部略低于地面2～3cm或平于地面。

3）常绿针叶树和肉质根类植物，土球入土深度不应超过土球厚度的3/5。在黏性重、排水不良地域栽植时，其土球顶部至少应在表土层外，栽后对裸露的土球应填土成土包。

（2）带土球苗栽植方法

1）带土球苗木吊放树穴时，应选择树冠最佳面为主要欣赏方向，必须一次性妥善放置到树穴内，将苗扶正。如需要转动，须使土球略倾斜后，慢慢旋转，切勿强拉硬扯造成土球破损。

2）土球放置树穴后，要全部剪开土球包装物，尽量取出，使土球泥面与回填土密切结合。

3）带土球苗栽植前，应先将表土（营养土）填入靠近土球部分，当填土20～30cm时应踏实一次。大型土块要敲碎，将细土分层填入逐层脚踏或用锹把土夯实，注意不要损伤根或土球。

4）栽植后应将捆绕树冠的草绳解开，使枝条舒展。

（3）裸根苗栽植方法

1）裸根苗木入坑前，先将表土（营养土）填入坑穴至一个小土包，以便裸根苗木放入树穴后根系自然伸展。

2）裸根苗木栽植前必须将包装物全部清除坑外，避免日后气温升高，包装材料腐烂发热，影响根系正常生长。

3）栽植裸根苗木时，在回填土回填至一半时，须将树苗向上稍微提一下，以便使根颈处与地面相平或略低于地面，用脚踏实土壤。

4）围堰。树苗栽好后，应在树穴周围用土筑成高15～20cm的土围子，其内径要略大于树穴直径，围堰要筑实，围底要平，用于浇水时挡水用。

3. 浇水

1）移栽苗木定植后必须浇足三次水，第一次要及时浇透定根水，渗入土层约30cm深，使泥土充分吸收水分与根系紧密结合，以利于根系的恢复和生长；第二次浇水应在定根后2～3天进行；再相隔约10天左右浇第三次水，并灌足灌透，以后可根据实际情况酌情浇水。

2）新移植的常绿树除了对根部浇水外，还要对树冠和叶片喷水，以减少树体蒸腾而失水。

3）灌溉水以自来水、井水、无污染的湖塘水为宜。为节约用水，经化验后不含有毒物质的工业废水、生活废水也常作为灌溉用水。

4）在灌水时，切忌水流量过大，冲毁围堰，如发生土壤下陷，树木应及时扶正培土。

4. 封堰

三遍水之后，待充分渗透，用细土封堰，填土20cm，保水护根以利成活。

5. 设置支柱及保护器

为减少人为和自然损害造成树木倾斜、损伤，需要设立支柱或保护器保护。

1）绕干。对新植树木用草绳或遮阳网绕干，其绕干高度为1.3m。

2）立支柱。栽植树冠较大的乔木，应立支柱支撑。对于大规格或枝繁叶茂的乔木等，用毛竹四角支撑，即取四根杉木，支撑树体中某一点（图7-3）。在苗木茎干上的绑扎点应用麻布或橡皮块包住，以免磨去皮层，或引起环剥。四根毛竹均匀布置，着地点用石块垫于下或将毛竹打入地下。在苗木茎干的被支撑处（绑扎点）用麻绳或尼龙绳将毛竹固定绑好。

3）保护器。庭院地坪单株树木，为防止人为践踏和机械碰撞，应在树穴上安装镂空的铸铁或水泥盖板，并在盖板上配支架保护单株树木。同一条道路上的保护器应做到规格一致，整齐、结实、美观，不影响交通。

图7-3 树木支撑

【知识链接】

一、挖苗

苗木挖掘由苗圃（场）工作人员负责实施，施工单位可根据树种特性、苗木规格、土壤类型、移植季节及施工的特殊性（大树移植需要断根处理的）等因素，对苗圃（场）工作人员提出挖掘苗木的根盘大小和土球规格、质量等方面的要求。一般落叶乔木根径为苗木胸径的10倍，落叶灌木根径为苗木胸径的8～10倍，土球高度为土球直径的2/3，土球留底规格为土球直径的1/3。

挖苗如遇到土壤干燥时，应要求苗圃（场）工作人员在挖苗前2天灌一次水，增加土壤黏着力。土壤过湿时应提前挖沟排水，以利挖苗和减少根系的损伤。

为便于苗木的挖掘和运输，宜在苗圃（场）内对部分大规格乔木（意杨、法桐、樟树等）按设计要求进行适当疏枝或短截主干，对蓬散的常绿树树冠进行适当的包扎。

1. 裸根苗木的挖掘

1）挖掘裸根苗时，应从根盘的外侧环状开沟，铲去表土，然后沿沟壁直挖至规定的深度，待主要侧根全部切断后从一侧向内深挖，但是主根未切断前不得用猛力拉摇树干，以免损伤根系。切断主根后用锹掏空土球泥土，注意勿损伤须根，随根土要保留。

2）挖裸根苗时如遇到较粗大根系时，宜用手锯断，保持切口平整，切断主根宜用利铲，防止造成主根劈裂。

2. 带土球苗木的挖掘

1）挖掘常绿树、名贵树和观赏花木时均要带土球。

2）掘苗前先剪处于主干基部的无用枝，并采用护干、护冠措施，再刨去表层土壤，以不伤表层根为度。在保证土球规格的原则下将土球表修整光滑，呈上大下小倒卵圆形。

3）包装材料要结实，草质包装物必须事先用水浸湿，土球包扎要紧密，土球底部要封严而不能漏土。

4）挖苗和土球包装时，应注意防止苗木摇摆和机械损伤，确保土球完整。

5）土球包装方法一般按以下规定实施：土球直径 50cm 以下，橘瓣式包装（单股单轴）；土球直径 55 ~ 80cm，腰箍，橘瓣式包装（单股单轴）；土球直径 85 ~ 100cm，铜钱式包装（单股单轴）。

二、苗木假植

已挖掘的苗木因故不能及时栽植下去，应将苗木进行临时假植，以保持根部不脱水，但假植时间不应过长。

1）假植场地应选择靠近种植地点、排水良好、湿度适宜、避风、向阳、无霜害、近水源、搬运方便的地方。

2）裸根苗木假植采取掘沟埋根法：挖掘宽 1 ~ 1.5m，深 0.4m 的假植沟，将苗根朝北排放整齐，一层苗木一层土将根部埋严实，短时间假植（1 ~ 2 天）可用草席覆盖。遮阴、洒水保温。

3）带土球假植可将苗木直立，集中放在一起。若假植时间较长，应在四周培土至土球高度的 1/3 左右夯实，苗木周围用绳子系牢或立支柱。

4）假植期间要加强养护管理，防止人为破坏。应适量浇水保持土壤湿润，但水量不宜过大，以免土球松软，晴天还应对常绿树冠枝叶喷水，注意防治病虫害。

5）苗木休眠期移植，若遇气温低、湿度大、无风的天气，或苗木土球较大在 1 ~ 2 天内进行栽植时，可不必假植，应用草帘覆盖。

三、苗木运输

1）树木挖好后应在最短的时间内运到现场，坚持做到随挖、随运、随种的原则，装苗前要核对树种、规格、质量和数量，凡不符合要求的应予以更换。

2）装卸、托运苗木时应重点保护好苗根，使根处在湿润条件下。长途运输裸根苗时采用根部垫湿草、沾泥浆，再行包装，在苗木全部装车后还要用绳索绑扎固定，避免摇晃，并用草席等覆盖遮光、挡风，避免风干或霉烂、尽量减少苗木的机械损伤。

3）装运高大苗木要水平或倾斜放置，苗根应朝向车前方，带土球的苗木其土球小于30cm时可摆放两层，土球较大时应将土球垫稳，一棵一棵排列紧实。装运灌木苗和高度在1.5m以下带土球苗可以直立装车，但土球上不得站人或放置重物。

4）苗木装运时，凡是与运输工具、绑缚物相接触的部位均要用草衬垫，避免损伤苗木。

5）苗木装卸时要做到轻拿轻放，并按顺序搬移，不得随意抽拽，裸根苗木也不准整车推卸。

6）带土球苗木在装卸时不准提拉枝干，土球较小时，应抱住土球装卸，若土球过大时，要用麻绳、夹板做好牵引，在板桥上轻轻滑移或采用吊车装卸，勿使土球摔碎。

7）苗木装卸时，技术负责人要到现场指挥，防止机械吊装碰断杆线等事故发生，同时还要注意人身安全。

四、非适宜季节树木移植

适宜季节植树成活率高，但是由于特殊任务或其他工程影响等客观原因，必须在非适宜季节进行植树，为保证有较高的成活率，按期完成植树工程任务，须采取树木生长期移植技术。

1. 常绿树的移植

（1）有足够的时间准备的工程　在适宜树木移植季节内（春季）将树苗带土球掘好，提前运到假植场地，装入大于土球的筐、木桶或木箱内，按一定的株行距摆好培土固定，待有条件施工立即定植。

（2）无时间准备的工作　可直接挖苗运载，但须采取有效措施减少水分蒸腾。若树木正萌发二次梢或处于旺盛生长期，则不宜移植。

直接移植时应加快速度，事先做好一切准备工作，做到随掘、随运、随栽、环环扣紧，以缩短施工工期。移栽后采取特殊的养管措施。

1）苗木树干缠草绳，立支柱或保护器防止人为破坏。

2）及时、多次灌水和进行枝叶喷雾，夏季适宜灌水时间为上午九时前和下午五时后，冬季则在中午灌水。

3）炎热夏季，树穴还可铺置草袋，白天铺置晚上揭开透气。

4）有条件的最好采用遮阴防晒棚。

5）入冬还应有防寒措施。

2. 落叶树的移植

（1）掘苗　于早春树木休眠期预先将苗木带土球掘好，土球规格可参照同等干径的常绿树。

（2）做假土球　秋季树木落叶后将裸根苗木掘起，用人工另造土球（假土球）。方法是地上挖一圆形底坑，将事先准备好的蒲包平铺于坑内，然后将树根放置在蒲包上，保持树根舒展，填入细土，分层夯实直至与地面平齐，即可成圆形土球。用草绳在树干基部封口后，将假土球挖出，捆草绳打包。

（3）装筐 筐可用紫荆条或竹丝编成，筐的大小较土球直径高度都要高大 20～30cm。装筐前先在筐底垫土，然后将土球放于筐正中，填土夯实直至距筐沿还有 10cm 高时为止，并沿筐边培土夯实作为灌水堰。大规格苗木最好装木桶或木箱。

（4）假植

1）假植场地应选择在高而干燥的场地、排水良好、水源充足、交通便利，距施工现场较近的地方。

2）分区假植：按树种、品种、规格划分假植区，株间距以当年新生枝互不接触为最低限度。

3）先挖好假植坑，深度为筐高的 1/3，直径以能放入筐为准，放好筐后填土至筐的 1/2 处拍实，并沿筐沿做好灌水堰。

（5）假植期间的养护管理

1）灌水：培土后连灌三次水，以后视干旱情况经常灌水，但应避免生长过旺。

2）修剪：装筐时进行重于正常栽植期的修剪。在假植期间还应经常修剪，以疏枝为主，严格控制徒长枝，及时去糵，入秋后经常摘心，以充实下部枝条。

3）排水防涝：雨季事先挖好排水沟，及时排出积水。

4）病虫防治：及时防治病虫害，以利于假植苗正常生长。

5）施肥：假植期间可以施用少量速效氮肥。如，尿素 0.1% 叶面施肥或根施。

（6）装运栽植 施工现场具备了植树施工条件，则应及时定植，环环扣紧，以利成活，方法与正常植树相同。

1）栽植前将培土扒开，停止灌水，风干土球表面，使之坚固，以利吊装。

2）发现筐已腐烂，可用草绳加固。

3）吊装时捆吊粗绳的地方加垫木板，以防粗绳勒入土球过深造成散坨。

4）栽植时连筐入坑底，但凡能取出的包装物尽量取出并及时填土夯实。

5）加强养护管理，及时灌水、遮阴，以利迅速恢复生长，及早发展绿化效果。

五、大树移植

凡胸径超过 10cm（含 10cm）的树木移植，均称为大树移植。

1. 大树移植前的准备工作

（1）树木的选择和“号苗” 按照绿化工程设计规定的树种、规格及特定的要求（树形、姿态、花色、品种），施工人员到树木栽植地进行选树。

1）选择经过移栽的、生长健壮、无病虫害、树冠丰满、观赏价值高、易抽发新生枝条的壮龄树木。野生树种宜选择在土层深厚或植物群落稀疏地段的树木。

2）掌握树木生长的环境、土壤结构及干湿情况，确定选苗和采取的有效措施。

3）具有便于机械吊装及运输的条件，或经过修路后能通行吊车及运输车辆。

4）了解树木的权属关系，办好购树的有关手续。

（2）建卡编号 对已选中的大树做出明显的标记并建卡、编号，写明树种、高度、干径、分枝点的高度、树形、主要观赏面、地点、土质、交通、存在的问题及解决的办法，然后统一编号，以便栽植时对号入座。

（3）办理运苗手续 大树移植需要市政等有关单位配合，移植前应与市政、供电、交管、环卫等部门办理运苗手续，核发交通通行证，确保施工进度。

（4）机具准备　挖掘前应准备好所需要的全部工具、材料、吊车及运输车辆，并指定专人负责。

（5）大树切根移植　在适宜季节移植大树，可直接挖苗移栽；在非适宜植树季节移植大树或移植名贵树种及不适于修剪的树种，移栽前均应采用切根技术。方法是一般在移植前2～3年的春、秋进行，以树干为中心，以胸径的3～4倍为半径，沿根径部划一圆形，将其分成四等份。挖沟分两年进行，第一年先挖相对的两条沟，第二年再挖另相对的两条沟。沟宽40～50cm、深50～80cm，挖掘时如遇粗根应用利斧将其砍断，或采用环状剥皮，剥皮宽约10cm，涂抹0.001%生长素，埋入肥土，灌水促发新根。第三年沟中长满了须根，以后挖掘大树时应从沟的外围开挖，尽量保护须根。

2. 大树的挖掘

（1）大树裸根移植　落叶大乔木、灌木在休眠期均可裸根移植。近年来，在适宜植树季节，对大规格樟树拦头后采用裸根移植，成活率较高。

1）大树裸根移植其根盘大小为胸径的8～10倍。

2）掘苗前应对树冠进行重剪，尤其是易萌芽的树种（悬铃木、槐树等）可在规定的留干高度进行“拦头”修剪，注意避免枝干劈裂。

3）挖掘裸根大树的操作程序与挖土球苗一样，在土球挖好后用锹铲去表土，再用两齿耙轻轻去掉粗根附近的土壤，尽量少伤须根。

（2）大树带土球移植

1）大树带土球移植，其土球直径为胸径的8～10倍，土球高度为土球直径的2/3。若地下水位较高时，大树根系垂直方向分布较少，则土球可以酌减。

2）挖掘前应对常绿阔叶树进行适度修剪，针叶树因无隐芽可萌发，只能适当疏枝以减少蒸腾。然后用草绳将树冠捆扎收紧，保护树冠的完整。

3）掘苗前用竹竿将苗木支撑牢固，以便掘苗时确保大树和操作人员的安全。

4）土球挖掘方法。以树干为中心，按土球规格画线作圆，先按圆周线垂直挖掘60～80cm的环状沟槽，并注意根系分布情况。当遇到4～5cm粗根时，应用手锯或利斧将其砍断，伤口面要光滑。当底根露出时，再向土球底部掏挖，然后用韧性较好的麻绳绑扎腰箍，并继续向土球包扎好。若发现土球土壤部分脱落时，应用草绳、草包等物填充，再行包装。

3. 大树带土球的包扎

土球包扎应用1.5cm粗的草绳或麻绳、箱板等包装，包装形式按下列情况确定。

1）土质黏结，湿度不大的，球直径在80cm的，用草绳以井字形或五角星形包扎。

2）土质黏结度不大，湿度较大的，土球直径在80～120cm的，采用五角星与橘瓣式两种混合式包扎。

3）土球直径超过120cm的，应用麻绳扎腰箍，采用五角星式包扎。

4）土质松软，土球直径超过120cm的，应采用木箱板包装。

4. 大树吊装和运输

1）大树移植前要用吊车装卸，用载重车运输。

2）装车前用事先打好结的大绳双股分开，捆死土球下部，然后将粗绳两端扣在吊钩上，轻轻起吊一下。当树身倾斜时，用大绳在树干茎部拴一绳套，绳套也扣在吊钩上，即可起装吊车。

3）起吊装车时凡粗绳与土球接触的地方垫木板。装车时土球朝前，树梢向后，用三角枕木将土球与车厢底板空隙处塞紧，并用粗绳将树干与车身固定在一起，树冠用绳收紧，以防拖地擦伤。

4）运输途中需专人负责押运。押运人应检查捆绳是否牢固，树梢是否拖地，有无超高、超宽、超长的现象。必须随车带挑杆，以备途中使用。

5）卸车与装车方法基本相同。在吊树入坑时，树干要用麻包、草袋包好，以防擦伤树皮。为防止土球入穴后树干不能立起，应在树干高2/3处系一根1～1.5cm粗麻绳，将麻绳另一端与吊钩相结。若土球落穴时不能直立，可用吊钩一端的麻绳轻轻向树身歪斜的反方向拉动，直至树身笔直。

6）土球落位时，应注意将树冠姿态优美的一面放在主要观赏面。

5. 大树栽植

1）按设计图纸准确定好位置，测定标高，编穴号，以便栽植时对号入座，准确无误。

2）挖穴（坑）。按点挖坑，裸根苗坑穴的规格应较树根根盘直径大20cm，带土球苗树坑的规格以土球直径加大40cm，深度放大20cm。坑底挖松、整平。如需要换土、施肥，应一并准备好，并将有机肥与回填土拌和均匀，栽植时施入坑内。

3）裸根大树栽植前应检查树根，发现损坏应剪除，树冠剪口处应涂抹防腐剂。

4）裸根大树栽植深度一般较原土痕深5cm左右，分层埋土踏实，填满为止，并立支柱支撑牢固，以防大风吹歪。

5）大树入坑前，坑边和吊臂下不准站人。入坑后校正位置，可用四个人站在坑沿的四边用脚蹬土球（木箱）的上沿以保证树木定位于树坑中心。

6）带土球大树入坑放稳后，将麻绳从底部缓缓抽出，并立支柱将树身支稳，拆除包装物、填土。每填土20～30cm时，要踏实一次，直至填平为止。操作时注意保护土球。

7）围堰。在树坑外缘用土培一道30cm高的土堰，并用锹拍实。

8）灌水。栽植后连灌三次水，四周均匀浇灌，防止填土不匀，造成树身倾斜，第三次灌水后进行培土封堰，以后酌情再灌。

【拓展训练】

1. 庭荫树修剪有什么目的，应按什么原则进行修剪？
2. 庭荫树定点放样的主要方式。
3. 苗木挖穴时应注意的问题。
4. 简述庭院中大树移植技术。
5. 根据图纸在实训场地进行庭荫树的栽植，并完成施工报告一份。

任务二　灌木及草坪种植施工

根据庭院的大小、庭荫树布置情况和气候条件，选择合适的庭院灌木，让灌木更加衬托和点缀庭院，注重庭院灌木搭配，使得庭院植物空间层次丰富。栽植造景时把高度、形态、色彩、大小相对和谐统一的灌木在一定区域内搭配起来，而后修剪外表面，形成植物组合成景，以满足不同的园林植物设计效果需要。在庭院种植施工时灌木依据设计要求可以分为绿篱施工、色块施工和花灌木施工。草坪常与园林林木、园林小品等构成优美的景观环境，为人们提供休闲、观赏、运动等户外娱乐活动场所。草坪作为园林景观，除了具有调节湿度、释放氧气等生态功能外，还要有不与树木、乔灌木大量争地这个特点。草坪为庭院中建筑、景观起到了“净化”和“简化”、统一视觉的作用，因此对庭院里草坪的要求是：耐阴性强、质地细致、绿期长、易养护等。

【工作流程】

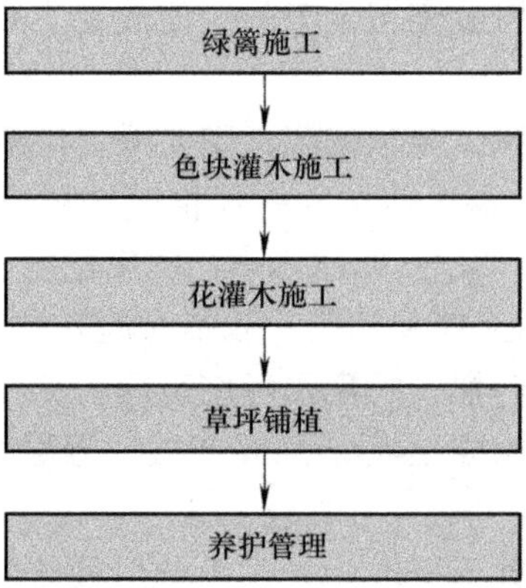

【操作步骤】

杭州天香会所主要种植的灌木有胡颓子、山茶、垂丝海棠、无刺枸骨球、刚竹、紫鹃球、紫薇、红花继木球、龟甲冬青、茶梅、瓜子黄杨球等。

步骤一：绿篱施工

1. 绿篱材料的选择

绿篱植物材料种类很多，一般以枝叶细密耐修剪的常绿阔叶树或针叶树为主，也可选用花灌木，或落叶灌木作花篱。按绿化设计要求的树种、规格到苗圃选苗，选择植株生长健壮、丰满、无病虫害、无脱脚现象的苗木。

2. 绿篱的栽植

绿篱栽植前先挖种植沟，沟规格应视土质和苗木规格确定。如土质不好，挖方应适当加大规格。一般栽植 1 ~3 年生小苗，沟宽 50cm、深 40cm，栽植大规格的绿篱要视土球直径而定。种植绿篱地段如土壤瘠薄应施基肥或更换土壤。绿篱栽植株距以树冠相接为原则进行（设计有特殊要求的按设计进行）。绿篱栽植后随即覆土，踏实，浇透水，扶直，第二天再复浇水一次，然后进行整形修剪。

3. 绿篱的修剪

新植绿篱高度按设计要求进行修剪，若无具体规定，依绿化实际应用分为矮篱 20 ~ 25cm、中篱 50 ~ 120cm、高篱 120 ~ 160cm、绿墙 160cm 以上。

绿篱修剪常用的形状有自然式绿篱和整形式绿篱。整形式绿篱常见的有矩形、梯形、倒梯形、圆顶形，另外还有栏杆式、城墙垛口式。

修剪方法：

（1）自然式绿篱的修剪　通常以阻挡人们视线或防范为主的灌木篱（如绿墙、高篱、刺篱、花篱），采用自然式修剪。适当控制高度，剪去病虫枝，枯死枝，对徒长枝和影响灌木自然姿态的枝条进行短截或疏剪，使枝条自然生长、枝叶繁茂，提高遮掩效果。

（2）整形式绿篱的修剪　常用于绿地的镶边和组织人流走向的矮篱、中篱的修剪。

1）绿篱定植后，为促使干基部枝叶的生长，需要剪去植株高度的 1/3 ~ 1/2，修去平侧枝，使下部侧枝萌生枝条，形成紧密的枝叶，不脱脚。

2）常绿针叶绿篱修剪时，主枝的剪口应在规定的高度 5 ~ 10cm 以下，避免粗大的剪口外露，然后用平剪或绿篱修剪机修剪表面枝叶。

3）成形绿篱修剪时要兼顾顶面与侧面，必须高度一致、整齐划一，篱面和四壁要平整，棱角分明、整齐美观。

步骤二：色块灌木施工

种植植物色块时，应按设计方案按不同品种分别栽植，规格相同但种类不同的植物，确保高度在同一水平面上。种植时应先种植图案轮廓线，后种植内部填充部分。大型色块应分区、分块种植，面积较大的色块灌木，可用方格线法，按比例放大到地面。

种植方法一般采用“品”字形或三角形种植。种植疏密度和株行距应按设计植式的要求定植。每一种色块在图形范围内，可以挖一条横沟，基本上做到行、列间距相同并且对齐。放下树苗，扶正，复客土捣实，再依次种下一排灌木。种植时不能留有空隙，要照顾高低统一。种完后，先进行粗修剪，浇足定根水，第二天再复浇一次透水，有倒伏的要扶正，并进行细修剪。色块植物要求图案清晰，线条流畅，高矮整齐、密度一致，体现整体美。

步骤三：花灌木施工

花灌木运输时可直接装车。带土球小型花灌木运至施工现场后，应紧密排码整齐，当日不能种植时，应喷水保持土球湿润。带土球苗木、湿润地区带宿土裸根苗木及上年花芽分化的开花灌木不宜做修剪，当有枯枝、病虫枝时应予剪除。枝条茂密的大灌木，可适量疏枝。对嫁接灌木，应将接口以下砧木萌生枝条剪除。分枝明显、新枝着生花芽的小灌木，应顺其树势适当强剪，促生新枝，更新老枝。

步骤四：草坪铺植

1. 草坪植物的选择

庭院中主要采用马尼拉进行铺设。草块应选择无杂草、生长势好的草源。在干旱地掘草块前应适量浇水，待渗透后掘取。草块运输时宜用木板置放 2 ~ 3 层，装卸车时应防止破碎。

2. 整理铺设场地

铺设前进行绿化地平整、清理。一般来说由于草坪的根系80%分布在20~40cm之间的土层中，要求种植土的质量严格符合种植土标准要求，厚度不要低于30cm。要求土块粒径在5mm以下，不易板结为好。

3. 铺设工艺

铺植前，应先将场地表面层翻松，其主要目的是为了增强草坪的生根。然后在草坪铺摊前一天用水稍微湿润表面层土，注意不要过湿。接着把整块的草坪铺摊在种植土上，相互间离缝1cm左右。当铺摊完后，应用滚筒或铁板紧压草坪，确保草坪的平整度。当草坪的平整度基本达到满意后，用水浇透草坪，同时应禁止闲人进入草坪地块。当过1~2天，草坪地水稍干时，可应用铁板紧压草坪，特别是个别不太平整的地方。

步骤五：养护管理

竣工前安排养护工作人员进行养护管理，主要内容有浇水排水、施肥、中耕除草、整形与修剪、病虫害防治、防寒等，具体保护措施见项目八。

【知识链接】

一、灌木的种植方式

灌木是指树木体形较小，主干低矮或者茎干自地面呈多生枝条而无明显主干的植物。常见的种植方式有如下几种。

1. 规划式种植方式

（1）列植　是指花木成行成列的栽植。可用单一种类的栽植，也可用多个种类相互配置。可单行列植，也可双行和多行列植。常用于绿篱的栽植或作为园林景物的背景植物栽植。

（2）对植　是指两株灌木按照一定的轴线关系相互对称或均衡的种植方式，主要用于强调建筑、道路、广场的入口，同时结合蔽荫、休息。对植在空间构图上是作为配置用的，真正起到衬托作用而不是喧宾夺主。

2. 自然式种植方式

（1）孤植　指灌木的单独栽植，借以显示其个体魅力，供人欣赏，常选择观花、观果或观叶类灌木。常栽植在突出的位置，如草坪、庭院的大空间中。孤立灌木的主要功能是构图艺术上的需要，作为局部空旷地段的主景，当然同时也可以蔽荫。孤立灌木作为主景是用以反映自然界个体植株充分生长发育的景观，外观上要挺拔繁茂，雄伟壮观（图7-4）。

图7-4　灌木孤植

（2）群植　组成群植的单株灌木数量一般在20~30株。

灌木所表现的，主要为群体美，群植也像孤植和树丛一样，是构图上的主景之一。因此群植应该布置在有足够距离的开朗场地上，如靠近林缘的草坪、林中空地、水中的小岛屿、宽广水面的水滨、小山山坡上、土丘上等。灌木群主要立面的前方，至少在树群高度的4倍、树群宽度的1.5倍距离上，要留出空地以便游人欣赏。群植规模不宜太大，在构图上要四面空旷，灌木群的组合方式最好采用郁闭式，成层结合。灌木群内通常不允许游人进入，游人也不便进入，因而不利于作庇荫休息之用。

3）丛植　是指零星种植或多处种植多丛花木，按一定的立体构图要求进行的配置，这是各种园林绿地中常用的一种方式，常配植在草坪、林缘、路边或道路交叉口等处，可体现出灌木的群体美。

在配植时对灌木种类的选择，要考虑到主次搭配，一般来说多与高大的乔木相结合。以乔木作为构图中的主体，多配植在主要树种的周围或背后，以起到彼此衬托、呼应的作用，可产生轮廓起伏、错落有致的艺术效果。如以单一种类栽植成丛，也要考虑高矮疏密的栽植，以达到富有韵律的群体美之效果。另外，丛植时可以考虑配植一定比例的常绿树，能得到更佳的衬托效果。在选择多种灌木的成丛配植时，不仅要考虑灌木的配植比例、生态习性、观赏期的相互衬托或衔接等因素，还要考虑其本身生长速度的快慢，对水、肥、光线的均衡要求等因素，否则也容易导致长期相互配合不适宜。

二、灌木施工日常养护管理措施

1. 浇灌、排水

1）夏季浇灌宜早、晚进行，冬季浇灌宜在中午进行。浇灌要一次浇透，尤其是春、夏季节。

2）若高温久旱（气温高于35℃，10天未下雨），应及时进行浇灌，一般应在清晨或傍晚进行浇灌。

3）暴雨后一天内，灌木周围仍有积水，应予排除。地势低洼处的灌木及其他易受水淹的苗木可采取打透气孔的方式排水（挖若干小洞，直径50mm左右，至根部，垂直插入相同直径PVC管，周边用土填实）。

2. 中耕、除草

1）灌木根部附近的土壤要保持树木根部疏松。易板结的土壤，在蒸腾旺季应每两个月松土一次。

2）灌木周围的大型野草，应结合中耕进行铲除，特别注意具有严重危害的各类藤蔓（如菟丝子等）。

3）中耕、除草宜在晴朗或雪后初晴且土壤不过分潮湿的条件下作业。

3. 施肥

1）休眠期可施基肥（如豆饼），10月中旬至11月进行一次。树木处于生长期，可依据植株的长势对其施追肥。（注：花灌木应在花期前和花期后分别进行。）

2）观花、观果植物可施堆肥0.5～1.5kg。树木青壮年期欲扩大树冠及观花、观果植物，可适当增加施肥量。

3）灌木均应先挖好施肥环沟，其外径应与树木的冠幅相适应，深度和宽高均为25～30cm。

4）施用的肥料种类应视树种、生长期及观赏等不同要求而定。早期欲扩大冠幅，宜施氮肥；观花、观果树种应增施磷、钾肥。

5）施肥宜在晴天。

4. 修剪、整形

1）应通过修剪调整树形，均衡树势，调节树木通风透光和肥水分配，调整植物群落之间的关系，促使树木苗壮生长。灌木修剪应使枝叶繁茂、分布匀称；修剪应遵循“先上后下，先内后外，去弱留强，去老留新”的原则进行。绿篱类修剪，应促其分枝，保持全株枝叶丰满。花球应确保春、秋两季各修剪一次。

2）修剪时切口都要靠节，剪口要平整；对于过于粗壮的大枝应采取分段截枝法。操作时必须注意安全。

3）休眠期修剪以整形为主，可稍重剪；生长期修剪以调整树势为主，宜轻剪。有伤口的树种应在夏、秋两季修剪。

三、夏季花灌木种植施工要点

1. 种植苗木的选择

由于夏季是非种植季节，气温高、蒸发量大，极易造成植物脱水，对种植植物本身的要求就更高，因此在选材上要尽可能挑选根系发达，生长苗壮，无病虫害的苗木。在规格及形态符合设计要求的情况下，应遵循下列原则：一是尽量选用小苗，小苗比大苗的发根力强，移栽成活率更高；二是最好采用假植的苗木，假植时间短的苗木，根的活动比较旺盛。如无假植苗应选择近两年移栽过的苗木，这样的苗木须根多，土球不易破碎，吸水能力强，苗木的成活率较高。另外还要注意，大苗应提前做好断根、移栽措施。

2. 种植土壤的处理和挖穴

夏季花灌木的种植土必须保证足够的厚度，保证土质肥沃疏松，透气性和排水性能好。对有建筑垃圾等有害物质的地块，要清除废土，换上适宜植物生长的好土，施入腐熟的有机肥作基肥。在夏季种植苗木时，种植穴尺寸必须要达到标准要求。

3. 起苗与运输

起苗与运输是保证花灌木种植成活的关键环节，土球质量和中间运输速度的控制非常重要。苗木的起运应注意天气变化，一般应选择在阴天起苗，连夜运至现场，并保证到场苗木枝叶新鲜，土球完整密实。

1）起苗时加大土球规格，土球直径一般为正常季节移栽的1.2～1.5倍。土球越大，根系越完整，栽植越易成活。苗木移植尽量避开高温干燥的天气，起苗最好安排在早晨或下午4点以后，以减少苗木水分损失。起苗之前可对树冠喷抗蒸腾剂，起苗后马上运输。如果土质松散，不易成球，可在起苗后，将根立即蘸泥浆，以保持根系湿润。

2）小型花灌木可于春季进行盆栽，如小叶黄杨、沙地柏、金叶女贞、小檗、锦带、月季等，可植于20～30cm黑皮盆中，盆中基质用原床土加入适量肥料，进行正常的肥水养护。需移栽时，直接去掉花盆，植入穴中。苗木土球不散，成活率可达100%。

3）苗木的运输要合乎规范，运输量应根据种植量确定。装车前，应先用草绳、麻布或草包将土球、树干、树枝包好，并进行喷水，保持草绳、草包的湿润，这样可以减少在运输途中苗木自身水分的蒸腾量。花灌木运输时须直立装车，夏季应尽量避免长途运输。

4）及时定植。花灌木运至施工现场后，及时组织人力、机械卸车。卸车时注意做好保护，不得损伤树体和土球。晴天卸车后将苗木紧密排放整齐，及时用遮阳网覆盖土球，避免太阳直射。当日不能种植时，应进行假植或喷水保持土球湿润。裸根苗木自起苗开始暴露时间不宜超过8小时，必须当天种完。定植时，大型花灌木穴内可放入生根粉及一定量的以磷为主的复合肥拌土。先填土至70%左右，再填土至与地面平，并筑成高10～15cm的灌水土埝，浇透水。

4. 苗木修剪

夏季花灌木种植前应加大修剪量，剪掉植物本身1/2～2/3数量的枝条，以减少叶面呼吸和蒸腾作用。一些低矮的灌木，为了保持植株内高外低、自然丰满的圆球形，达到通风透光的目的，可在种植后修剪。

5. 种植后养护管理

浇水次数、间隔天数要根据实际情况来决定。若种植后连续下雨，则可减少浇水量和次数，反之，则需加大灌溉量。浇水时间最好在早晚，浇水后要及时培土。可用遮阴棚对树冠和片植灌木进行遮阴，棚的大小和树的冠幅或模块大小相当。另外，要定期对新发芽放叶的树冠喷雾，以保持湿度，提高苗木的成活率。还要经常观察花灌木生长是否正常，发现问题及时采取相应措施。

四、庭院中草坪按照用途的分类

（1）游憩草坪　可开放供人入内休息、散步、游戏等户外活动之用。一般选用叶细、韧性较大、较耐踩踏的草种。

（2）观赏草坪　不开放，不能入内游憩。一般选用颜色碧绿均一，绿色期较长，能耐炎热、又能抗寒的草种。

（3）运动场草坪　根据不同体育项目的要求选用不同草种，有的要选用草叶细软的草种，有的要选用草叶坚韧的草种，有的要选用地下茎发达的草种。

（4）保土护坡的草坪　用以防止水土被冲刷，防止尘土飞扬。主要选用生长迅速、根系发达或具有匍匐性的草种。

五、草坪的常见铺栽方法

（1）无缝铺栽　这是不留间隔全部铺栽的方法。草皮紧连，不留缝隙，相互错缝。要求快速造成草坪时常使用这种方法。草皮的需要量和草坪面积相同。

（2）有缝铺栽　各块草皮相互间留有一定宽度的缝进行铺栽。缝的宽度为4～6cm，当缝宽为4cm时，草皮必须占草坪总面积的70%。

（3）方格形花纹铺栽　主要根据施工中植草砖采用方格型而定，将运来的方格型草砖间隔12cm满铺，留缝隙防止植草砖胀缩和填土用。这种方法虽然建成草坪较慢，但草皮的需用量只需占草坪面积的50%。

（4）草坪植生带铺栽　草坪植生带是用再生棉经一系列工艺加工制成的有一定拉力、透水性良好、极薄的无纺布，并选择适当的草种、肥料按一定的数量、比例通过机器撒在无纺布上，在上面再覆着一层无纺布，经黏合滚压成卷制成。它可以在工厂中采用自动化的设备连续生产制造，成卷入库。在经过整理的地面上满铺草坪植生带，覆盖1cm筛过的生土或河砂，早晚各喷水一次。一般10～15天（有的草种3～5天）即可发芽，1～2个月就可形成草坪，覆盖率100%，成草迅速，无杂草。

（5）喷播草籽法（又称吹附法）　近年来国内外也有用喷播草籽的方法培育草坪，即用草坪草籽加上泥炭（或纸浆）、肥料、高分子化合物和水混合浆，贮存在容器中，借助机械力量喷到需育草的地面或斜坡上，经过精心养护育成草坪。

（6）草籽播种　即选择优良草坪种籽。为确保草坪成品完整，在播籽前应对草籽的质量进行全面的控制。采购当年最新鲜的草籽，并在实验室进行试播，如种子的出芽率达到96%～98%时，可以大量采购，并用于施工中。待场地平整并耙细后，根据设计种植密度，先由技术工人用细砂等试播，其目的是确定播种草坪的均匀美观。播种时采用回纹式向后退的方式进行播籽，以防草籽黏在鞋子底下，并采用无纺布覆盖，防止草籽被鸟类啄食和被水冲走，引起草坪不均匀。播种后根据天气情况每天或隔天浇水，待幼苗长至3～6cm时可适当延长浇水间隔期，但要经常保持土壤湿润，并要及时清除杂草。

【拓展训练】

1. 绿篱栽植时需要怎么修剪？
2. 夏季种植花灌木的施工注意事项。
3. 色块植物种植的施工流程。
4. 草坪常见的铺设方式。
5. 根据图纸在实训场地进行灌木和草坪栽植施工，并完成施工报告一份。

项目八

工程竣工验收与成品保护

知识要求：

1. 了解竣工验收的内容、程序、掌握竣工验收方法及要求；
2. 熟悉竣工验收阶段庭院硬质景观与绿化工程的成品保护。

技能要求：

1. 会在竣工验收时针对验收采取相应对策；
2. 能在竣工验收阶段采用合理的成品保护措施。

素质要求：

1. 养成竣工验收时严格遵守国家行业规范的品德；
2. 养成竣工验收阶段吃苦耐劳的精神和爱护工具、保护好成品的习惯。

项目学习引言

庭院景观及绿化工程在预检时提出的各种问题都应全部解决，该修理的都已修好；景观及绿化工程达到具备使用条件，即庭院水通灯亮、园路畅通和绿化种植完毕；有关在施工过程中的变更洽商等资料收集齐全，各种材料或设备的合格证及验收单等均已整理装订成册。竣工验收过程中需要及时跟进养护，以便交付工作顺利进行。工程交付前也需要进行施工期间的养护，保证硬质景观质量和苗木种植的成活率，达到预想的景观绿化效果。

本项目通过杭州天香会所庭院的验收和期间的养护讲述了验收的程序及主要采用的成品保护措施。重点突出庭院景观工程竣工验收的资料、依据和标准，验收的准备工作，验收程序，工程项目的移交，以及工程交付前的园林硬质及绿化种植部分成品保护管理等的内容，其中涉及施工过程中的成品保护在前面项目的介绍中已阐述，本项目只涉及完工后的成品保护。

任务一 庭院工程竣工验收

庭院景观与绿化工程竣工验收是施工单位按照工程施工合同的约定，根据设计文件和施工图纸规定的要求，完成全部施工任务，工程达到可交付使用，施工单位向建设单位进行移交。庭院景观与绿化工程竣工验收是建设者单位对施工单位承包的工程进行的最后施工验收，它是庭院景观与绿化工程施工的最后环节，是施工管理的最后阶段。尽早完成工程竣工验收可尽早将工程交付使用，尽快产生综合效益。因此一个完整的庭院园林建设项目，或是一个单位的园林工程建成后达到正常使用条件的，应及时组织竣工验收。

【工作流程】

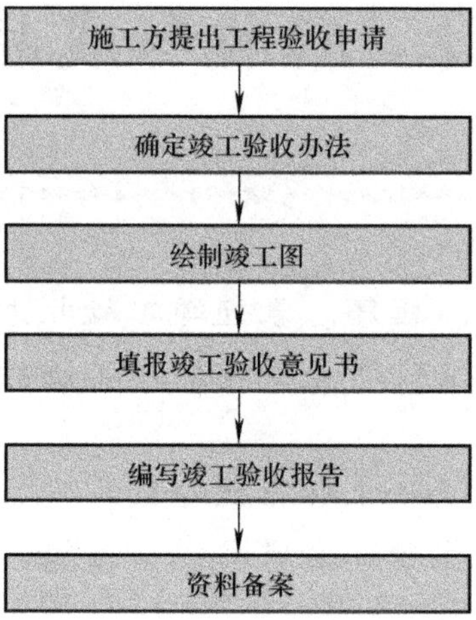

【操作步骤】

步骤一：施工方提出工程验收申请

工程完工后施工方根据已确定的验收时限，向建设方、设计方、监理方发出竣工验收申请函和工程报审单。

1. 工程竣工验收报审单

报审单的格式见表8-1。填好表后，要连同一份竣工验收总结，一并交与参加验收的单位。

表8-1　工程竣工验收报审单

工程名称：杭州天香会所庭院景观与绿化工程　　　　中标号：　　　　编号：

致：××监理工程公司或 　　××园林局××工程监理处（所） 　　我方以按合同要求完成了杭州天香会所庭院景观与绿化工程（标号：××）的施工任务，经自检合格，请予以检查和验收。 　　附：××绿化工程验收办法。 　　审查意见 工程承包单位（章）：＿＿＿＿＿＿ 项目经理（签字）：＿＿＿＿＿＿ 日　　期：＿＿＿＿＿＿ 项目监理机构（章）：＿＿＿＿＿＿ 总/专业监理工程师（签字）： 日　　期：＿＿＿＿＿＿

2. 工程竣工验收总结

工程竣工验收总结示例如下：

杭州天香会所庭院景观及绿化工程总面积约2000m²，该项目主要根据业主委托进行施工。主要工程项目为土方工程、硬质铺地的施工、假山的施工、水景工程的施工、园林建筑小品工程的施工、绿化工程的施工。本庭院地形高差起伏较大，绿化苗木大、中、小规格相互搭配，整个工程工期紧、任务重，特别是夏季施工给施工带来了一定的难度。项目部在领导的指导下，克服困难，合理组织施工工序，精心安排，高质、高效地完成了庭院工程的施工任务。

在本次施工中，由于绿化施工与其他工种施工交叉多，情况复杂。针对这一问题，项目部积极做好协调工作，认真对各分项施工方案进行推敲。由于绿化施工带有明显的时间性、季节性特点，项目部发挥绿化整体施工优势，成立植物材料组、施工组、养护组等八个部门，明确各部门职责，严格按程序进行施工。整个绿化工程做到随到随种，及时养护，同时对于较复杂的苗木及地形处理，采取人工和机械相结合的施工措施，保证了施工的质量。整个施工工程中，多次投入机械和劳动力，达到了业主对整个庭院工程绿化、美化、生态化的要求。

在抓质量、赶进度的同时，项目部还做好了施工人员安全卫生工作，对工地纪律都做了严格的规定，并有专人落实检查。整个施工期间没有出现一起因文明施工不到位引发的投诉事件，以行动确保了施工质量和管理目标。

目前我方已全部施工完毕，硬质景观质量均已达到合格，乔灌木、地被种植搭配合理，长势良好。通过我方自检，已达到了优良工程竣工的要求，各项质检资料也同步完成。

××园林绿化工程有限责任公司

201×年××月××日

步骤二：确定竣工验收办法

根据竣工验收申请，建设方、设计方、监理方、施工方应依据国家或地方的有关验收标准及合同规定的条件，组织验收人员熟悉有关验收资料，制订出竣工验收的具体检查方案，并将检查项目的各子目及重点检查部位以表或图列示出来。同时准备好工具、记录、表格，以供检查中使用。

庭院景观及绿化工程的竣工验收，要全面检查各分项工程。检查方法有以下几种。

1）直观检查。直观检查是一种定性的、客观的检查方法，采用手摸眼看的方式，需要有丰富经验和掌握标准熟练的人员才能胜任此工作。

2）测量检查。对施工图纸中能实测实量的工程部位都应通过实测量获得真实数据。

3）现场点数检查。对各种设施、器具、配件、栽植苗木都应一一点数、查清、记录，如有遗缺不足的或质量不符合要求的，都应通知承接施工单位补齐或更换。

4）操纵动作。实际操作是对功能和性能检查的好办法，对一些水电设备、机械设施等应启动检查。

5）上述检查之后，各专业组长应向总监理工程师报告检查验收结果。如果查出的问题较多较大，则应指令施工单位限期整改并再次进行复验。如果存在的问题仅属一般性的，除通知承接施工单位抓紧整修外，总监理工程师即应编写预验报告一式三份，一份交施工单位供整改用，一份转交验收委员会，一份由监理单位自存。这份报告除文字论述外，还应附上全部验收检查的数据。

步骤三：绘制竣工图

园林工程竣工图是如实反映施工后园林工程的图纸。它是园林工程竣工验收的主要文件，园林工程在竣工前，应及时组织有关人员进行测定和绘制，以保证工程档案的完备和满足维修、管理养护、改造或扩建的需要。

1. 竣工图编制的依据

施工中未变更的原施工图，设计变更通知书，工程联系单，施工洽商记录，施工放样资料，隐蔽工程记录和工程质量检查记录等原始资料是竣工图编制的依据。

2. 竣工图编制的内容要求

1）施工中未发生设计变更，按图施工的施工项目，应由施工单位负责在原施工图纸上加盖“竣工图”标志，可作为竣工图使用。

2）施工过程中有一般性的设计变更，但没有较大结构性的或重要管线等方面的设计变更，而且可以在原施工图上进行修改和补充，可不再绘制新图纸，由施工单位在原施工图纸上注明修改和补充后的实际情况，并附以设计变更通知书、设计变更记录和施工说明，然后加盖“竣工图”标志，亦可作为竣工图使用。

3）施工过程中凡有重大变更或全部修改的，如结构形式改变、标高改变、平面布置改变等，不宜在原施工图上修改补充时，应重新绘制实测改变后的竣工图，施工单位负责人在新图上加盖“竣工图”标志，并附上记录和说明作为竣工图。

竣工图必须做到与竣工的工程实际情况完全吻合。不论是原施工图还是新绘制的竣工图，都必须是新图纸，必须保证绘制质量，完全符合技术档案的要求。坚持竣工图的校对、审核制度，重新绘制的竣工图，一定要经过施工单位主要技术负责人的审核签字。

步骤四：填报竣工验收意见书

验收人根据施工方提供的材料对工程进行全面、认真细致的验收，然后填写“竣工验收意见书”。意见书的参考样式见表8-2。

表8-2　杭州天香会所庭院景观及绿化工程竣工验收意见书

<table>
<tr><td>工程名称</td><td>杭州天香会所庭院景观及绿化工程</td><td colspan="2">建设单位</td><td>×××</td><td colspan="2">开工日期</td><td colspan="2">2012年×月</td></tr>
<tr><td>工程地点</td><td>杭州萧山</td><td colspan="2">施工单位</td><td>××园林绿化工程有限责任公司</td><td colspan="2">竣工日期</td><td colspan="2">2013年×月</td></tr>
<tr><td>工程简要说明</td><td>建筑面积</td><td>3000m²</td><td>造价</td><td>800万元</td><td>工程内容</td><td>绿化、土方</td><td>其他情况</td><td>无</td></tr>
</table>

（续）

<table>
<tr><td rowspan="3">工程档案资料情况</td><td>资料来源</td><td>建设单位资料</td><td>勘测单位资料</td><td>设计单位资料</td><td>监理单位资料</td><td>施工单位资料</td></tr>
<tr><td>份数</td><td>立项批文规划许可证、施工许可证、中标通知书、质检申报书等四份</td><td>实际勘测结果（图纸、文字）</td><td>设计计算、图纸、变更通知、设计质检报告等四份</td><td>监理合同、监理规范、监理记录、工程质量评估报告等四份</td><td>施工合同、施工组织设计、施工技术及管理资料、工程竣工报告等四份</td></tr>
<tr><td>审查结果</td><td>齐全、基本齐全或不齐全</td><td>齐全、基本齐全或不齐全</td><td>齐全、基本齐全或不齐全</td><td>齐全、基本齐全或不齐全</td><td>齐全、基本齐全或不齐全</td></tr>
<tr><td>验收结论</td><td colspan="5">1. 设计方面：2. 施工方面：3. 其他：
（1）本工程共2部分，其中土方、种植、苗木达优良，优良率达:%
（2）项目在监理单位的指导下，工程质量得到保证，且各种资料齐全。
（3）综合本工程外观得分：　　，实测得分：　　，资料得分：
（4）本工程施工过程符合国家基本建设程序，无违反程序行为。</td><td>工程质量评定结果：优良、合格或不合格</td></tr>
</table>

<table>
<tr><td colspan="2">施工单位</td><td colspan="2">建设单位</td><td colspan="2">设计单位</td><td colspan="2">勘测单位</td><td colspan="2">监理单位</td></tr>
<tr><td>负责人</td><td></td><td>负责人</td><td></td><td>负责人</td><td></td><td>负责人</td><td></td><td>负责人</td><td></td></tr>
<tr><td>代表</td><td></td><td>代表</td><td></td><td>代表</td><td></td><td>代表</td><td></td><td>代表</td><td></td></tr>
<tr><td colspan="2">（公章）</td><td colspan="2">（公章）</td><td colspan="2">（公章）</td><td colspan="2">（公章）</td><td colspan="2">（公章）</td></tr>
</table>

步骤五：编写竣工验收报告

竣工报告是工程交工前一份重要的技术文件，由施工单位会同建设单位、设计单位等一同编制。报告中重点说明项目建设的基本情况，工程验收方法（用附件形式）等，并要按照规定的格式编制。竣工验收报告参考格式见表8-3。

表8-3　杭州天香会所庭院景观及绿化工程竣工验收报告

<table>
<tr><td>工程名称</td><td colspan="3">杭州天香会所庭院景观及绿化工程</td></tr>
<tr><td>预估计算价</td><td>800万元</td><td>工程地址</td><td>××市××镇</td></tr>
<tr><td>工程规模</td><td>3000m^2</td><td>结构类型</td><td>景观绿化</td></tr>
<tr><td>勘测单位名称</td><td colspan="3">××设计院</td></tr>
<tr><td>设计单位名称</td><td colspan="3">××设计院</td></tr>
<tr><td>施工单位名称</td><td colspan="3">××园林绿化工程有限责任公司</td></tr>
<tr><td>监理单位名称</td><td colspan="3">××监理公司</td></tr>
<tr><td>开工日期</td><td>2012年×月</td><td>竣工日期</td><td>2013年×月</td></tr>
<tr><td colspan="4">工程验收程序、内容、形式：
1. 程序：硬质——水电——绿化
2. 内容：根据庭院不同区域验收
3. 形式：现场勘查
4. 其他：</td></tr>
<tr><td>建设单位执行基本建设程序情况</td><td colspan="3">良好</td></tr>
<tr><td>对勘测单位的评价</td><td colspan="3">良好</td></tr>
</table>

（续）

对设计单位的评价	良好
对施工单位的评价	良好
对监理单位的评价	良好
工程竣工验收意见	符合工程质量要求 建设单位（公章） 项目负责人： 单位负责人： 日　　期：

步骤六：竣工资料备案

项目验收后，要将各种资料汇成表进行该工程竣工验收备案。备案表参考格式见表8-4。

表8-4　杭州天香会所庭院景观及绿化工程竣工验收备案表

建设单位名称	×××		
备案日期	××年××月		
工程名称	杭州天香会所庭院景观及绿化工程		
工程地点	××市××镇		
工程规模	3000m^2		
开工日期	2012年×月		
竣工验收日期	2013年×月		
施工许可证			
施工图审查意见			
勘测单位名称	××设计院	资质等级	
设计单位名称	××设计院	资质等级	
施工单位名称	××园林绿化工程有限责任公司	资质等级	
监理单位名称	××监理公司	资质等级	
工程质量监督结构名称			
勘测单位意见	公　　章： 单位（项目）负责人： 日　　期：		
设计单位意见	公　　章： 单位（项目）负责人： 日　　期：		
施工单位意见	公　　章： 单位（项目）负责人： 日　　期：		
监理单位意见	公　　章： 单位（项目）负责人： 日　　期：		
建设单位意见	公　　章： 单位（项目）负责人： 日　　期：		

【知识链接】

一、园林工程竣工验收的依据和标准

1. 园林工程竣工验收的依据

1）已被批准的计划任务书和相关文件。

2）双方签订的工程承包合同。

3）设计图纸和技术说明书。

4）图纸会审记录、设计变更与技术核定单。

5）国家和行业现行的施工技术验收规范。

6）有关施工记录和构件、材料等合格证明书。

7）园林管理条例及各种设计规范。

2. 园林工程竣工验收的标准

园林建设项目涉及多种门类、多种专业，且要求的标准也各异，加之其艺术性较强，故很难形成国家统一标准。因此对工程项目或一个单位工程的竣工验收，可采用分解成若干部分，再选用相应或相近工种的标准进行（各工程质量验评标准内容详见有关手册）。一般园林工程可分解为园林建筑工程和园林绿化工程两个部分。

（1）园林建筑工程的验收标准　凡园林工程、游憩设施、服务设施及娱乐设施等建筑，应按照设计图纸、技术说明书、验收规范及建筑工程质量检验评定标准验收，并应符合合同所规定的工程内容及合格的工程质量标准。不论是游憩性建筑还是娱乐、生活设施建筑，不仅建筑物室内工程要全部完工，而且室外工程的明沟、踏步斜道、散水以及应平整建筑物周围场地，都要清除障碍物，并达到水通、电通、道路通。

（2）绿化工程的验收标准　施工项目内容、技术质量要求及验收规范和质量应达到设计要求、验收标准的规定及各工序质量的合格要求，如树木的成活率、草坪铺设的质量、花坛的品种、纹样等。

1）园林绿化工程施工环节较多，为了保证工作质量，做到预防为主，全面加强质量管理，必须加强施工材料（种植材料、种植土、肥料）的验收。

2）必须强调中间工序验收的重要性。因为有的工序属于隐蔽性质，如挖种植穴、换土、施肥等，待工程完工后已无法进行检验。

3）工程竣工后，施工单位应进行施工资料整理，作出技术总结，提供有关文件，于一周前向验收部门提请验收。提供有关文件如下：①土壤及水质化验报告；②工程中间验收记录；③设计变更文件；④竣工图及工程预算；⑤外地购入苗检验检疫报告；⑥附属设施用材合格证或试验报告；⑦施工总结报告。

4）验收时间，乔灌木种植原则上定为当年秋季或翌年春季进行。因为绿化植物是具有生命的，种植后须经过缓苗、发芽、长出枝条，经过一个年生长周期，达到成活方可验收。

5）绿化工程竣工后，是否合格、是否能移交建设单位，主要从以下几方面进行验收。即树木成活率达到95%以上；强酸、强碱、干旱地区树木成活达到85%以上；花卉植株成活率达到95%；草坪无杂草，覆盖率达到95%；整形修剪符合设计要求；附属设施符合有

关专业验收标准。

二、园林工程竣工验收的准备工作

竣工验收前的准备工作，是竣工验收工作顺利进行的基础。承接施工单位、建设单位、设计单位和监理工程师均应尽早做好准备工作。

1. 工程档案资料的内容

园林工程档案资料是园林工程的永久性技术资料，是园林工程项目竣工验收的主要依据。因此，档案资料的准备必须符合有关规定及规范的要求，必须做到准确、齐全，能够满足园林建设工程进行维修、改造和扩建的需要。一般包括以下内容。

1）部门对该园林工程的有关技术决定文件。

2）竣工工程项目一览表，包括名称、位置、面积、特点等。

3）地质勘察资料。

4）工程竣工图，工程设计变更记录，施工变更洽商记录，设计图纸会审记录。

5）永久性水准点位置坐标记录，建筑物、构筑物沉降观察记录。

6）新工艺、新材料、新技术、新设备的试验、验收和鉴定记录。

7）工程质量事故发生情况和处理记录。

8）建筑物、构筑物、设备使用注意事项文件。

9）竣工验收申请报告、工程竣工验收报告、工程竣工验收证明书、工程养护与保修证书等。

2. 施工单位竣工验收前的自验

施工自验是施工单位资料准备完成后在项目经理组织领导下，由生产、技术、质量、预算、合同和有关的工长或施工员组成预验小组，根据国家或地区主管部门规定的竣工标准、施工图和设计要求、国家或地区规定的质量标准的要求，以及合同所规定的标准和要求，对竣工项目按工程内容，分项地逐一进行的全面检查。预验小组成员按照自己所主管的内容进行自检，并做好记录，对不符合要求的部位和项目，要制定修补处理措施和标准，并限期修补好。施工单位在自验的基础上，对已查出的问题全部修补处理完毕后，项目经理应报请上级再进行复检，为正式验收做好充分准备。

1）种植材料、种植土和肥料等，均应在种植前由施工人员按其规格、质量分批进行验收。

2）工程中间验收的工序应符合下列规定：①种植植物的定点、放线应在挖穴、槽前进行；②种植的穴、槽应在未换种植土和施基肥前进行；③更换种植土和施肥，应在挖穴、槽后进行；④草坪和花卉的整地，应在播种或花苗（含球根）种植前进行；⑤工程中间验收，应分别填写验收记录并签字。

3）工程竣工验收前，施工单位应于一周前向绿化质检部门提供下列有关文件：①土壤及水质化验报告；②工程中间验收记录；③设计变更文件；④竣工图和工程决算；⑤外地购进苗木检验报告；⑥附属设施用材合格证或试验报告；⑦施工总结报告。

【拓展训练】

1. 园林工程竣工验收的依据和标准是什么？

2. 园林工程竣工验收时整理工程档案应汇总哪些资料？
3. 园林工程竣工验收应检查哪些内容？
4. 编制竣工图的依据及内容要求有哪些？
5. 竣工验收对技术资料的主要审查内容有哪些？

任务二　交付前成品保护和交付

庭院工程交付前需要加强成品保护，实际上在工程施工过程中也需要对半成品进行保护，前面任务部分已经涵盖。成品保护要遵循合理的施工顺序，以免破坏管网和道路、地面。提前保护，包裹、覆盖、局部封闭成品，以防止成品可能发生的损伤、污染和堵塞。本次任务主要是针对完工后交付前的工程成品保护，保证交付工作顺利进行。

【工作流程】

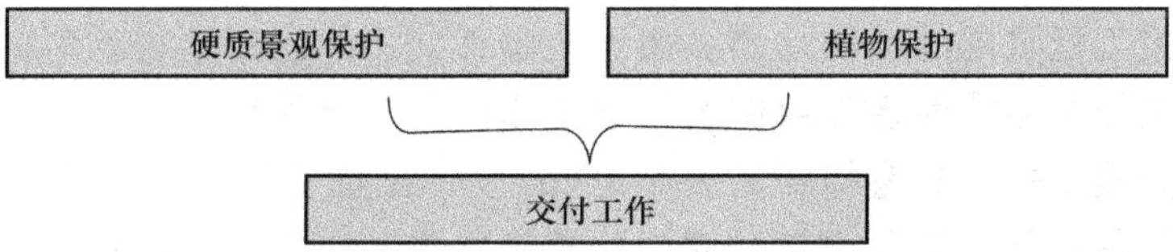

【操作步骤】

步骤一：硬质景观保护

杭州天香会所硬质景观工程所涉及的园路铺装、假山、水景、园林建筑及小品在施工完成后主要注意以下方面问题。

1. 技术措施

1）对成品应采用护栏和围护（膜）等材料进行保护，成品在未验收前，不得任意拆除。

2）地面铺装施工完成后72小时内不准在上面行走或进行其他作业，以免损坏地面，适时做好养护工作，定期检查硬质铺装是否有起翘或空鼓现象。

3）注意保护施工完成地面铺装，不得直接在地面上拌灰。

4）各道工序完毕后方能去掉包装，在竣工验收前全部彻底清理一遍，使其干净、整洁。

5）定期检查园林建筑及小品石材贴面是否有掉落现象。

6）定期进行水景的管线试水，水循环是否正常。

2. 管理措施

管理上做好成品保护工作的“六防一维护”。“六防一维护”通常包括了防火、防盗、防碰撞、防水、防自然灾害事故、防污染和维护好施工现场的环境卫生。“六防一维护”集中反映了成品保护工作的职责与任务，要求每名基层管理人员必需教育每个工人，做到任务明确、责任清楚。“六防”的内容不同的工地各有不同，各分包单位根据具体施工内容再进一步细化。

步骤二：植物保护

1）绿化工程乔木种植完成后，及时检查是否都进行了加固，防止大风吹倒树苗。

2）绿化施工完成后，应及时进行养护管理、施肥喷水，促使植物尽早定根生长。

3）发现植物出现病虫害，必须及时喷药治疗。

4）树木种植完成后，在显眼处设置警示牌，提醒行人注意，防止践踏破坏。

5）为了防止苗木腐蚀，在管理养护中要根据苗木种类的特性进行浇水养护，防止浇水过多造成植物根系腐蚀。

步骤三：交付工作

庭院项目虽然通过了竣工验收，并且有的工程还获得验收方的高度评价，但实际中往往是或多或少地还可能存在一些漏项以及工程质量方面的问题。因此监理工程师要与承接施工单位协商一个有关工程收尾的工作计划。由于工程移交不能占用很长的时间，因而要求施工单位在办理移交工作中力求使建设单位的接管工作简便。当移交清点工作结束后，监理工程师签发工程竣工交接证书，参考格式见表8-5。签发的工程交接书一式三份，建设单位、施工单位、监理单位各一份。工程交接结束后，施工单位即应按照合同规定的时间抓紧完成对临时建筑设施的拆除和施工人员及机械的撤离工作，做到工完场地清。

表 8-5　竣工移交证书

工程名称：　　　　　　　　　　合同号：　　　　　　　　　　监理单位：

致建设单位________________： 兹证明________________号竣工报验单所报工程________________已按合同和监理工程师的指示完成，从________________开始，该工程进入保修阶段。 附注：（工程缺陷和未完成工程） 监理工程师：　　　　　日期：
总监理工程师意见： 签名：　　　　　　日期：

注：本表一式三份，建设单位、施工单位和监理单位各一份。

园林工程的主要技术资料是工程档案的重要部分，因此在正式验收时就应提供完整的工程技术档案。由于工程技术档案有严格的要求，内容又很多，往往又不仅是承接施工单位一家的工作，所以常常只要求承接施工单位提供工程技术档案的核心部分，而整个工程档案的归整、装订则留在竣工验收结束后，由建设单位、施工单位和监理工程师共同来完成。在整理工程技术档案时，通常是建设单位与监理工程师将保存的资料交给施工单位来完成，最后交给监理工程师校对审阅，确认符合要求后，再由施工单位档案部门按要求装订成册，统一验收保存。此外，在整理档案时一定要注意份数备足，具体内容见表8-6。至此，双方的义务履行完毕，合同终止。

表8-6　移交技术资料内容一览表

工程阶段	移交档案资料内容
项目准备 施工准备	1. 申请报告，批准文件 2. 有关建设项目的决议、批示及会议记录 3. 可行性研究、方案论证资料 4. 征用土地、拆迁、补偿等文件 5. 工程地质（含水文、气象）勘察报告 6. 概预算 7. 承包合同、协议书、招投标文件 8. 企业执照及规划、园林、消防、环保、劳动等部门审核文件
项目施工	1. 开工报告 2. 工程测量定位记录 3. 图纸会审、技术交底 4. 施工组织设计等 5. 基础处理、基础工程施工文件，隐蔽工程验收记录 6. 施工成本管理的有关资料 7. 工程变更通知单，技术核定单及材料代用单 8. 建筑材料、构件、设备质量保证单及进场试验单 9. 栽植的植物材料名单、栽植地点及数量清单 10. 各类植物材料已采取的养护措施及方法 11. 假山等非标工程的养护措施及方法 12. 古树名木的栽植地点、数量、已采取的保护措施 13. 水、电、暖、气等管线及设备安装施工记录和检查记录 14. 工程质量事故的调查报告及所采取措施的记录 15. 分项、单项工程质量评定记录 16. 项目工程质量检验评定及当地工程质量监督站核定的记录 17. 其他（如施工日志）等 18. 竣工验收申请报告
竣工验收	1. 竣工项目的验收报告 2. 竣工决算及审核文件 3. 竣工验收的会议文件 4. 竣工验收质量评价 5. 工程建设的总结报告 6. 工程建设中的照片、录像以及领导、名人的题词等 7. 竣工图（含土建、设备、水、电、暖、绿化种植等）

【知识链接】

一、主要施工项目施工过程中成品保护措施

1. 测量定位

定位桩采取桩周围浇灌混凝土固定，搭设保护架，悬挂明显标志以提示，水准引测点设固定点，标志明显，不准堆放材料遮挡。

2. 钢筋工程成品保护

钢筋加工制作时，焊接接头冷却时不得接触积水或雨水，以防钢筋成品存在接头隐患。

加工成型的钢筋在存放和吊运过程中，选择合理的搁垫点或吊点，以防发生较大变形。钢筋按图绑扎成型完工后，将多余的钢筋、扎丝及垃圾清理干净。接地及预埋等焊接不能有咬口、烧伤钢筋现象。梁柱节点等钢筋密集区，在钢筋加工制作前编制详细的节点绑筋指导书，严禁私自烤弯及割断钢筋。后道工序模板支设时不能随意割断及拆除钢筋。涂刷隔离剂不能污染钢筋，模板支设过程中及时清理作业面的垃圾。钢管、模板堆放时不得直接压在成型钢筋上。木工支模及安装预埋、混凝土浇筑时，不得随意弯曲、拆除钢筋。浇筑混凝土时，地泵管用钢筋蹬架起并放置在跳板上，不允许直接铺放在绑好的钢筋上，以免泵管振动将结构钢筋振动移位。浇筑混凝土时，设专人看钢筋，以防钢筋跑位。

3. 模板工程成品保护

1）表面离层脱皮的胶合大模板不得使用。

2）模板支设时不得在承重架和平台模板上集中堆放重物。

3）模板支模成型后及时清理干净板面多余材料。

4）安装预留、预埋在支模时配合进行，不得随意在模板上开孔穿管。

5）浇混凝土时，不准用振捣棒或杠撬动模板，以防模板变形或松动。

6）模板安装成型后派专人保护，并在浇混凝土前检查复核模板安装质量，浇混凝土时水平运输道不得搁置在侧模上。

7）采用泵送混凝土时活动泵管不得直接靠压于框架模板上，连接泵管在管路弯折处加强支撑和拉结，以防过大冲击力撞坏模板。

8）模板一律采用脱模剂，不得漏刷液，在钢筋绑扎前涂刷均匀。

4. 混凝土工程成品保护

混凝土浇筑完成后将散落在模板上的混凝土清理干净，并按方案要求进行覆盖保护。雨期施工混凝土，按雨期要求进行覆盖保护。混凝土浇筑后未达到 1.2MPa 前严禁上人踩踏或进行下道工序施工。混凝土浇筑后，在没有达到设计强度之前严禁集中堆放模板、架料等。结构完成后不得随意开槽打洞。在混凝土浇筑前事先做好预留预埋。

5. 砌筑工程保护

1）砌块进场按要求堆放整齐，运输时轻拿轻放，缺棱掉角的砌块作半砖使用。

2）墙体一次性砌筑高度不能大于规范要求，砌体完工后按要求进行养护，雨期施工按要求进行覆盖保护。

3）管道安装及电线敷设，待墙体砌筑砂浆达 75% 以上设计强度方能开孔开槽。

4）预留预埋的管道铁件、门框等需与砌体有机配合。

5）设备吊装时严禁撞击墙体。

6）防水工程成品保护。底板防水施工时，严禁穿硬底带钉的鞋在上面行走。底板防水施工完毕后，办理交接手续，及时做防水保护层。

7）防水混凝土浇筑完毕后，拆模时不得撞动金属止水带和扯破橡塑变形缝止水带，并且对该部分成品采取有针对性的保护措施，办理交接手续。

6. 外墙保护

1）外墙装饰尽量避免雨天施工。

2）外墙架子拆除时清理外墙的垃圾油污，防止钢管划伤装饰面。

3）外墙施工钢管及砂浆吊运时由专人指挥，严禁出现吊件撞墙事故。

二、绿化工程成品保护常见管理措施

1. 浇水

土壤、水分、养分是植物生长必不可少的三个基本要素。在土壤已经选定的条件下，必须保证植物生长所需的水分和养分，以利尽快达到绿化设计要求和景观效果。

1）浇水原则。根据不同植物生物学特征（树木、花、草）、大小、季节、土壤干湿程度确定。需做到及时、适量、浇足浇遍、不遗漏地块和植株。生长季节及春旱、秋旱季节适时增加叶面喷水，保证土壤湿度及空气湿度。

2）浇水量。根据不同植物种类、气候、季节和土壤干湿度确定。一般情况下，乔木浇水量为30～40kg/(次·株)，灌木浇水量为20～30kg/(次·m^2)，草坪浇水量为10～20kg/m^2，深度以渗达根部、土壤不干涸为宜。气候特别干旱时，除浇足水外，还应增加叶面喷水保湿，减少蒸发。要求浇遍浇透。

3）浇水次数。开春后植物进入生长期，需及时补充水分。生长期应每天浇水，休眠期每半月或一个月浇水一次，花卉草坪应按生长要求适时浇水。各种植物年浇水次数不得少于下列值：乔木6次；灌木8次；草坪18次。

4）浇水时间。浇水时间集中于春、夏、秋末。夏季高温季节应在早晨或傍晚时进行，冬季宜午后进行。每年9月至次年5月，每周对灌木进行冲洗，确保植物叶面干净。

5）浇水方式。无论是用水车喷洒或就近水源灌溉，都必须保证浇水所用工具和机具运行良好。最好采用漫灌式浇水。土壤特别板结或泥砂过重水分难于渗透时，应先松土，草坪打孔后再浇。肉质根及球根植物浇水以土壤不干燥为宜。

6）雨季应注意防涝排洪，清除积水，防止树木倒伏，可用支柱扶正。

2. 施肥

1）肥料是提供植物生长所需养分的有效途径。若区域本身土质较差，空气污染较严重，土壤肥力较低，施肥工作尤为重要。

2）施肥主要有基肥和追肥。植物休眠期内施基肥，以充分发酵的有机肥最好。追肥可用复合有机肥或化肥，花灌木在开花后，要施一次以磷钾为主的追肥，秋季采用磷、钾肥后期追肥。施肥以浇灌为主，结合叶面喷洒等辅助补肥措施。

3）施肥量。根据不同植物、生长状况、季节确定。应量少次多，以不造成肥害为度，同时满足植物对养分的需要。追肥因肥料种类而异，如尿素每亩用量不超过20kg。

4）施肥次数。根据不同植物、生长状况、季节确定，如乔木基肥每年不少于1次，追肥每年不少于2次；草坪、花卉追肥每年1次。追肥以生态有机肥为主，适量追加复合肥。追肥通常安排在春夏两季，对于花卉和有特殊要求的植物应增加施肥次数。地被植物在每年春秋雨季，结合浇水进行追肥采用氮：磷：钾为10：8：6的肥料，用量3.0g/m^2。施用生态有机肥与灌砂打孔的改善通气工作可结合进行，以增加植物抗性及长势。秋冬季，疏草、打孔、切根、追肥、供水可结合进行。

5）新栽植物或根系受伤植物，未愈合前不应施肥。

6）施肥应均匀。基肥应充分腐熟埋入土中，化肥忌干施，应充分溶解后再施用，用量应适当。

7）施肥应结合松土、浇水进行。

3. 松土、除草

1）松土。生长季节进行，用钉耙或窄锄将土挖松，应在草坪上打孔、打洞改善根系通气状况，调节土壤水分含量，提高施肥效果。打孔、灌砂、切根、疏草常结合进行，一般采用50穴/m^2，穴间距为15cm×5cm，穴径为1.5~3.5cm，穴深为8cm，每年不能少于2次。

2）除草。掌握“除早、除小、除了”的原则。绿地中应随时保持无杂草，保证土壤的纯净度。除草应尽量连根除掉。一旦发现杂草，除用人工挑除外，还可用化学除草剂。应正确掌握和了解化学除草剂的药理，先试验后使用，以不造成药害为度。

4. 植物的修剪

1）修剪应根据植物的种类、习性、设计意图、养护季节、景观效果进行，修剪后要求达到均衡树势、调节生长，叶繁叶茂的目的。

2）修剪包括剥芽、去蘖、摘心摘芽、疏枝、短截、疏花疏果、整形、更冠等技术方法，宜多疏少截。

3）修剪时间：天竺桂等落叶乔木在休眠期进行，灌木根据设计的景观造型要求及时进行。

4）修剪次数：乔木不能少于1次/年，造型色彩灌木4~6次/年，结合修剪清除枯枝落叶。球形植物的弧边要求修剪圆阔。

5）花灌木定型修剪：分枝点上树冠圆满，枝条分布均匀，生长健壮，花枝保留3~5个，随时清除侧枝、蘖芽。球形灌木，应保护树冠丰满，形状良好。色块灌木，按要求的高度修剪，平面平整，边角整齐。绿篱式灌木观赏的三方应整齐。

6）对某种植物进行重度修剪时或操作人员拿不准修剪尺度时，须通知监理工程师，在其指导下进行。

7）修剪须按技术操作规程和要求进行，同时须注意安全。

5. 病虫害防治

1）植物病虫害防治是保证植物不受伤害，达到理想的生长效果，是养护管理的重要措施，必须及时有效地抓好该项工作。

2）病虫害防治必须贯彻“预防为主，综合防治”的植保方针，病虫害发生率应控制在5%以下。尽可能采用综合防治技术，使用无污染、低毒性农药，把农药污染控制在最低限度。

3）掌握植物病虫发生、发展规律，以防为主，以治为辅，将病虫控制和消灭在危害前。要求勤观察发现，及时防治。

① 食叶害虫，在幼虫盛卵期采用90%晶体敌百虫1000~1500倍液，25%溴氰菊酯400倍液喷施防治；冬季结合修校整形剪除上部越冬虫口，并将剪下虫苞集中销毁。蚧壳虫、螨类、蚜虫等，用40%氧化乐果1500~2000倍液，40%速蚧克、速补杀进行防治。

② 植物病害，结合乔、灌木具体树种针对进行。养护管理期应加强管理，注意通风，控制温度，增施磷、钾肥，增强植物抗病能力，及时清除病枝、病叶。在药剂方面最好在早春发芽前喷2~3°Be石硫合剂，以杀死越冬病菌。发病期喷25%粉锈宁可湿性粉剂1500~2000倍液或70%甲基托布津，50%代森铵等可湿性粉剂800~1500倍液，以控制蔓延，时间要求每隔10天左右一次，连续2~3次用药，防治锈病、白粉病、黑斑病等症状。力争做到预防为主，综合防治。

4）正确掌握各种农药的药理作用，充分阅读农药使用说明书，注意农药的使用，对症下药，配制准确，使用方法正确。混合充分、喷洒均匀，不造成药害。

5）防治及时、不拖不等。乔木 3～5 次/年；灌木 5～8 次/年；草坪 8～12 次/年。

6）农药应妥善保管，严格按操作规程使用，特别是道路绿化区域的特殊情况，应高度注意自身及他人安全。

6. 补栽

1）补栽应按设计方案使用同品种、同规格的苗木。补栽的苗木与已成形的苗木胸径相差不能超过 0.5cm，灌木高度相差不能超过 5cm，色块灌木高度相差不得超过 10cm。

2）补栽须及时，不得拖延。原则上自行确定补栽时间，当工程管理部门通知补栽时不得超过 5 个工作日。

3）补栽的植物须精心管理，保证成活，尽快达到同种植物标准。

7. 支柱、扶正

1）道路绿地车流量大，人员流动量大，常会发生因人为因素损坏植物的情况，加上绿地区域空旷，夏季风大难免造成树木倾斜和倒伏，因此扶正和支柱非常重要。

2）支柱所用材料为杉木杆或竹竿，一般采用三角支撑方式，原则上以树木不倾斜为准。不得影响行人通行，并且满足美观、整齐的要求。

3）树木倾斜和倒伏须及时发现、及时支柱，每月一次专项检查。采用铁作捆扎材料，一定时期应检查捆扎材料对树木有无伤害，如有伤害应及时拆除捆扎材料，另想他法。

8. 绿地清洁卫生

1）每天上午 8：00～12：00，下午 14：00～18：00 必须有保洁人员在现场，随时保持绿地清洁、美观。

2）及时清除死树、枯枝。

3）及时清除垃圾、砖头、瓦块等废弃物。

4）及时清运剪下的植物残体。

三、高温与寒冷季节绿地养护措施

1. 高温季节的养护技术措施

1）对于树冠过于庞大的苗木进行适当修剪、抽稀，减少苗木地上部分的水分蒸发。

2）于每日早晚进行喷水养护，保持苗木地上部分潮湿的环境，建立苗木生长小环境。

3）针对一些不耐高温及新种苗木采取遮阴措施，但是傍晚必须扯开遮阴网，保证苗木在晚上吸收露水。

4）经常疏松苗木根部的土壤，如果有必要一些大乔木还可以根部培土，保证土壤保水能力，保证植物生长需要。

2. 防寒养护技术措施

1）加强栽培管理，适量施肥与灌水促进树木健壮生长，叶量、叶面积增多，光和效率高，光和产物丰富，使树体内积累较多的营养物质积糖分，增加抗寒力。

2）灌冻水。在冬季土壤易冻结地区，于土地封冻前，灌足一次水，叫“灌冻水”。灌冻水的时间不宜过早，否则会影响抗寒力，一般以“日化夜冻”为宜。

3）根茎培土冻水灌完后结合封堰，在树木根茎部培起直径 80～100cm，高 40～50cm 的土堆，防止冻伤根茎和树根。同时也能减少土壤水分的蒸发。

4）复土。在土地封冻以前，可将枝条柔软、树身不高的乔灌木压倒固定，覆细土40～50cm，轻轻压实。这样不仅能防冻，还可以保持技干的温度，防止有枯梢。

5）架风障。为减低寒冷、干燥的大风吹袭，造成树木冻旱的伤害，可以在树的上方架设风障，高度要超过树高，并用竹竿或者杉木桩牢牢钉住，以防备大风吹倒，漏风处再用稻草在外披覆好，或在草席外抹泥填缝。

6）涂白。用石灰加石硫合剂对树干涂白，可以减少向阳皮部因昼夜温差大引起的危害，还可以杀死一些越冬病虫害。

7）春灌。早春土地开始解冻后，及时灌水，经常保持土壤湿润，可以降低土温，防止春风吹袭使树枝干枯。

8）培月牙形土堆。在冬季土壤冻结，早春干燥多风的大陆性气候地区，有些树种虽耐寒，但易受冻旱的危害而出现枯梢。针对这种原因，对于不便弯压埋土防寒的植株，可于土壤封冻前在树木的北面，培一向南弯曲高30～40cm的月牙形土堆。该土堆早春可挡风，使根系能提早吸水和生长，避免冻旱的发生。

9）卷干、包草。冬季湿冷的地方，对不耐寒的树木（尤其是新栽树），用草绳绕干或用稻草包裹主干和部分主枝来防寒。

【拓展训练】

1. 简述竣工验收的程序。
2. 编制一套庭院景观与绿化工程的竣工资料。
3. 庭院硬质景观的成品保护措施都有哪些？
4. 庭院植物种植常见的保护措施有哪些？
5. 简述庭院景观与绿化工程的交付流程。

参考文献

[1] 陈科东．园林工程施工技术［M］．北京：中国林业出版社，2007.

[2] 韩玉林．园林工程［M］．重庆：重庆大学出版社，2006.

[3] 陈祺，陈佳．园林工程建设现场施工技术［M］，北京：化学工业出版社，2011.

[4] 王新华．新编园林工程施工技术百科全书［M］，北京：知识出版社，2006.

[5] 苏晓敬．园林工程施工［M］．北京：中国劳动社会保障出版社，2005.

[6] 吴戈军，田建林．园林工程施工［M］．北京：中国建材工业出版社，2009.

[7] 李欣．最新园林工程施工技术标准与质量验收规范实用手册［M］．合肥：安徽音像出版社，2006.

[8] 本书编委会．园林施工工程师手册［M］．北京：中科多媒体电子出版社，2003.

[9] 编委会．最新景观喷泉、园林喷灌设备安装施工技术操作要点与维修维护疑难问题解析及技术经济评估应用手册［M］．北京：科学技术出版社，2009.

[10] 廖振辉，最新园林工程建设实用手册——园路、园桥、场地设计与施工分册［M］．合肥：安徽文化音像出版社，2010.

[11] 刘敏．园林工程施工方案范例精选［M］．北京；中国电力出版社，2006.

[12] 邓仕抄．浅谈园路的施工技术［J］．科技资讯，2009（31）：104.

[13] 刘显国．岭南园林中塑石假山的工艺特点［J］．广东建材，2010（3）：177-179.

[14] 许国庆．驳岸工程施工技术流程与要点［J］．现代园艺，2009（4）：67-68.

[15] 史南君．园林工程中景观挡土墙的种类与处理手法［J］．山西建筑，2008（26）：338-339.

[16] 陈镇艺．广州地铁晓港站 A1 风亭施工方案分析［J］．广东水利水电，2002（4）：34-35.

[17] 卢海新．钢筋混凝土结构重檐八角亭施工技术［J］．建筑技术，1998（7-12）：760-762.

[18] 崔彦波．泥木花架的施工工艺［J］．现代园艺，2009（4）：46-47.

[19] 雍振华．园林照明研究［J］．苏州科技学院学报（工程技术版），2003（4）：84-88.

[20] 黄金霞，黄根平．景观照明灯具类型与选用［J］．中国照明电器，2008（6）：19-22.

[21] 黄永越．喷灌设计在园林施工中的应用［J］．科学之友，2010（7）：164-166.

[22] 洪飞宇，白家波．城市道路绿地的自动喷灌设计［J］．交通节能与环保，2010（1）：45-47.

[23] 吴践明，余海．浅谈园林绿化喷灌设计［J］．给水排水，2000（8）：45-47.